과학교육자들의 수다

과학의 인식론과 해석학

신명경 · 송호장 · 이규호
이선경 · 최취임

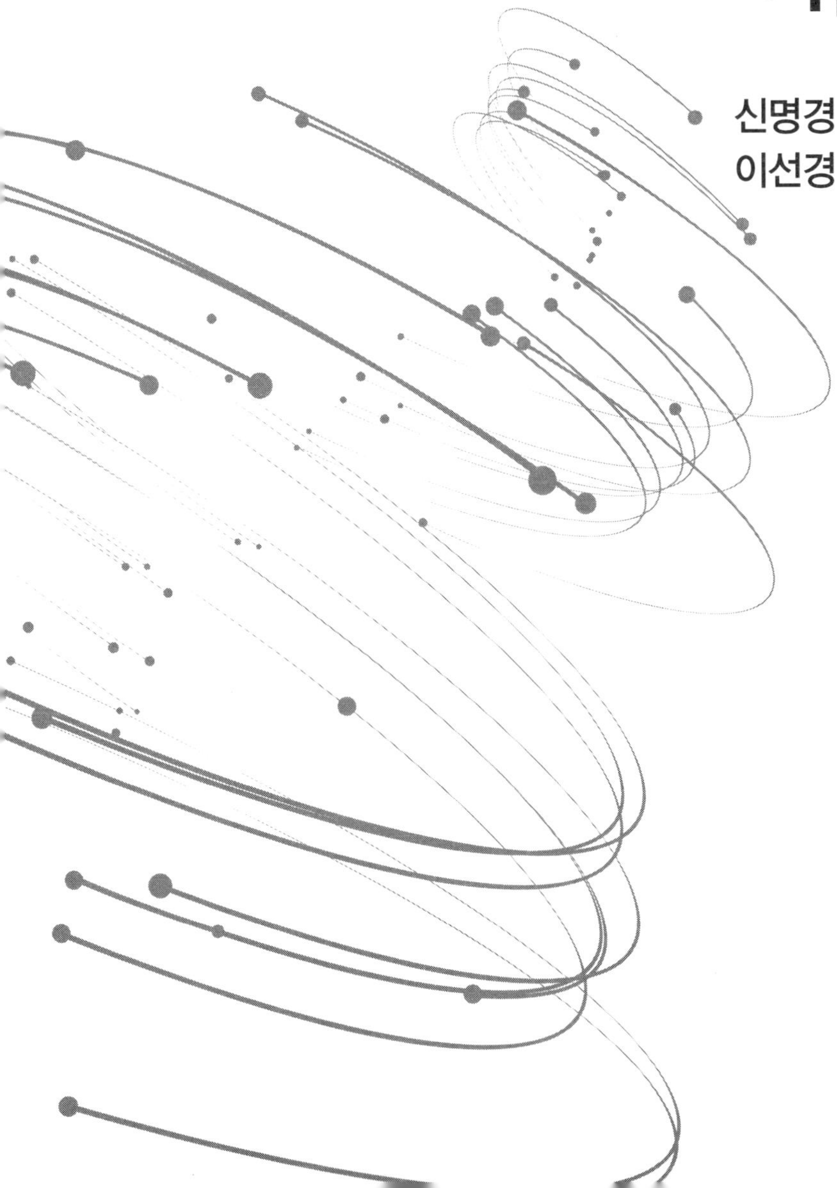

북스힐

저자들의 서문

다섯 명의 소위 과학교육을 하는 사람들이 모여서 머리를 맞대고 4년을 넘게 공부했다. 그렇게 함께 읽고 공부한 책은 수만으로도 뿌듯할 만큼이다. 공부한 것으로 만족하려 했다. 현학적 자부심은 있으나 정작 우리가 무엇을 알고 있는가에 대한 자괴감은 더 커졌다. 인식론과 해석학, 이런 과학철학적 논의는 우리를 학교 현장으로부터 멀어지게 할 것만 같았다. 우리의 발이 학교 현장과 과학교육적 이해로부터 벗어나지 않도록 애쓰면서, 그렇게 한 장 두 장 우리의 정리 글을 모았다.

공부한 시간보다는 학교현장에서의 과학교육 실천적 과제에 대한 논의에 열정적이었고, 이보다 더 많은 시간이 우리의 삶에 대한 진솔한 '수다'였다. 4년이란 시간만큼 우리는 늙어갔고, 삶에 대한 이해는 그 폭과 깊이를 더했다. 학교 과학교육이 무엇을 향해 나아가고 있고, 미래 시민을 위한 어떤 역량을 키워주는지, 학생들은 '학교 과학'을 통해 지식이 만들어지는 과정을 경험하는지... 끝없는 물음들이 우리의 수다를 채워왔다. 이러한 '수다'는 꾸준히 이어질 것 같다.

차 례

4부 자연주의와 학교 과학 탐구 / 191

5부 학교 과학의 인식론과 과학 교실 수업 / 267

서 론

과학철학의 역사로부터 본 과학교육의 제고

전통적으로 교육과정은, 첫째는 학생의 과학 지식을 제고하는 것이며 둘째는 과학에 대한 흥미를 일깨우는 것이었다. 이 목표 자체가 가지는 의미는 매우 중요하지만 이러한 노력은 과학철학이 새롭게 방향을 잡아가는 시기에 나타났다. 간단히 말해 논리 경험주의 및 논리 실증주의의 과학철학이 쇠퇴하는 그 시점에 있다. 이론이라는 것은 관찰언명으로부터 출발하고 과학적 지식의 발달은 연속적인 것으로서 축적의 과정이라는 것이 이 철학사조의 핵심 내용이다.

1960년대의 과학철학자들은 과학사의 도움으로 과학에 대한 새로운 시각을 가지게 되었다. 즉, 관찰이라는 것은 이론에 독립적인 것이 아니며 과학 이론의 변화는 축적이라기보다는 불연속적으로 치환된 것이라는 시각을 구축하게 되었다. 여기서의 목적은 현대의 과학교육을 최근의 역사적 조망 안에서 들여다보는 것이다. 전 세계적으로 1950년대와 1960년대에는 과학교육의 변화를 가져오는 데 가장 활기찬 활동이 있었다고 할 수 있다.

과학교육 과정 개발의 노력과 그것의 실행을 위한 노력이 이 시기 동안에 어떻게 일어났는지를 역사적 맥락에서 살펴봄으로써 이러한 노력의 긍정적인 면을 동정해 보고, 또 무엇보다도 빠뜨린 것을 찾아보는 것은 의미 있는 일이라 하겠다.

여기서 과학을 이해하고, 배우고 가르치는 데 있어서 이론이 중심이 되어야 한다는 것을 보여주고자 한다. 이론의 발달과 정당화에 초점을 맞추지 않은 과학의 관점을 채택할 때 그 나름대로의 교수 전략에 기여할 수 있을 것이다. 그러나 과학에서 이론이 하는 역할을 잘 이해하고 있는 교사는 매우 다른 시각에서 교수 활동을 선택하고, 설계하며, 그들을 계열화하고 가장 중요한 내용을 결정할 것이다.

과학의 본성에 대한 올바른 이해가 교사에게 줄 수 있는 한 가지 수단은 여러 가지 과학적 지식을 평가하는(모든 지식이 다 똑같은 지위를 가지는 것이 아니다) 능력을 보유케 한다. 어떤 이론은 다른 이론보다, 어떤 사실은 다른 사실보다 어떤 실험은 다른 실험보다 중요하다는 것을 이해한다는 것이다. 요컨대 모든 이론이나 사실이 똑같은 지위를 가지는 것이 아니다. 이러한 주장을 할 수 있는 것은 과학사의 발전에서 그 근거를 찾을 수 있다.

과학사와 이론의 역할

과학의 개념과 과정(process)을 탐구 대상으로 삼고 있으면서 서로 밀접하게 연결되어있는 중요한 두 학문 분야(과학사, 과학철학)에서의 발달을 고려할 필요가 있다.

철학 일반은 인간의 사고 과정과 그 과정에 영향을 미치는 요소들(윤리학, 논리학)을 이해하고자 하는 노력이다. 반면 과학철학은 그 관심 대상이 지식의 성장에 초점을 맞추고 있다. 과학이 문제에 대한 해답과 설명을 추구하는 학문인 한, 과학철학은 그 탐구 활동에 내재하는 과정(process)과 지식의 형태를 결정하는 과정을 설명하고자 하며(인식론), 또한 여기서 이러한 과정의 산물인 지식의 지위에 대해서도 추구한다. 여기에서 인식론 및 존재론적 물음들 몇 가지를 소개하면 다음과 같다.

20C에 접어들면서 물리, 화학, 생물 분야에서 획기적 이론들이 등장하게 된다. 20C 초의 사상가들 및 과학자들은 이러한 새로운 이론에 얼마나 확신을 가지고 있었던가? 비엔나 학파에 의하면 거의 확신을 가지지 못했다고 한다. 그들은 관찰할 수 없는 데이터에 근거한 이론적 언명을 문제 삼았다. 보다 정확

인식론	존재론
- 관찰이란 무엇인가? - 가설의 검증이란 무엇인가? - 과학적 이론은 어떻게 생성되는가? - 관찰과 이론의 관계는?	- 과학적 원리나 이론은 참인가 아니면 탐구를 지도하는 단순한 도구인가? - 사실, 원리, 개념은 실재인가? 아니면 단순히 인간이 세계에 대해 구성해낸 고안물인가?

하게 말하면, 과학이 이러한 순간적 투기성 이론(ephemeral theoretical speculation)에 근거하는 한 확실한 토대를 가지지 못하는 것이 아닐까 하는 물음에 그들의 주안점이 있었다.

특히 그들은 원자 모형을 문제 삼았다. 관찰할 수 없는 것을 실재하는 것으로 만들었을 뿐만 아니라 매우 복잡하고 일관성이 결여되어있어 탐구를 인도할 수 없기 때문이라는 것이 그들의 설명이다. 이 문제는 인식론적이자 존재론적이다. 반응은 실증주의를 고양하는 방향으로 진행되었다. 이 철학 사조는 관찰 증거로부터 정확한 예측으로 나가는 과학의 과정을 중요시했다. 따라서 관찰언명으로부터 이론적언명이 어떻게 유도되어야 하는가에 대한 논리적으로 일관된 법칙을 이끌어내는 것이 주요 관심사였다. 그 의도는 이론의 정당화를 인도할 규칙들을 창조하는 것이었다. 이들은 모두 이론적 언명을 평가하는 하나의 작동 기제를 개발하는 것이었다. 이러한 규칙의 중요한 요소는 경험적 관찰과 논리이다. 따라서 이러한 철학사조를 논리 실증주의, 논리 경험주의라 부른다.

논리 경험주의의 중요한 요소 중 하나는 관찰과 이론의 분리이다. 이 요소는 오늘날 과학 교과서에도 영향을 미치고 있다. 학생들은 개념이나 원리의 이해 없이 관찰하고, 발견하라고 격려되어지고 있다. 논리 경험주의의 두 번째 중요한 요소는 논리의 역할이다. 논리는 이론의 검증 및 정당화에만 적용된다(그것은 이론의 창조에는 어떠한 힘도 발휘하지 못한다). 과학사에서 과학적 이론이 이러한 두 가지 요소를 무너뜨리고 1969년에 과학철학의 초석이 되었다.

따라서 논리 경험주의자들에게는 하나의 이론적 언명이 관찰언명에 의해 논리적으로 정당화될 수 있을 때에만 강한 이론으로 간주되었다. 비엔나 학파의 주요 관심사는 물리학에 있어서 그들이 정의하는 "과학적 방법"의 역동성을 구축하려고 했고 이를 또 타 과학에도 적용되어야 할 것으로 생각했다.

그러나 비엔나 학파가 추구하는 내용들은 곧 저항에 부딪힌다. 과학자가 하는 일이 그들이 말하는 과학적 방법과는 거리가 멀다는 것이었다. 1800년대의 과학 이론은 단순히 계속적이지도, 축적적이지도 않았다. 과학적 이론이 관찰을 야기한 것이었다. 20C초에는 그야말로 투기적 이론(speculation theory)들이 나타났다(상대성, 양자, 판구조론, 유전 등). 과학 이론의 이러한 투기성을 억제할 아무런 근거가 없어졌다. 곧 경험주의 철학에 수정이 가해졌다. 수정은 과학 지식의 성장에 이론 언명의 역할이 증대되는 방향으로 일어났다. 20세기 초에서부터 2차 대전 후까지 관찰과 이론이 과학에서 하는 역할을 놓고 재고에 재고를 거듭한 결과 여러 가지 이론의 경험주의 철학이 나타났다. 시기별로 정리해 본다면 경험주의는 실증주의, 논리 실증주의, 가설연역주의가 그 주요 갈래이다. 이중 가설연역주의는 과학 교사가 즉각적으로 표준적인 과학적 방법으로 인식했다. 그것은 가설 선택, 관찰, 데이터 수집, 가설 검증, 가설 수용 혹은 거절의 순서를 밟는 과정이다.

가설 연역적 정당화 방법은 20C초의 철학과 중요한 한 가지를 서로 공유하고 있다. 관찰은 이론과 서로 배타적이고 논리는 이론의 검증에만 적용되고 이론의 발견에는 적용되지 않는다. 논리가 이론의 검증에만 적용되고 이론의 발견에는 적용되지 않는다는 것은 지금도 존속하고 있는 생각이다. 그러나 과학사는 과학 이론의 발견에도 하나의 논리를 구성할 수 있다는 것이 가능하다는 반론이 있을 수 있다는 것을 보여준다. 관찰과 이론, 검증과 발견 사이의 관계는 1950년대와 1960년대에 과학철학에 있어서 가장 중요한 두 가지 쟁점이었다. 이러한 관계들은 다음의 질문으로 요약될 수 있다.

· 이론에 독립적인 관찰언명이 가능한가?
· 이론은 데이터의 측정과 해석에 영향을 끼치는가?
· 과학자들은 이론을 어떻게 발달시키는가?
· 과학적 이론은 형태에 있어서 단 하나의 유일성을 가지는가?
· 과학적 이론의 발달 및 변화는 합리적인가?

철학자들이 이러한 질문을 가지고 고심하고 있을 때 과학철학에 중요한 영향을 끼치게 되는 과학사가 유럽과 미국에 등장하게 된다. 과학사에 의하면 과학적 지식의 성장은 중심 아이디어 변화를 통해서 이루어진다. 과학사를 자세히 들여다보면 역동적인 변화가 항시적으로 일어났다. 귀납적으로 논리적인 과정－다시 말해 관찰로부터 과학적 이론에 이르는 과정－은 과학사에 의하면 건전한 과학관이 아니다. 과학사의 분석에 의하면 논리 경험주의자들이 이야기하고 있는 형태의 경직된 과학 활동은 존재하지 않는 것이다.

모든 과학의 양상들－그것의 표준, 용어의 의미, 방법의 적용, 이론의 형태－은 발달의 단계를 통하여 변해 간다. 이론이 과학 활동을 주도해 간다. 때때로 혁명이라 부르는 급격한 변화도 겪는다.

이러한 과학사의 연구 성과는 과학철학에 새로운 소망을 갖다 주었다. 관찰, 측정, 평가, 가설 설정 등에 작용하는 과정은 매우 강한 이론적 배경을 가지고 있다는 것이 이때 명백해지게 되었다. 다른 말로 표현하면 관찰/이론의 이분법은 존재하지 않으며 이론이 관찰을 결정한다는 것이다. 이러한 견해는 바로 학습관으로 연결되어서 학생들이 학습하는 것은 학생이 현재 가지고 있는 지식에 영향을 받는다는 학습관으로 전이되었다.

불행히도 이러한 연구 성과는 1950년대 새로운 교육과정 개발을 주도하고 있는 과학교육자 및 과학자들의 손에는 닿지 않았다. 그 결과 과학교육이 탐구에의 탐구(inquiry into inquiry)로서 과학을 가르치기 위한 새로운 조망을 가지는 바로 그때에 탐구의 기본적 정의가 바뀌고 있었다. 과학교육과 과학철학은 이 시기에 서로 독립적으로 작용하고 있었던 것이다. 우리는 여러 가지 면에서 이러한 연구 성과를 고려하지 않는 수업 전략을 적용하고 있다.

과학교육의 초점의 변화

1956~1966년 동안 과학자처럼 행동하고 생각한다는 것이 무엇인가에 대한 개념이 과학사 및 과학철학에 의해서 변하게 되었다. 사실 탐구 수업(탐구에

대한 탐구)개념은 매우 좋은 아이디어였고 현재도 여전히 그러하다. 탐구 수업은 실험실의 역할을 강조하게 되었으며 과학을 행하는 것에 중점을 두었다. 문제는 1950년대와 1960년대에 탐구라는 것은 과학 지식을 어떻게 검증하느냐를 배우는 것에 국한되어있었다. 오늘날 탐구라는 것은 그보다 훨씬 많은 것을 의미한다. Science-A Process Approach(SAPA)가 채택하고 있는 과학의 과정을 나열해 보면 다음과 같다. 기본 과정으로서 관찰, 측정, 수사용, 시공관계, 의사소통, 예측/추론을 종합과정으로서 조작적 정의하기, 가설설정, 그래프작성, 변인통제, 실험설계를 들 수 있다.

이러한 11가지 과정은 대부분의 교육과정에 나타나 있는 것들을 대표한다고 볼 수 있다. 기본 과정은 저학년의 교육과정을 종합 과정은 고학년의 교육과정에 주로 나타나고 있는 것들이다. 이러한 과정 중심 접근은 경험주의자들의 과학만을 그대로 넘겨받은 것들이다. 즉, 과학은 관찰에서 출발하여 과학적 이론을 논리적으로 정형화하는 것이다.

그것은 뚜렷한 문제 인식과 검증할 수 있는 가정을 가지고 있는 과학자들이 가지고 있는 과학에 대해 가지고 있는 관점이다. 그러나 여기서 중요한 두 가지 부족한 과정이 있으니 그것은 바로 설명과 평가이다.

설명과 평가의 중요성은 이들 각자가 탐구의 산물이긴 하지만 과학자가 자신의 세계를 구성해 나아갈 때 채택하는 이론에 의하여 결정된다는 점에 있다. 다시 말해 설명은 각자가 가지고 있는 이론적 배경에 의존한다. 하나의 설명을 받아들일만하냐 그렇지 아니하냐는 문제는 평가에서 도입하는 기준에 관계된다. 이러한 평가 기준은 과학의 성장에 매우 중요한 역할을 한다.

과학 교사의 입장에서 과학적 지식이 어떻게 설명되고 평가되는가를 이해하는 것은 매우 중요하다. 왜냐하면 이러한 과정은 개개 학습자가 세계를 구성해 나가는 과정과 다르지 않기 때문이다. 현재로서는 지식의 성장 및 인지 발달은 개념이 계속적으로 치환되는 과정으로 특징지어질 수 있다는 것을 인정하고 넘어간다.

지식을 구성하는 문제는 현재 우리의 중심적 주제이다. 지식은 적어도 구성되고 재구성된다는 것을 이해함은 현재 진행되고 있는 우리의 논의를 위해서 매우 중요하다. 그러나 그 구성물은 항상 견고하지만은 않다. 그것은 기껏해야 항상 잠정적이다. 이때 교사가 직면하고 있는 가장 중요한 점은 과학이 잠정적임에도 합리적 활동이라는 것을 어떻게 제시하느냐이다. 그에 대한 해답은 과학의 양면을 다 가르치는 것이다.

과학의 양면성

과학사, 과학철학이 말해 주는 바와 같이 과학에 있어 탐구는 지식을 검증하는 과정뿐만 아니라(S-APA) 지식을 생성하는 과정도 포함한다. 발견의 맥락에 있어서도 하나의 논리가 있는 것이다. 과학의 본성에 있어서 양면성이 있는 것이다.

· 지식을 정당화하는 과정(what we know)
· 지식을 발견하는 과정(how we know)

첫 번째가 작금의 과학교육을 지배하고 있다. 현대 과학 지식의 토대가 되는 개별 지식, 사실, 가설, 이론 등은 학교에서 가르친다. 그러나 이러한 지식이 어떻게 해서 존재하게 되었는가는 학교에서 쟁점이 되지 못하고 있다. 현재 우리가 살고 있는 지식을 정당화하는 과정을 가르치는 것에 많은 부분을 할애한다. 이 때문에 과학의 본성을 불완전하게 제시하고 있는 것이다. 이는 과학의 한 면만을 제시할 뿐이다. 이는 정당화의 과정과 현재의 과학 지식에 의하여 제시되는 과학상이다. 이런 유형의 교수법은 과학적 지식을 가르치고자 하는 것으로 특징지어진다.

현재의 교육과정에서 빠뜨리고 있는 것은 또 하나의 면－어떻게－이다. 왜 지구의 나이는 1000년이 아니라 45억 년인가? 왜 인공위성에 의한 사진 데이터가 항공사진보다 더 좋은가? 등의 질문에서 볼 수 있듯이 우리가 어떻게 해서 하나의 생각을 믿게 되었는가 하는 것을 학생들이 이해하는 것이 중요하다. 사실을 아는 것으로는 충분치 않다. 과학교육 과정에서 빠뜨리고 있는 것은 과학의 또 하나의 면—발견의 맥락—이다.

교육과정 및 교수법이 발견의 맥락을 도외시하고 정당화의 맥락만을 강조하게 되면 과학의 본성을 불완전하게 묘사하게 될 것이다. 킬본(Kilborn)은 이를 두고 '인식론적 평면성(epistemological flatness)'이라고 부르고 있다. 그는 과학수업이 종종 맥락과 중요한 배경 지식을 무시하고 있기 때문에 과학의 의미와 변천을 이해하지 못하게 한다. 하나의 중요한 맥락이 있다면 그것은 역사적 맥락이다. 또한 사회적, 정치적 맥락도 있을 수 있다.

맥락을 중요시하지 않은 수업은 변화라는 것이 과학에서 항시 있는 것이고 오히려 그것이 지식 성장의 합리적 측면이라는 것을 제시하지 못한다. 과학 수업이 전적으로 과학적 지식 자체 만에 주안점을 두게 될 때 그것은 학생들에게 부분적인 이야기만을 들려주는 셈이 된다. 모자라는 부분은 학생 개개인에게 맡겨 두는 결과를 낳게 될 것이다. 그러나 이러한 요구는 학습심리학적 입장에서 보아도 무리이다. 그들은 실패하거나 오류를 범하게 된다. 이러한 실패 및 오류는 결국 높은 학년에서 과학에 흥미를 잃게 만드는 원인 중의 하나가 될 수 있다.

이러한 문제에 대한 대안으로 발견의 맥락을 가져오는 것이다. 과학에 대한 지식을 수업에 활용하는 것이다. 과학에 대한 지식은 그것을 왜 믿는가, 그리고 과학이 어떻게 해서 그렇게 생각하게 되었는가에 대한 이해이다. 발견의 맥락을 교육과정에 가져오는 문제는 과학사 및 이론의 발달이 과학에서 가지는 중요한 역할을 도입하느냐 마느냐에 직결되어있다. 과학을 이해하는 중요한 열쇠는 이론이 과학에서 행하는 중요하고도 다양한 역할을 이해하는 것에 달려있다.

과학의 본성을 고려한 과학 수업은 과학사 및 과학철학이 가져다주는 조망을 필요로 한다. 따라서 교사 및 교육과정 개발자들은 이 두 학문의 발달에 눈을 떼어서는 안 된다. 현재의 과학 지식이 있기까지의 사건 및 추리를 재구성함은 과학교육에 있어서 매우 중요한 대안이 될 수 있다. 각 과학 과목의 주요 이론의 발달에 대한 최소한 하나의 교수 단위에서 이러한 재구성이 포함되어야 한다.

과학적 이론은 복잡하고 학습하기 위해서는 그것을 구성하는 만큼이나 포괄적인 노력을 필요로 한다. 과학적 이론은 세계에 대한 가장 뛰어나다는 믿음이며 따라서 다른 지식이 이것에 근거하여 검증 받아야 할 표준의 역할을 한다. 교육과정은 과학적 지식에 정당한 지위와 관심을 주어야 하는데, 이는 과학 교사들에게는 하나의 역동적이고 복잡한 작업이 될 것이다.

1부

과학적 인식론과 학교 과학

01

학교 과학에서 과학철학적 관점의 고려

과학적 인식론은 '과학적 앎이란 무엇인가', 그리고 '과학적 앎은 어떻게 생성되는가'라는 질문에 대한 답을 추구한다. 과학적 앎의 본질을 탐구한다는 것은 다른 영역의 지식과 구분하여 파악하며 과학을 가르치고 배우는 것에 토대가 된다. 이 글에서는 과학철학의 흐름을 통해 현대의 과학적 앎에 대한 관점을 고찰하고 학교 과학의 연관에 대해 살펴보고자 한다.

과학철학은 이제 하나의 학문 분야가 되었지만, 고대 철학에서 과학철학은 독립된 영역이 아니었다. 인간 삶에 대한 사유의 하나로 고대 철학에서부터 자연은 그 대상이 되어왔다. 물, 공기, 흙, 바람, 천체 등이 인간과 어떤 관계를 갖는지를 사유하고 그 사유의 산물이 과학 지식으로 생성되면서, 어떤 방식을 통해서 과학자들이 이론을 만들어 내고 과학적 설명을 하는지에 대해 체계화되기 시작했다. 과학 지식의 과정을 직관으로, 경험론으로, 합리론으로, 반증론으로, 패러다임으로, 연구 프로그램 등으로 설명하는 방식이 진화되고 발전해 왔다.

방법론으로서의 과학

'과학은 도대체 무엇인가?' 이 질문에 대한 대답은 초기 철학자들의 고찰에 의해 이루어졌고 점차 과학자들과 과학사가 및 과학철학자들에 의한 주장과 비판으로 이어지고 있다. 초기 철학자들에 따르면 과학은 방법론의 탐색을 통해 탐색되어졌다. 과학의 방법론은 크게 합리론과 경험론으로 나눌 수 있는데, 근대 시기의 철학자 프란시스 베이컨(Francis Bacon, 1561~1626)에 의해 과학 방법론에 대한 논의가 활발하게 이루어졌다고 할 수 있다. 16~7세기 과학 혁명이 일어나고, 그 이전의 2000년 동안 내려온 아리스토텔레스 과학은 근본적으로 뒤집어졌다. 예를 들면, 코페르니쿠스 혁명, 천문학 혁명, 라부아지에 혁명, 다윈 혁명 등이 있었으며, 16~7세기를 지배했던 철학은 베이컨, 데카르트, 갈릴레오에 이르는 기계론이었다. 기계론은 세상을 하나의 정교한 기계와 같다고 여기고, 모든 현상을 물질과 운동으로 이해하고자 했다. 아리스토텔레스가 추구했던 자연 현상이 왜 일어나는지에 대한 탐색을 버리고, 어떻게 그렇게 되는지에 대한 탐색으로 전환하였다. 예를 들면, 물체가 아래로 떨어지는 것에 대해 아리스토텔레스는 자연으로 회귀하려는 물체의 속성 때문에 그렇게 되는 것이라는 목적론적 설명을 추구했지만, 갈릴레오는 물체가 아래로 떨어질 때 무엇이 변화하는가에 관심을 두었다. 즉, 갈릴레오는 '왜' 그렇게 되는지는 알 수 없으며 '어떻게', 즉 물체가 어떻게 움직이고 속도가 변화하는지에 대한 설명을 추구했다.

경험주의자 베이컨은 체계화된 관찰을 통해 사실을 수집하고 수집된 사실들로부터 이론을 도출해내는 과정, 즉 귀납적 방법을 통해 과학과정이 이루어진다고 생각했다(Chalmers, 1985). 자연의 숨겨져 있는 것이 드러나는 것, 신이 드러낸 것을 받아들이는 것이 중세의 지식 개념이었다면, 베이컨은 적극적으로 자연에 도전해서 조작하고 행동해서 얻는 것이 지식이라고 보았다. 중세의 명상적 지식에서 근대의 조작적이고 행동적 지식으로 변화이다. 자연을 내버려두지 않고 자연에 우리가 도전을 해서 실험도 하고, 개발도 하고 뭔가 싸워서 얻어낸 것이 지식이라고 하였다. 경험주의에 따르면, 세계는 인간의 감각을 통해 인식가능하며 관찰은 객관적으로 사물을 판단할 수 있는 수단이다. 객관적인 '사실'의 관찰을 출발로 하여 가설 또는 이론이 귀납되며 일반화가 만들어진다고 보는 것이다. 즉, 경험주의 과학관은 과학적 관념과 이론이 귀납적 방법에 의하여 형성된다고 보았다.

경험주의는 논리학의 재구성을 주장한 20세기 비엔나 학파의 논리 실증주의로 이어졌다. 논리 실증주의는 논리주의와 실증주의의 특징을 적극적으로 결합한 시도로 확립되었는데, 특히 프레게와 러셀의 논리학과 흄, 카르납, 콩트, 마하의 고전적 경험주의/실증주의 인식론의 결합이었다. 이들은 비트겐슈타인의 철학관에 공감하여 '명제는 그 명제를 참되게 하는 경험들의 총체를 뜻한다'는 검증 가능성의 원리를 채택하고 일반적 지식, 철학, 자연과학에 있어서 이론의 합리성과 진위성을 밝히기 위해 논리성과 경험적 증거 등을 강조했다. 논리 실증주의자들에게 있어서, 참된 지식이란 선험적 지식으로서 수학과 논리, 그리고 경험적 지식으로서 과학 지식이었다. 논리 실증주의는 과학에 대한 이론의 정당화와 방법적 규범을 제시했고, 20세기 중반 이후까지 과학과 관련한 다양한 학문영역에 큰 영향을 끼쳤다. 이러한 논리 실증주의는 형이상학을 배제하고 경험을 통한 귀납추론으로 지식의 실증에 관심을 두고 이론의 정당화에만 몰두하였다.

비엔나 서클의 논리 실증주의자들이 주장하는 귀납주의의 문제를 제기하며, 포퍼는 아인슈타인의 상대성 이론 발표에 자극을 받아 반증주의를 제창하였다. 아인슈타인은 자신이 1916년에 발표했던 일반상대성이론에 의하면 무거운 물체 근처를 지나가는 빛은 중력에 의해 경로가 휠 것이라고 예측했고, 이를 영국의 천문학자 에딩턴이 개기일식에 별의 위치를 관측해서 아인슈타인의 예측을 확인했다. 이 사건을 통해 포퍼는 경험을 통한 이론의 귀납이 아니라 아인슈타인처럼 대담하게 이론을 주장하고 반증을 견뎌내면서 과학 이론이 발달한다고 보았다. 귀납주의는 관찰 사실은 확실하게 참이며 이에 바탕을 한 귀납추론에 의해 도출된 이론은 참이거나 최소한 개연적인 참이라는 주장을 한다. 반면, 반증주의는 귀납주의가 주장하는 관찰의 진실성은 인정하지만 그로부터 귀납적으로 얻은 이론은 참이라고 주장할 수 없다는 입장을 갖는다. 과학 이론은 증명할 수 있는 것이 아니라 오직 반증 가능하다는 것이다. 포퍼가 말하는 과학의 정수는 비판 정신이고 그 정신은 모든 이론을 사정없이 시험하는 것으로 표현된다. 그렇게 해서 나온 결과와 비교해 이론이 사실과 맞지 않으면, 아무리 멋진 이론이라도 아깝지만 버리는 것이다(장하석, 2014).

구조적 전체로서의 과학

과학 이론의 발달에 있어서 반증을 주장한 포퍼와 달리, 쿤은 과학사의 다양한 사례를 통해 과학 활동의 본질을 역사적이고 사회적 관점으로 설명하였다. 쿤에 따르면, 과학은 사례가 이론을 반증하는 식으로 이루어지지 않는다. 과학사에서 볼 수 있듯이, 변칙 사례가 하나 나온다 해서 과학 이론이 반증되기는 커녕, 변칙 사례가 잘못된 관찰 결과로 처리되고 무시되는 경향이 크다. 과학 이론이 처음 제안되었을 때는 그 이론에 맞지 않는 사례가 많이 발생한다. 그 때마다 과학 이론이 반증된다면, 과학은 발전하지 못할 것이기 때문이다. 물리학자였던 쿤은 과학사 연구를 통해 과학의 발달이 방법론의 문제만이 아니라, 과학자 공동체의 합의와 설득을 통해 이루어진다고 보았다. 이전의 과학 이론은 새로운 과학 이론으로 대체되는데, 그 과정은 과학 이론이 더 이상 변칙 사례를 무시하지 못하고 설명하지 못하는 위기 상황에서 대안 이론의 설명 가능성을 인정하는 과학자들이 대거 결집하면서 혁명적 변화가 이루어진다. 이러한 과학 이론의 변화는 축적적이기 보다는 혁명적이고, 이전의 이론과 새로운 이론은 공약불가능한 성격을 갖는다.

과학철학과 학교 과학

귀납주의, 반증주의, 쿤의 과학혁명으로 이어지는 과학에 대한 철학적 논의는 과학교육에서 학습을 보는 관점에 큰 영향을 미쳤다. 특히, 과학교육에 의미를 갖는 쟁점은 크게 '관찰의 이론 의존성', '과학적 방법론', 그리고 '과학 이론의 잠정성'으로 살펴볼 수 있다. 첫째, '관찰의 이론 의존성'은 논리 실증주의가 주장한 귀납에 따른 경험적 이론 확증에서 보는 객관적 관찰과 달리, 실제 과학에서 이루어지는 관찰은 실재를 그대로 반영하는 것이 아니라 관찰자의 이론에 의존한다는 관점이다. 논리 실증주의는 과학 이론의 발달에 있어서 반증을 주장한 포퍼와 과학사의 다양한 사례를 통해 과학 활동의 본질을 역사적이고 사회적 관점으로 설명한 쿤으로 대표되는 현대 과학철학자들에 의해 비판을 받게 된다. 논리 실증주의가 주장한 귀납에 따른 경험적 이론 확증에서 보는 관찰과 달리, 실제 과학에서 이루어지는 관찰은 '이론 의존적(theory-laden)'이라는 것이다. 현대 과학철학은 대상에 대한 관찰자의 기존지식에 따라 다르게 관찰되기 때문에 그 이론 혹은 가설이 연역적 혹은 논리적인 방법으로 객관적 사실과 관련을 맺고 있는 것이 아니라, 인간에 의해 만들어진 것이며 객관적 사실의 발견을 위한 관찰은 그 이론 혹은 가설에 의존함을 주장한다. 즉, 과학적인 가설들은 귀납에 의해 일반화되지 않고 더욱이 관찰은 이론을 필요로 한다는 생각이 지배적이다. 현대 과학철학은 대상에 대한 관찰자의 기존지식에 따라 다르게 관찰되기 때문에 그 이론 혹은 가설이 연역적 혹은 논리적인 방법으로 객관적 사실과 관련을 맺고 있는 것이 아니라, 인간에 의해 만들어진 것이며 객관적 사실의 발견을 위한 관찰은 그 이론 혹은 가설에 의존함을 주장한다. 즉, 과학적인 가설들은 귀납에 의해 일반화되지 않고 더욱이 관찰은 이론을 필요로 한다는 생각이 지배적이다. 이러한 관찰의 이론 의존성은 과학교육에서 이루어지는 학생의 관찰을 객관적으로 취급하는 것, 그리고 관찰의 귀납으로 이론을 확증하는 것이 실제 과학의 모습이 아니라는 점을 간과하지 말아야 한다고 경종을 울린다. 또한, 과학 교수학습 관점에서 학생을 보는 관점을 행동주의에서 구성주의로 전환하는 것과 연관된다. 행동주의가 학생들을 백지 상태로 보는 반면, 구성주의는 학생들은 수업에 들어오기 전에 이미 자연 혹은 현실 세계에 대한 직간접적 경험을 통해 자신의 생각과 선개념을 갖고 있으며 학생들의 선개념이 학습에 영향을 미친다는 관점이다.

둘째, '과학적 방법론'에 대한 과도한 강조는 과학의 작동이 논리와 비판, 그리고 합리적 과정으로 축적된다는 과학에 대한 왜곡된 이미지와 권위 형성에 직접적인 연관이 있다. 과학의 논리가 강조되었던 합리론과 경험론을 기반으로 한 과학철학은 귀납과 연역이라는 과학의 내적 논리성을 강조하였고, 반증주의는 하나의 반증 사례로 인해 이론이 폐기된다는 과학에서 비판적 합리성의 작동을 강조했다. 과학의 내적 작동 원리인 귀납과 연역 논리를 기반으로 하는 귀납주의와 반증주의는 과학 지식이 축적된다는 관점을 갖는다. 이와는 달리, 쿤의 과학혁명 과정은 실제 과학이 이루어지는 비합리적 과정을 조명했고 과학 지식은 축적되는 것이 아니라 새로운 과학 지식으로 혁명적으로 전이된다고 본다. 쿤에 따르면 정상과학은 과학자들이 그들이 믿는 패러다임 내에서 무비판적으로 문제풀이를 하는 활동이다. 즉, 과학자들의 실제 과학 활동은 논리적이고 합리적인 방법론에 따라 수행되는 것이 아니고, 과학자 공동체가 믿는 신념과 같은 이론 체계인 패러다임 내에서 더 많은 문제를 푸는 데 몰두한다는 것이다. 실제 과학의 진보가 방법론을 중심으로 증명되고 검증되면서 이루어진 것이 아니라 과학자 공동체의 사회적이고 역사적인 맥락 내에서 패러다임이 제공하는 퍼즐 풀기 형태로 이루어진다는 점은 학교 과학에서 간과되기 쉽다. 학교 과학은 실제 과학자의 실행과 과학 이론의 전이 과정을 다루기보다는 당대의 과학 이론을 결과론적으로 다루고 있기 때문이다. 학교 과학이 이러한 과학의 본질을 반영하기 위해서는 과학의 방법론 외에 과학자 공동체의 사회적이고 역사적인 발달 과정에 대한 이해가 고려되어야 할 것이다.

셋째, '과학이론의 잠정성'은 오랫동안 과학을 지배했던 과학 이론이 실재에 대응한다는 진리대응 관점과 상반된다. 과학은 저 너머에 있는 진리를 추구하거나 실재에 대한 절대적 이론을 발견하는 것이 아니다. 실재는 과학자의 외부에 객관적으로 존재하는 것이 아니며, 과학자는 실재가 어떠한지 알 수가 없다. 과학자들은 자연 현상을 설명하기 위해 다양한 관찰 증거들에 정합하는 일관성 있는 설명을 생성하는 것이다. 따라서 현재 과학 이론은 변하지 않는다고 장담할 수 없다. 과학사에서 나타나듯이, 한 패러다임은 다른 패러다임으로 전이되어왔으므로, 현 패러다임은 언젠가 새로운 패러다임으로 전이될 것이다. 이렇듯 과학이 말해주는 이야기는 절대적인 진리가 아니라, 더 좋은 설명을 향해 나아가는 것이다. 과학 이론의 잠정성은 학교 과학에서 과학 이론을 다루는 관점과 매우 연관성이 크다. 학교 과학에서 과학이론의 잠정성을 반영한다면, 과학 지식을 증명된 관찰 사실이라고 보기보다는 과학 지식과 증거가 정합적인가를 따져보고 평가해 보는 방식으로 교수학습이 진행될 것이다. 또한 학교 과학에서 학생들이 정답을 찾으려고 하기 보다는 실재에 대한 타당한 해석을 찾으려고 해야 할 것이다.

최근 인지과학을 기반으로 한 자연화된 과학철학(naturalized philosophy of science)의 타가드(Paul Thagard)와 기어리(Ronald Giere) 등은 실제 과학자들이 어떤 식으로 합리적인 결론에 이르는지를 모델링하며 역사적인 접근법과 규범적인 접근법을 조화시키려고 시도했다. 이들은 과학적 지식을 인지-사회적으로 구성되는 것으로 보고 있으며, 그 과정에서 담론적 활동, 특히 논증 활동이 중심적인 역할을 하는 것으로 보았다. 따라서 학교 과학의 교수학습에서는 과학의 언어를 이해하고 논증 활동을 통하여 학생들의 인식론적 상황을 개선해야 한다는 점을 알 수 있다.

02
과학 지식 생성에서의 추론

현대 과학철학으로 들어서면서, 과학철학의 대상은 '과학적 앎이란 무엇인가', 그리고 '과학적 앎은 어떻게 생성되는가'에 관하여 과학 자체의 내적 본질에 대한 탐구를 넘어서 과학자들의 활동으로서 다양한 관점에서 탐구되고 있다. 즉, 과학을 이론의 정당화만이 아니라 발견의 맥락을 고려하여 과학적 앎의 본질을 탐구하는 것이다. 이 장에서는 과학철학의 흐름에서 추론과 관련된 귀납과 연역의 문제, 가설 생성 과정으로서의 귀추법, 그리고 인지적 차원을 넘어선 체화된 귀추법을 고찰하고자 한다.

귀납과 연역

과학의 방법론은 철학사에서 귀납과 연역추론으로 대표된다. 일반적으로 지식 주장을 논증하는 방법으로서의 귀납 논증과 연역 논증은 고대 그리스 철학에서 출발하였다. 귀납적 논증은 소크라테스가 개별적인 경우들의 진리성을 확신하기 위해 사용한 방법이었다. 플라톤이 묘사한 바에 따르면, 소크라테스는 기술(techne)에 대한 완벽한 정의를 지니고 있는 것이 아니라, 기술의 본성에 관한 일반적 진리를 이끌어내기 위해 여러 차례 개별적인 기술들을 고찰한다. 예를 들어, 훌륭한 기술자의 기준이 얼마나 많은 돈을 버는가가 아니라 기술이 적용된 대상을 얼마나 유익하게 만드는가에 달려있음을 보이기 위해, 소크라테스는 서로 다른 기술들이 낳은 결과를 나열한다. 훌륭한 의사는 환자를 건강하게 만들며, 훌륭한 선장은 안전한 항해를 인도하며, 훌륭한 건축가는 좋은 집을 짓는다. 이처럼 소크라테스는 보편적 정의를 확립하지 못했을지라도 보편적 정의의 추구를 위해 귀납적 논증을 사용했음을 알 수 있다. 특수한 경우들로부터 일반적 진리를 이끌어내는 귀납적 논증은 보편적 정의에 크게 기여하는 것이라 하겠다(Kenny, 2004).

과학 지식의 생성에서 관찰은 어떤 위상을 갖는가? 과학은 자연 현상을 관찰하는 것으로부터 시작하는 것일까? 귀납주의자들에 따르면, 관찰은 과학을 행하는 출발점이 된다. 관찰로부터 규칙 혹은 일반화를 만들어간다는 것이다. 귀납은 몇 가지 관찰 사항으로부터 공통점을 찾아내 법칙(규칙)을 도출해내는 것이다. 예를 들어, 여러 지역에 있는 까마귀를 관찰해서 다음을 알아낸다.

관찰사항 1: A 지역의 까마귀 색은 까맣다.
관찰사항 2: B 지역의 까마귀 색은 까맣다.
관찰사항 3: C 지역의 까마귀 색은 까맣다.
....
결론: 모든 까마귀의 색은 까맣다.

위와 같이 여러 지역에서 발견된 까마귀의 색이 까맣다는 것을 보고, '모든 까마귀의 색은 까맣다'로 일반화된 결론을 도출했다면 귀납추론에 해당한다. 귀납추론은 전제가 결론을 필연적으로 끌어내는 연역과 달리, 전제(관찰사항들)가 결론을 신뢰성 있게 지지한다. 결론을 토대로, 경험적으로 다음에 발생할 사건(까마귀 Z의 색은 까맣다)의 신뢰를 높여준다.

관찰 사실을 토대로 법칙이나 이론이 일반화되면, 예측이 법칙이나 이론으로부터 연역될 수 있다. 연역적 논증은 논리학의 창시자였던 아리스토텔레스가 제시한 논증법이다. 아리스토텔레스는 최초로 논증적 추론을 형식적으로 탐구하게 된 계기를 마련했으며, 연역논증은 오랫동안 서양철학의 토대가 되었다. 아리스토텔레스가 제시한 연역 논증인 삼단논법은 현대에 이르기까지 널리 사용되는 추론법이며, 연역추론은 인간에게 가장 익숙한 사고 방법의 하나이다. '연역'의 개념을 몰라도 인간은 자연스럽게 그러한 사고방식으로 생각하고 대화하기 때문이다. 따라서 사고 방법에 관한 철학적 사유도 가장 먼저 '연역'에 주목하였다. 아리스토텔레스는 연역추론의 대표격인 삼단논법을 최초로 체계화했다. 삼단논법은 어떤 것들로부터 필연적으로 도출되는 다른 무언가를 이끌어내는 데 관한 논리이다. 아리스토텔레스는 구체적인 예를 들지 않고 다음과 같은 도식적인 문장으로 삼단논법을 표현하였다. "만일 A가 모든 B에 속하고, B가 모든 C에 속한다면, A는 또한 모든 C에 속한다." 이 논법의 예를 들면, '모든 그리스인은 인간이다'와 '모든 인간은 언젠가는 죽는다'라는 참인 어떤 것들로부터, '모든 그리스인은 언젠가는 죽는다'라는 다른 무언가를 이끌어내는 추론 방식이다. 논리학의 처음에 항상 다루어지는 삼단논법의 예를 살펴보자.

대전제: 모든 인간은 죽는다.
소전제: 소크라테스는 인간이다.
결　론: 소크라테스는 죽는다.

여기서의 논리는 대전제가 참이고 소전제가 참이라면 결론은 참일 수밖에 없다는 것이다. 이미 알고 있는 정보(대전제)와 새로운 정보(소전제)를 조합해서 결론이 필연적으로 성립된다. 누가 추론하더라도 전제가 결론을 필연적으로 이끌어내는 방식이다. 이때 소전제는 매개념이 된다. 대전제에서의 '인간'과 소전제에서의 '인간'이 매개되면서, 결론이 도출되는 것이다. 이때 대전제가 참이 아니거나 소전제, 즉 매개념이 없을 때는 논리적 오류가 발생할 수 있다. 따라서 결론은 참 아니면 거짓 둘 중의 하나가 된다.

이러한 연역추론이 우리 일상의 사고 흐름과 일치할까? 우리가 일상생활에서 대전제 → 소전제 → 결론의 순으로 사고를 진행할까? 실은, 그렇지 않다(강신주, 2006). 우리는 먼저 결론에 해당하는 "소크라테스는 죽는다"라는 구체적인 생각을 머릿속에 떠올린다. 이제 이 생각을 다른 사람들에게 이야기한다고 할 때, 자신의 생각을 상대에게 증명해야 한다. 타인을 설득하기 위해 "소크라테스는 인간이다"와 "모든 인간은 죽는다"는 생각을 하게 된다. 만일 청자가 이 두 가지 생각, 즉 주장에 대한 전제를 참이라고 받아들인다면, 청자는 결국 "소크라테스는 죽는다"라고 하는 화자의 주장을 거부할 수 없게 될 것이다. 이처럼 주장을 증명하기 위해 전제를 찾게 되고, 참인 전제들을 토대로 결론을 이끌어내는 방식으로, 우리는 자연스럽게 연역추론을 사용한다.

삼단논법으로 대표되는 아리스토텔레스의 연역추론은 다양한 영역의 지식을 설명하는 메커니즘에 해당하지만, 자연 현상을 대상으로 과학 지식을 생성하는 과정으로서의 과학 방법론에는 적용하기 어렵다. 과학 방법론에 대한 논의가 활발하게 이루어졌던 근대 시기의 철학자 프란시스 베이컨(Francis Bacon, 1561~1626)은 아리스토텔레스가 형식적 추론으로 확립한 삼단논법은 크게 두 가지 문제를 안고 있다고 비판했다. 삼단논법은 연역의 출발점이 되는 전제가 참일 때에만 올바른 결론을 도출할 수 있는데, 논증의 전제가 참이라면 그 결론은 필연적이기는 하되 우리의 지식 증진에는 아무런 기여를 하지 않을 것이다. 베이컨은 삼단논법이 인간의 동의를 이끌어낼 수는 있을지언정 자연에 적용될 수는 없다고 생각했다.

그럼에도 불구하고, 과학 활동에서 연역과 귀납은 밀접한 관련이 있다. 귀납추론은 관찰사항에서 공통점을 찾아내어 일반론이나 규칙(법칙)을 도출하고, 일반론이나 규칙(법칙)이 연역법에서는 불가결한 일반론이나 규칙(법칙)이 된다. 또한 다른 사항에 대해서도 그 규칙(법칙)이 맞는다는 것을 설명할 수 있으면 규칙(법칙)은 신뢰성이 있다. 하지만 그 규칙이 제대로 맞지 않는다면 신뢰성이 떨어지고 다시 한 번 관찰하지 않으면 안 될지도 모른다.

과학에서 귀납이 비판받는 이유는 크게 두 가지이다. 하나는 귀납의 일반화 문제이다. 앞에서 든 예를 다시 살펴보면, ○○ 지역에서 관찰된 까마귀의 많은 관찰사례로부터 도출된 '모든 까마귀는 까맣다'는 일반화는 다른 관찰사례가 출현하면 즉시 반박된다. △△ 지역에서 흰 색의 까마귀가 발견된 것이다. 이렇게 되면, '모든 까마귀의 색은 까맣다'라는 일반화로부터 '○○ 지역의 까마귀는 까맣다'로 한정된다. 이처럼 세계에 존재하는 모든 까마귀의 색을 다 관찰할 수 없기 때문에 일반화가 가능하지 않다는 것이다. 게다가 ○○ 지역에서 희거나 노랗거나 빨간 까마귀가 발견될 수도 있다. 그렇다면 '○○ 지역의 까마귀는 까맣다'라고 하는 명제도 일반화될 수 없다는 것이다. 또 하나는 귀납의 방법은 과학에서 관찰의 객관성에 관한 문제이다. 즉, 관찰이 객관적일 수 없으며, 이론 의존적(theory-laden)이기 때문이다. 관찰이 이론 의존적이라는 문제는 과학자가 자연 현상을 관찰할 때 나타난다. 과학자는 자신이 가지고 있는 지식, 신념, 이론에 토대하여 현상을 관찰하기 때문에 초점을 잡아 과학적 관찰을 하게 된다. 예를 들어, 현미경으로 세포를 관찰하고 그림을 그릴 때 세포를 구성하고 있는 핵, 세포질, 미토콘드리아 등을 알지 못하면, 그 특징을 잡아 그리지 못하고 알 수 없는 원, 곡선, 점들을 표시할 것이기 때문이다.

귀납과 연역은 과학 지식 생성의 정당화 맥락에서 유의미한 역할을 한다. 여러 번의 관찰을 통해 법칙과 이론을 생성하면(귀납), 그 규칙과 이론을 토대로 새로운 관찰 자료에 대한 예측(연역) 가능성을 높일 수 있다. 그렇다고 하더라도, 엄격한 논리 차원에서는 연역은 과학 활동의 본질을 보여주지 않는다. 연역의 대전제는 참인 진릿값을 갖는 것이어야 하지만, 과학에서 법칙과 이론은 항상 참일 수 없는 명제이기 때문이다. 과학의 법칙과 이론은 변화 가능성을 내포한다. 새로운 현상이 출현하고 기존의 이론이 그 현상을 설명할 수 없을 때에 대해서, 즉 이론의 변화에 대해 귀납과 연역은 풀어내기 힘들다.

연역, 귀납, 귀추의 상호작용1)

과학적 탐구에서 개념을 생성하고 정당화하는 과정은 단일 개념의 옳고 그름보다는, 개념과 자료 구조, 그리고 개념들 간의 정합성 및 일관성 등에 대한 추론으로 이루어진다. 과학자들은 자연 세계의 다양한 현상들에 대한 믿을만한 지식 체계를 생성하는 것을 목표로 과학적 탐구를 실행해왔다. 과학적 사고의 기초는 하나의 주장을 제시할 때 '그 이유'를 나타내는 논리전개에 있다고 하

---

1) 논문 이선경, 최취임, 이규호, 신명경, 송호장 (2013). 초등 과학 수업 담화에서 나타나는 과학적 추론 탐색. 한국과학교육학회지, 33(1), 181-192에서 발췌함.

겠다. 고래로 논리전개 방법에는 '연역법(deduction)'과 '귀납법(induction)'이 존재했는데, 이들 방법은 인간이 자연스럽게 생각하는 사고방식에 해당된다(Chalmers, 1985). 귀납과 연역은 흐름이 반대인 사고방식이다. 연역이 두 개의 정보(대전제－일반론, 소전제－관찰사항)를 서로 연관시켜서 필연적으로 여길 수 있는 결론을 도출하는 사고법이라면, 귀납은 관찰된 몇 가지의 공통점에 착안해서 일반론을 도출해내는 것이다. 귀납은 연역법과는 달리 필연적으로 결론이 도출되는 것이 아니라 일종의 도약이 존재하며 상상력이 필요하다.

과학적 추론 과정에서 연역과 귀납은 어떻게 사용되는가? 연역적 사고는 설명이나 예측을 요구하는 과제에서 많이 사용된다. 즉, 주어진 원리나 법칙으로부터 자연 현상을 설명하거나 예측하는 데 연역적 과정이 사용된다(박종원, 2000; Chalmers, 1985). 또 귀납은 과학적 추론의 주요 요소로 강조되어왔는데, 그 이유는 과학 지식의 생성에서 관찰이 갖는 위상이 컸기 때문이다(Gustason, 1994; Jung, 1996; Kuhn et al., 1988; Lawson, 2004). 귀납주의자들에 따르면, 관찰은 과학을 행하는 출발점이어서, 관찰로부터 규칙 혹은 일반화를 만들어가는 것으로 이해되었다. 그러나 과학 연구자들에게 귀납은 진리의 위상을 갖는 일반화라기보다는 '새로운 가설', 다시 말해 '임시적 설명'의 생성이라는 의미를 갖는다(Kuhn et al. 1988; Lawson, 2004). 따라서 연역과 귀납만 가지고는 자연 세계를 탐구하여 새로운 지식을 생성하는 과학적 사고의 흐름을 충족시키기 어렵다. 즉 연역과 귀납은 미지의 현상에 대한 새롭고 창의적인 가설을 만들어내는 발견의 과정을 설명하는 데 충분하지 않다.

'귀추(abduction)'는 과학에서 지나치게 정당화 맥락만을 강조하여 주목받지 못했던 추론법으로서, 귀납과 연역이 설명해내지 못하는 이론(설명적 가설) 생성 과정을 설명할 수 있는 것으로 제안되었다(Hanson, 1958; Lawson, 2000). 귀추는 특정한 사실이나 법칙, 가설을 추론하여 어떤 현상이나 관찰 내용을 설명하거나 발견하는 과정을 의미한다(Magnani, 2001). 귀추는 규칙과 결과로부터 구체적 사례를 추리하는 것으로, 이론(설명적 가설) 생성의 과정을 설명해 줄 수 있다(권용주 외, 2003; 이규호와 권병두, 2010). 따라서 귀추는 과학 활동인 문제해결 과정에서 과학적 발견과 창조적인 추리의 역할을 한다(Magnani,

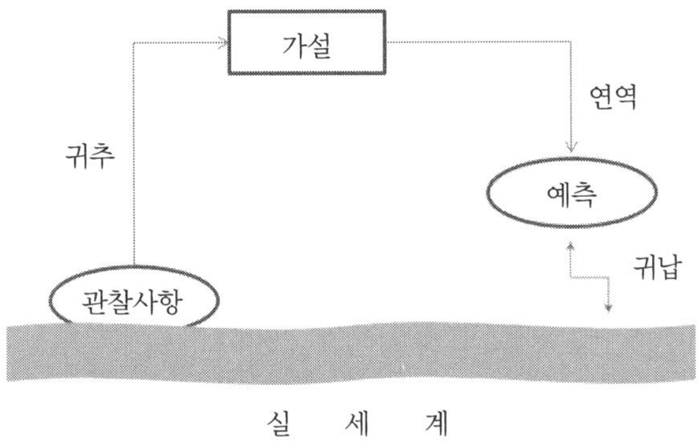

그림 2-1 과학적 탐구의 세 단계(Flach & Kakas, 2000)

2001). 즉 귀추는 결과로부터 원인들(가설)을 생성하여 이론의 발생과 관계가 있다.

Flach와 Kakas(2000)는 Peirce가 제시한 연역, 귀납, 귀추의 세 가지 추론 형태를 가설 생성, 예측, 평가라는 과학적 탐구의 세 단계로 정리했다(그림 2-1). 이 도식에 따르면, 과학자가 여러 관찰 사실들에 대해 설명을 하고자 할 때 초기 가설을 만들어내야 하고, 그 다음 그 가설이 갖는 다른 결과들은 어떤 것이 있는지 조사하고, 최종적으로 그 예측 결과들이 실제와 일치하는지 평가해야 한다. Peirce는 과학적 탐구에서 초기 가설 생성을 귀추, 제안된 가설로부터 예측을 끌어내는 것을 연역, 그 가설이 믿을만한 것인지를 예측들에 기반하여 평가하는 것을 귀납이라 했다.

그림에서 볼 수 있듯이, 과학적 탐구의 추론은 귀추, 연역, 귀납을 개별적인 추론의 기술로서 취급되어야 할 것이 아니라, 역동적으로 상호연관된 것으로 파악되어야 할 것을 시사한다. 같은 맥락으로 연역, 귀납, 귀추 등은 과학적 사고의 기초로서 역동적이고 순환적인 관점으로 다루어져야 할 것이다. 일상적 혹은 과학적 맥락에서 추론은 하나의 문제 상황에 하나의 추론 기술이 엄격히 사용되는 것이 아니라 상호 연관을 가지며 역동적으로 발생하기 때문이다. 문제 상황에서 추론의 순서는 일정하지 않으며, 때로 암시적으로 전제되어 명시적으로 드러나지 않기도 한다.

체화된 귀추

과학적 지식(설명)을 생성하는 과정을 단순화하면, '귀추를 통한 새로운 가설의 제안－그 가설로부터 예측의 연역－자료로부터 가설의 타당화'의 사이클에서 경쟁 가설의 등장으로 새로운 사이클로 진행되면서 더 나은 설명을 만들어 내는 과정이라 할 수 있다(Flach & Kakas, 2000).

귀추는 설명적 가설을 생성하고 평가하는 데 중요한 역할을 하는데, 이는 일상적인 상황과 과학적 상황 모두에서 작동하며 모형 기반 추론과 연관성을 갖는다(Mgnani, 2001; Shelley, 1996; Thagard & Shelley, 1997), 귀추를 더 넓게 설명하자면, Peirce(1931~1958, 1992)의 아이디어를 기반으로, 시각적 표상을 포함하는 정신 모형이 설명적 추론에 어떻게 기여할 수 있는지를 더 넓게 고려함으로써 가능해진다. 문장을 놓고 따지면, 귀추는 단지 "p라면 q; 왜 q? 아마도 p"(If q then q; why q? Maybe p)라고 볼 수 있다. 그러나 귀추적 스키마에서 p이고 q임을 허용함으로써 많은 것이 얻어질 수 있는데, 언어적 정보의 한계를 초월하여 시각적, 후각적, 청각적, 몸짓, 그리고 심지어 운동감각적 표상을 고려할 수 있게 한다. 극단적 예를 취하면, 귀추는 "그 이상한 냄새가 무엇이지?"를 호소함으로써 촉발될 수 있는데, 이때 언어뿐 아니라 시각적, 청각적, 심체적 표상을 병합하면, "Joe가 치즈를 갈아 오믈렛에 넣으려고 했으나 떨어뜨려서 난로에 빠졌다"는 설명이 생성될 수 있다.

언어 및 비언어적 표상에 대한 고려는 Peirce의 귀추에 대한 아이디어에도 표현되어있다. Peirce는 말하기를, 귀추는 놀람으로부터 촉발되는데, 이 놀람은 감정이지만 놀람이 어떻게 문장 틀에 맞춰질 수 있는가? 또, Peirce는 말하기를 귀추는 새 아이디어들을 도입하지만 어떻게 문장 도식에서 발생할 수 있는가? 그런 생각들은 불꽃과 같은 통찰력을 생성시킬 수 있지만, 통찰력과 그 불꽃들은 문장 틀에서 기술할 수 없는 것처럼 보인다. 문장의 귀추적 스키마에서 "만일－그렇다면"(if-then) 관계의 본질은 분명히 물질적 함축(material implication) 이상이어야 하지만, 무엇이 더 필요한가? 귀추로 향하는 논리－기반 접근은 설명이 연역의 문제라는 것을 가정하려는 경향이 있지만, 철학적 논의는 연역이 설명을 위한 필요조건도 충분조건도 아니라는 것을 보여준다(Salmon, 1989). 좋은 설명은 인과적 메커니즘을 활용하지만, 설명되는 것(what is explained)과 설명되어진 것(what gets explained) 사이의 인과적 관계를 구성하는 것은 무엇인가? 이렇듯 귀추가 인과적 스키마뿐 아니라 그 외의 다른 측면들－놀람과 통찰의 역할, 새 아이디어의 생성, 그리고 인과관계의 본질－을 참작한다면, 신경적 메커니즘을 고려함으로써 분명해질 수 있다.

Peirce는 귀추가 새 아이디어를 생성할 수 있다고 주장했지만, 특별히 이것이 어떻게 일어나는지를 말하지 않았다. 귀추가 논리적 스키마처럼 분석되면, 새로운 아이디어가 어떻게 발생하는지는 완전히 비밀에 부쳐지게 된다. 스키마는 다음과 같은 것이다: "q는 명확하지 않다, p는 q를 설명한다, 따라서 아마도 p이다." 그러나 이 스키마는 이미 명제 p를 포함하고 있으며, 따라서 새롭게 생성되는 것은 없다. 따라서 Peirce가 지적했듯이, 귀추에 대한 논리－기반 접근은 새 개념을 생성하는 추론 특징과 연관되기 어렵다(Thagard & Shelley, 1997). Thagard(1988)는 새 개념이 설명적 추론의 맥락에서 어떻게 생성될 수 있는지에 대한 설명을 제공했으나, 이 설명은 슬롯들(홈, 자리, 위치, slots)과 값(values)을 가진 프레임으로서 표상된 언어적 개념에만 적용된다. 대조적으로, 신경적 집단에서 활동 패턴으로서 표상을 보는 관점은 새 다중양상 개념의 생성을 서술하는 데 사용될 수 있다.

창의적 개념 병합은 임의적으로 발생하는 것이 아니라, 다소 새로운 설명의 생성을 요구하는 문제들을 위시한 문제 해결을 위한 시도의 규제된 맥락에서 일어난다. 귀추적 추론이 신경적 집단으로 어떻게 작동할 수 있는지를 볼 때, 귀추적 신경 모형을 사용할 수 있다. 간단히 말하면, 'q'와 'p가 q를 유발한다'로부터 'p'로의 전이를 모형화하기 위해 수천의 뉴런을 사용하는 것이다. 모형화에 신경적 접근을 취하는 장점은, p와 q가 언어적 표상을 요구하는 것이 아니라 어떤 양상에서도 작용할 수 있는 것이다. 예를 들면, q는 내가 손에서 느끼는 아픔을 신경적으로 부호화하는 것이 되고, p는 내 손에 찔림의 이미지를 신경적으로 부호화한 것이 된다. 그렇다면, 내 귀추적 추론은 아픔의 경험으로부터 찔림이 있는 시각적 표상의 적용으로 가게 된다.

더욱이, 귀추의 신경적 모형에는 연관된 감정이 따라온다. 초기에, 명확하지 않은 q는 놀람과 초조함 같은 감정을 자극하는 것과 연관된다. 그러나 가설 p가 귀추적으로 취해질 때, 감정적 반응은 편안함과 기쁨으로 변한다. 따라서 신경적 모형화는 귀추적 추론의 감정적 측면을 파악할 수 있다.

그러나 'p는 q를 유발한다'에서의 인과적 관계를 어떻게 이해할 수 있을까? 인과관계는 연역적 관계 혹은 확률적 관계처럼 형식적으로 구성되는 것이 아니라, 시각－운동 경험의 패턴으로부터 유도된 스키마처럼 구성되어야 한다 (Thagard, 2007). 예를 들면, 아기가 손으로 장난감을 움직여 짤랑짤랑 소리를 내는 경험을 할 때, 초기 시각적 상태는 나중의 촉각적 상태(장난감을 밀고 느낌)와 병합되는 일종의 연합이 형성된다. 이때, 초기 시각적 상태는 움직임으로 이어지고, 촉각적 상태는 시각적－청각적 상태(장난감이 움직이고 소리를 내는 것을 보고 들음)로 이어진다. 아마도 그런 감각－운동－감각 스키마는 본래적으로 갖고 있을 터인데, 누구나 태어나면서 신경적 연결 형태에서 자연선택에 의해 획득하는 것이다. 그런 스키마는 내재적 학습 메커니즘 덕분에 유아들에게 매우 빠르게 획득될 수 있다. 더 나아가, 물리적 인과성의 많은 설명에서 중심이 되는 힘 개념은 당기고 밀고 하는 신체－기반 경험에 인지적 뿌리를 갖고 있다. 따라서 많은 설명을 구성할 때 '체화된 귀추'가 작동한다고 말하는 것이 적절한 듯하다. 살펴보았듯이, 인과관계 그 자체도 그렇거니와 설명되어지는 많은 가설과 사실들의 다중양상적 표상들이 모두 인간 신체의 감각적 작동과 연결되어있기 때문이다.

03
과학적 추론과 사고실험[1)]

근대 과학을 열었던 Galileo는 마치 상황이 된다면 실제로 실험을 할 수 있도록 실험 과정을 설계하고 그 결과를 성공적으로 예측하여 결론에 도달하였다. Galileo가 특정 이론을 검증하기 위해 사용했던 사고실험(thought experiments)은 자기 자신의 생각 속 실험실에서 이루어지는 실험을 의미한다. 사고실험은 어떤 주장의 타당성을 검사하거나 또는 다른 사람을 확신시킬 의도로 구상되며, 보편적인 이해를 할 수 있도록 해주는 특별한 형태의 정신적인 창이 된다. 잘 고안된 사고실험은 정상과학의 패러다임에 위기를 가져올 수 있으며 적어도 이상현상을 만들어낼 수 있다. 이 장에서는 과학의 발달에 중요한 역할을 하고 학교 과학에서도 이론의 증명을 위해 사용되는 사고실험의 의미, 유형 및 작동 논리에 대해 살펴보고자 한다.

사고실험의 의미

'Galileo는 양쪽으로 부드럽게 기울어져 있는 면 위에 공이 올려져 있는 모

1) 이규호(2009). 추론 중심 탐구수업 모형 개발: 판구조론을 중심으로. 서울대학교 박사학위 논문에서 일부를 발췌하여 재구성함.

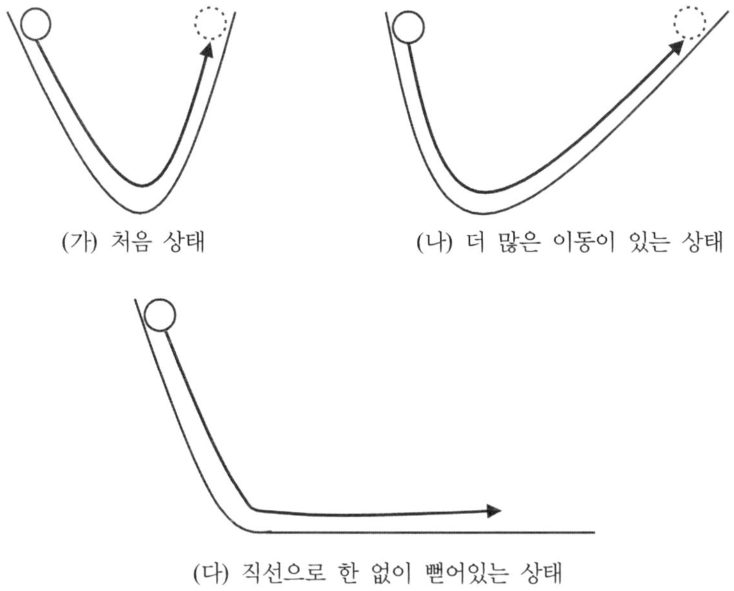

그림 3-1 Galileo의 사고실험: 관성운동

습(가)을 상상하고 있다(그림 3-1). 진자의 추가 좌우로 흔들릴 때 처음의 높이까지 반복적으로 올라가는 것처럼, 경사면 위의 공은 경사면을 미끄러져 내려갔다가 다시 반대쪽으로 처음 높이만큼 올라간 다음, 다시 처음의 위치로 이동하는 것을 반복할 것이다. 물론 공과 경사면 사이의 마찰이라든지 공기의 저항으로 인해 실제는 처음 높이까지 올라가지 않겠지만 마찰과 저항이 없는 가상적인 경사면에서의 가상적인 공의 움직임은 처음 높이까지 올라갈 수 있을 것이다. 만일 경사면의 한쪽을 점점 길게 만들면(나) 공은 처음 출발한 높이까지 올라가기 위해서 점점 더 먼 거리를 이동해야 한다. 더욱더 경사면의 한쪽을 길게 만들어, 결국 무한히 길어진다면(다) 공은 결코 처음의 높이까지 올라갈 수 없다. 즉, 공은 처음의 높이까지 올라가기 위해서 영원히 직선 위를 움직이게 될 것이다(Sorensen, 1992).'

이러한 Galileo의 생각을 통한 실험은 운동에 대한 이론으로 바뀐다.

이후 이러한 물체의 운동 특성은 Newton에 의해서 더욱 세련되게 다듬어져서 "외력이 주어지지 않는 한, 물체는 자신의 운동 상태를 유지한다"는 관성의

법칙으로 자리매김을 하였다.

관성에 대한 개념은 Galileo가 실제 실험을 통해서 알아낸 것이 아니다. 설령 갈릴레이가 실제 실험을 하려고 마음먹었다고 하더라도 엄밀히 말하면 불가능한 실험이다. 즉, 공과 경사면의 마찰이 전혀 없고, 공기의 저항이 전혀 없으면서 무한히 수평으로 긴 평면을 만들 수 없기 때문이다. 그러나 Galileo는 마치 상황이 된다면 실제로 실험을 할 수 있도록 실험 과정을 설계하고 그 결과를 성공적으로 예측하여 결론에 도달하였다. 이렇게 자기 자신의 생각 속 실험실에서 이루어지는 실험을 사고실험(thought experiments)이라고 한다(Brown, 1991a).

Brown(1986, 1991a)은 사고실험은 어떤 주장의 타당성을 검사하거나 또는 다른 사람을 확신시킬 의도로 구상되며, 보편적인 이해를 할 수 있도록 하는 특별한 형태의 정신적인 창이라고 하였다. Galili(2009)는 사고실험은 타당성의 준거로 사용되는 어떤 이론(원리 혹은 관점)을 이끌어내는 실제 물질세계에서의 현상에 관한[2] 한 세트의 가설-연역적인 생각이라고 말하고 있다. 이렇게 사고실험은 이론에 근거한 가설-연역적인 추론이라는 정의와 실재 물체에 대한 정신적인 조작이라는 두 가지 정의를 지니고 있다.

한편, Gendler(2006)는 어떤 이론 혹은 가설의 확증 혹은 반증 여부를 가상적인 시나리오를 이용하여 근거를 밝히는 것이 사고실험을 수행하는 목적이라 하였다. 또 그는 최근에는 어떤 개념을 기술하거나 평가하는 데 있어서 적절한 적용에 관계된 직관을 불러일으키려는 의도로도 사용되고 있다고 하였다. Wilkes는 이러한 목적을 달성하기 위해 고안된 사고실험의 과정을 다음과 같이 표현하였다.

"... '이렇게 하면 어떨까(what if)'하고 묻는 것이 적절할 것이다. 그러한 질문에 답하기 위해서 사고실험은 '이렇게 하면 어떨까'에 해당하는 상황이 실제로 발생한 세계를 상상할 것을 요구한다. 그 다음, '이렇게 하면 어떨까'에 해당하는 상황의 결과와 함축된 의미가 검사되어진다. 이러한 결과는 검사된 주

---

2) 이 정의에서는 초자연적인 힘, 마법과 같은 과학적 이론 외의 실체에 대한 추측은 제외한다.

장을 지지할 수도 약화시킬 수도 있다(Wilkes, 1988).”

'이렇게 하면 어떨까'에 해당하는 상황은 두 가지 형태가 가능한데, 첫째는 '단지 가상된' 상황이며, 둘째는 '정말로 가상된' 상황이다. 처음에 해당하는 상황은 실험실에서 수행될 수 있지만 여러 가지 이유로 인해 생각으로만 실행된 경우를 의미하며, 두 번째의 상황은 Einstein의 빛을 타고서 실시한 사고실험과 같이 실험실에서는 절대로 수행될 수 없는 완전히 가상된 상황을 말한다.

사고실험의 유형

사고실험에는 어떠한 것들이 있는지에 대한 논의가 여러 학자(Gendler, 1996; Gendler, 2000; Bealer, 1998; Rescher, 1991; Thomason, 1991; Anapolitanos, 1991; Gale, 1991; Janis, 1991; Sorensen, 1992; Duhem, 1914/1954; Hăggqvist, 1996; Wilkes, 1988)들에 의해 다음 절과 같이 제안하였지만, 어떤 것도 공인된 바가 없다. 아마도 가장 폭넓게 인정되고 있는 구분은 비록 딱 들어맞지는 않지만 과학적 사고실험과 철학적 사고실험으로 나누는 것이다: 과학적 사고실험은 과학적인 주제에 관한 문제와 관련이 있으며, 철학적인 사고실험은 비과학적 주제에 관한 문제와 관련이 있다(Horowitz and Massey, 1991; Sorensen, 1992).

여러 학자들의 다양한 의견을 살펴보면, 우선 Rescher(1991, pp.32-40)는 사고실험을 설명하는 것과 논박적인 것으로 구별하고, 이를 6개의 보다 분명하게 표현된 방법[3)]으로 세분화하였다. Thomason(1991, pp.250-256)은 사고실험을 언어적으로 두 개의 범주로 나누고 있다: 특별한 이론을 검사하는 데 있어 어떤 종류의 증거가 결정적인지를 명확히 하는 것들과 내부 성찰적인 자료를 제공함으로써 언어적인 가설을 검사하는 것들. Anapolitanos(1991, pp.89-94)는

---

3) ① 설명적인 추측, ② 부정적으로 논증적인 추론, ③ 귀류법, ④ 회의론적 사고실험, ⑤ 비유적인 사고실험, ⑥ 가치 우위의 논변들

수학에서의 사고실험을 6개로 구분[4)]하여 분류하였고, Gale(1991, pp.297-303)은 명확한 반례를 제공하는 사고실험들과 결정할 수 없는 사건들로 끝나는 것들을 구별 짓고 있다.

Janis(1991, pp.113-116)는 물리학에서 실제 실험이 실패할 수 있는 경우 3가지를(완벽하게 수행될 수 없음, 장비 결함 등으로 인한 틀린 결과, 비록 정확한 결과이지만 처음 실험의 동기를 부여한 질문에 답하는 데에는 실패한 결과가 나오는 때) 제시하고 있으며 그와 함께 사고실험이 실패할 수 있는 3가지 경우를(결론을 이끌어내는 해석을 수행할 수 있는 지식 혹은 능력이 부족한 경우, 사고실험의 결과가 잘못된 결론에 도달할 경우, 정확한 결론에는 도달하였으나 처음의 동기가 된 목표를 달성하지 못한 경우) 제시하고 있다.

Sorensen(1992, pp.197-202)은 실제 실험과 비교할 때, 진보적인지, 여유가 없는 상황인지, 혹은 불가능한 상황인지에 근거를 두고 사고실험을 분류하고 있다. Duhem(1914/1954, p.202)은 이와 비슷하게 단지 수행되지 않은 실험과 정확성을 가지고 수행될 수 없는 실험, 물리적으로 수행할 수 없는 실험, 그리고 불합리한 실험으로 구분하고 있다. Hǎggqvist(1996, pp.136-159)와 Wilkes(1988, chap. 1)는 각각 실패한 사고실험과 성공한 사고실험으로 구분하기 위한 원리를 제공하고 있다.

한편 Bealer(1998, pp.207-208)는 사고실험을 분류함에 있어 보다 뚜렷하게 과학적/비과학적인 구분에 초점을 맞추고 있다. 그는 자연과학에 관한 직관을 불러일으키는 데 사용되는 가상적인 사건과 비자연과학적 개념의 적용에 관한 직관을 불러일으키는 데 사용되는 가상적인 사건을 구별하였다. 전자는 독자로

---

4) ① 아직까지 이론적으로 확고해진 적이 없는 개념적 틀 내에서 수행되는 사고실험, ② 수학적으로 확고한 이론에 의해 제공되는 개념적 틀 내에서 수행되는 사고실험, ③ 기초의 위기가 발생하는 동안과 그 직후에 격렬하게 수행되는 사고실험, ④ 수학적인 이론의 공리로부터 나온 공준을 증명 혹은 반증하는 것이 본질적으로 불가능하다는 사실에 의해 자극되어진 사고실험, ⑤ 기초의 위기 동안에 발생하는 주류와는 다른 매우 독특한 이론적 틀의 구성에 관여하거나 주어진 영역 내에서 재개념화를 이끄는 사고실험, ⑥ 특별한 영역의 연구를 더욱 쉽게 하기 위한 새로운 개념적 틀을 명확히 하기 위한 필요에 의해 야기된 사고실험.

하여금 자연 법칙이 똑같이 유지되고 있다는 가정을 하고 있는 주어진 가상적인 시나리오에서 무엇이 일어날지를 결정하도록 하는 요구를 포함하고 있고, 후자는 독자로 하여금 특별한 시나리오가 논리적 혹은 형이상학적으로 가능한지 어떤지 또는 주어진 개념이 어떤 시나리오에 적용되는지 어떤지를 결정하도록 하는 요구를 포함하고 있다. Bealer는 '사고실험'이라는 용어는 일반적으로 '과학적 사고실험'으로 언급되는 전자와 같은 상황에 대해서만 한정되어야 한다고 주장한다.

그리고 Gendler(1996, 2000)는 사고실험의 가상적인 시나리오에 대해서 요구되는 기본적인 질문의 종류에 따라 사고실험을 3가지로 나누고 있다. 그는 "(1) 무슨 일이 일어났는가?(what would happen?) (2) (1)의 질문이 주어졌다면, 우리는 발생한 그 무엇을 어떻게 기술할 수 있는가?(how should we describe this outcome?) (3) (2)의 질문이 주어졌다면, 우리는 발생한 그 무엇을 어떻게 평가할 수 있는가?(how should we evaluate this outcome?)"와 같이, 제기된 질문에 따라 첫 번째를 사실 서술적(factive) 사고실험, 두 번째를 개념적(conceptual) 사고실험, 세 번째를 가치 판단(valuational) 사고실험이라 명명하였다. 그 각각은 과학, 형이상학과 인식론, 윤리학과 미학 분야에서 주로 다룬다고 하였다. 사실 서술적인 사고실험들은 과학적인 주제와 관련된 문제를 포함하는 경향이 있고, 개념적인/가치판단적인 사고실험은 철학적인 주제와 관련된 문제를 포함하는 경향이 있다.

Thought Experiments

Questions which might be asked about an imaginary scenario		Type of TE		The sorts of issues addressed by TE
What would happen?	→	Factive TE	→	in Science
How should we describe this outcome?	→	Conceptual TE	→	in Metaphysics and Epistemology
How should we evaluate this outcome?	→	Valuational TE	→	in Ethics and Aesthetics

그림 3-2 Gendler가 제안한 사고실험의 종류

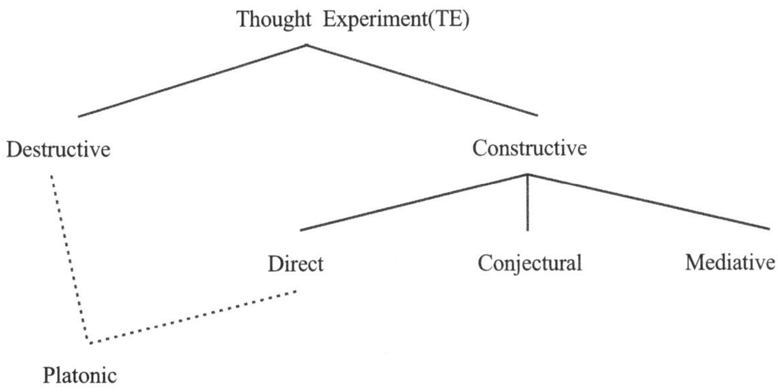

그림 3-3 사고실험의 분류(Brown, 1991a)

Brown(1991a, 1991b)은 특히 과학적 사고실험에 대해서만 논의를 집중하였고, 그 결과 사고실험의 종류를 크게 파괴적(destructive) 사고실험과 구성적(constructive) 사고실험으로 분류하였다. 그는 구성적 사고실험을 다시 매개적(meditative) 사고실험, 추측적(conjectural) 사고실험, 직접적(direct) 사고실험으로 세분화하였으며, 파괴적인 사고실험인 동시에 직접적 사고실험인 경우를 이상적인(platonic) 사고실험이라 명명하였다.

한 이론에 대항하여 제시되는 하나의 논변으로 보통 이론의 일반적인 틀 내에서 결점을 지적함으로써, 그 이론을 파괴하거나 혹은 적어도 이론에 대한 심각한 문제를 드러내는 사고실험을 파괴적 사고실험이라 한다(Brown, 1991a, p.34).

반면에 구성적 사고실험의 취지는 사고실험적 현상을 입증하는(상상하는) 데 있다고 Brown(1991b, p.45)은 주장한다. 이러한 현상은 나중에 어떤 이론에 대한 전적으로 결정적인 증거의 역할을 하게 된다. 구성적 사고실험을 다시 하위 분류하면서 Brown은 각각의 특징을 다음과 같이 제시하고 있다.

① 매개적 사고실험: 특별하고 매우 논리 정연한 이론으로부터 이끌어내어진 결론을 촉진하는 사고실험(Brown, 1991a, p.36).

② 추측적 사고실험: 몇몇의 입증되어진 사고실험적 현상들을 통하여 그 현상을 설명하기 위한 이론의 가설을 세우는 사고실험(Brown, 1991a, p.38).

③ 직접적 사고실험: 의심의 여지가 없는 사고실험적 현상으로 시작하여 이론으로 끝나는 사고실험(Brown, 1991a, p.41).

표 3-1 Brown(1991a)의 사고실험의 범주(Gilbert and Reiner, 2000)

Category	Sub-category	Purpose	Example
Destructive		Expose theoretical weaknesses	Schrödinger's Cat
Constructive	Mediative	Draw deductions from theory	Maxwell's Demon
	Conjectural	Establish and theorize about phenomenon	Newton's Bucket
	Direct	Draw deduction and establish theory	Stevin's Inclined Plane
Platonic		Theory development	Galileo's Free-Fall Experiment

끝으로 Brown(1991a, p.77)은 이상적 사고실험을 선험적이라 하였다. 다시 말해, 어떤 새로운 경험적인 증거에 기초하지도 예전 자료로부터 그저 논리적으로 유도되지도 않았다는 의미이다. 이러한 사고실험은 이전의 이론보다도 새로 제시된 이론이 더 낫다는 점에서 진보가 된다고 주장한다.

사고실험의 논리적 구조

Thomas Kuhn의 '사고실험의 기능'은 그의 잘 알려진 저서인 ≪Structure of Science Revolutions≫ 속의 많은 개념들을 사용한다. 그의 견해에 따르면 잘 착상되어진 사고실험은 지배하고 있는 이론, 즉 패러다임에 위기를 가져올 수 있으며 적어도 이상을 만들어낼 수 있다. 그리고 결국 패러다임의 전환을 이끌어내는 데 기여할 수 있다.

Norton(1991)과 Brown(1991a)은 각각 고전적인 경험론과 이상적인 합리주의의 극단을 보여주고 있다. Norton(1991)은 어떤 사고실험은 정말 숨겨진 논변(arguments)이라고 주장한다. 그는 사고실험이 경험에 근거를 둔 전제로부터 출발하고 연역 혹은 귀납의 추론 규칙을 따라가며 최종적으로 결론에 도달한다고 주장한다. Norton(1991)은 불가능성에 대한 주장으로부터 나온 결론을 이끌어내는 가장 간단한 방법이 귀류적인 논변을 통하는 것이라 주장한다: 법칙 X가 참임을 이끌어내기 위해서 전제로서 법칙들을 하나 이상 선택한다. 그 다음 X를 부정하고, X의 부정으로부터 나온 추론의 결과가 전제에 위배됨을 보임으로써 법칙 X가 참이라는 결론을 이끌어낸다. 그는 실험적인 맛을 주는 어떤 사고실험들의 사실적인 특징은 심리학적으로도 유용하지만 엄밀하게는 불필요하다고 본다. 그는 귀납적인 움직임이 정당화되어지나 원리들이 보증이 된다면 사고실험은 논변으로 재구성되어질 수 있다고 생각한다.

그에 반해서, Brown(1991a)은 몇몇의 특별한 경우에 사고실험을 통해서 우리는 과거의 자료에 넘어선 자연에 대한 선험적인 지식을 획득할 수 있다고 주장한다. 그는 또 Galileo의 자유낙체에 대한 사고실험을 통해서 사고실험이 새로운 자료를 통해서도 아니며 또한 과거 자료로부터 유도되어진 결론도 아닌, 또한 어떤 논리적인 참인 것만이 아닌 자연에 대한 선험적 지식이 될 수 있음을 말하고 있다. 이를 바탕으로 그는 이러한 사고실험의 근거가 객관적으로 존재하는 관념적 실체 사이의 관계로 표현되는 최근의 자연 법칙의 근거에 대한 연역적인 인식론과 연결됨으로써 더욱 발전할 수 있다고 본다.

이러한 Norton과 Brown의 사고실험에 대한 입장은 정반대의 것처럼 보인다. 이러한 문제들에 대한 해결책을 구하기 위해 Sorensen(1992)은 사고실험이 가지고 있는 논리적 구조에 대해 그의 책의 한 장을 할애하고 있다.

Sorensen(1992, pp.132-135)은 다른 사람의 정신생활을 기술할 때마다 사람들은 해석을 시도한다고 말한다. 이는 다른 사람의 생각은 만드는 것이 아니라 발견해야만 하는 것이므로 다소 불합리하게 보이지만 자신의 해석학적인 도구를 사용한다면 심리적인 사실을 밝혀낼 수 있다고 주장하고 있다. 그는 어떠한 실험도 전적으로 공적일 수 없다고 주장한다. 그 이유에 대해 그는 실험의 동일성은 부분적으로 실험자의 의도에 의해 결정되기 때문이라고 하였다. 그러나 실험의 속성이 실험자의 의도에 의해 항상 결정된다고 하는 것은 일종의 의도적인 궤변(intentional fallacy)이 되어버린다. 따라서 실험 속성의 문제는 사고실험의 경우에 더욱 증폭되게 되며, 이는 사고실험의 경우 물리적인 요소가 더 작거나 혹은 아예 존재하지 않기 때문이다.

이에 Sorensen은 사고실험의 속성이 논변의 속성과 비교되어질 수 있다고 생각한다. 논변이 제시되어지고 있는지를 해석자가 먼저 결정해야만 하는 것처럼 사고실험도 수행되고 있는지를 해석자가 먼저 결정해야만 한다. 논변은 전형적으로 생략된 추리법(enthymeme)으로 나타난다. 이는 전제 혹은 결론의 생략으로 표현된다. 생략된 추리법에서 생략은 간결함을 제공해 주지만 지나치게 될 경우 설명이 모호해지거나 이해할 수 없는 상태가 되어 버린다고 그는 주의를 주고 있다. 그는 논리는 사람들이 논변을 명확히 할 수 있도록 하는 능력을 제공함으로써 이러한 문제점을 피해갈 수 있도록 해주기 때문에 조직화된 논변의 전제는 진실성과 타당성을 주의 깊게 조사할 수 있게끔 한다고 말한다. 또한 사고실험의 경우 규제에 관해 동일한 속성이 결여되어왔다고 생각하며 분류 체계는 구조적인 상세화를 통해서 규제상의 틈새가 채워질 수 있다고 생각한다.

Sorensen은 친숙성, 특수성과 단순성을 기준으로 판단할 때, 사고실험을 분류하는 많은 방법 중에서도 논박이 가능한 형태가 가장 나은 형태라고 보았다. 이러한 틀에 따르면 사고실험은 그것의 양태적(modal) 결론들 중 어느 하나를 논박함으로써 진술을 뒤집는 것이 목적이라고 볼 수 있다. 그는 의무양태(deonic modality), 인식양태(epistemic modality), 그리고 진리양태(alethic modality)[5] 중에서 가능성과 필연성을 말해주는 진리양태가 가장 잘 이해되어지며 가장 기본적이라 생각하고 이에 집중하여 논의하고 있다. 이에 따라 사고실험은 가능한 세계로의 탐험으로 그려질 수 있으며 이러한 탐험의 목적은 이

---

5) 의무양태(deonic modality)에는 permissible, forbidden이, 인식양태(epistemic modality)에는 know, believe가, 그리고 진리양태(alethic modality)에는 possible, necessary가 있다.

러한 세계의 구성 요소에 대한 함축된 의미를 가진 원천 언명을 논박하는 것이 된다.

필연성의 논박은 사고실험이 어떤 언명에 의해 불가능한 것으로 배제된 어떤 것이 실제로는 가능하다는 것을 보여줌으로써 그 언명을 논박하기 위해 고안된 것이다. Sorensen(1992, pp.135-136)은 필연성 논변이 다음의 상호 비일관적인 5개의 요소들로 구성된다고 생각한다.

① S : 양태 원천 언명(Modal source statement)
② S ∋ I : 양태 적출자(Modal extractor)
③ (I & C) □[6]→ W : 반사실적 가정법(Counterfactual)
④ ~◇W : 불합리함(Absurdity)
⑤ ◇C : 내용의 가능성(Content possibility)

양태 원천 언명은 의미론적 테제들(정의들, 동의어 주장들, 함의적 테제들), 검사 가능한 테제들(검증 불가능성, 허위화 불가능성, 검출 불가능성), 실현 가능성의 주장들, 법칙 문장들, 성향과 의도 속성들, 타당성을 지닌 판정 등과 같은 것들을 포함한다. 양태 적출자란 원천 언명으로부터 관련이 있는 양태적 함의를 이끌어내는 명제를 말한다. 반사실적 가정법이란 상상된 상황 C가 주어질 때 양태 적출자 I와의 관계를 통해서 나온 W가 괴상한 결과를 갖는다는 것이다. W가 왜 괴상한 결과인지를 설명해 주는 단계가 ④이며 사고실험의 내용이 가능함을 보여주는 것이 ⑤의 단계이다.

이에 대한 Sorensen의 예로는 다음과 같은 것이 있다.

『① 원천 언명: 공기는 아무것도 없는 것이다.

② 양태 적출자: 만약 공기가 아무것도 없는 것이라면, 그것은 틀림없이 무

6) 이는 논리학적 기호로서 □는 필연성(necessity)을 의미하는 기호이며 'all'을 의미한다. 그리고 ◇은 가능성(possibility)을 의미하며 'some'을 의미한다. 또한 ~은 '아닌', &는 '그리고', →는 '내포'를 각각 의미한다.

게가 없다.

③ 반사실적 가정법: 만약 공기기 무게가 없고 이러한 공기만이 용기 속으로 더해진다면, 용기는 더 무거워지지 않을 것이다.

④ 불합리함: 팽창된 용기가 무게를 획득하지 않는다는 것은 불가능하다.

⑤ 내용의 가능성: 공기만이 용기 속으로 더해지는 것은 가능하다.(Sorensen, 1992, p.164)』

Sorensen(1992, pp.136-152)은 사고실험의 목적을 원천 언명을 반박하는 것이라 한다. 이를 마치 체스에서 외통수 장군을 하는 것에 비유하고 있다. 위에서 제시한 명제들은 일관성이 없는 상태로 연결되어있기 때문에 이에 대한 반응은 5가지밖에 없게 된다. 그는 이 5가지 각각에 나쁜 원천 언명(Bad source statement), 잘못된 연결(Misconnection), 잘못에 기인한 반사실적 가정법(Erroneous counterfactual), 가짜의 불합리함(Pseudo-absurdity), 불가능성 정리(Impossibility theorem)이라는 이름을 붙여 자세하게 논의를 하고 있다.

과학적 탐구에서 사고실험

NRC(1995, 2000)에서는 과학에서의 탐구를 과학자들이 자연 현상을 연구하고 그로부터 자연 현상에 대한 설명을 제안하는 다양한 방법이나 활동이라고 말한다. 즉, 과학 탐구의 방법은 고정된 한 가지가 아니라고 말할 수 있겠다. 이러한 다양한 방법이나 활동을 탐구라고 지칭하기 위해서는 탐구의 본질적인 속성을 만족하는지 여부로 결정될 수 있겠다. 미국의 국가과학교육기준에서는 과학적 탐구의 주요한 요소를 다음과 같이 말하고 있다(NRC, 1995, 2000).

· 과학적으로 다룰 수 있는 물음에 관심을 갖는다.
· 과학적인 물음에 답하기 위하여 증거를 수집한다.
· 증거에 토대하여 설명을 구성한다.
· 새롭게 구성된 설명을 과학 지식과 관련지어 평가한다.

· 자신의 설명을 다른 사람들에게 이야기하고 그것의 타당성을 따져 본다.

한편 과학적 탐구의 의미를 탐구의 요소가 아닌 철학적이며 역사적 성격에서 찾는 학자들도 있다. 이들은 과학자들의 탐구 활동 속에는 과학을 다른 학문 분야와 구별 지을 수 있는 특징적인 방법이 내재한다고 믿고 있으며, 이를 통해 과학적 탐구를 세분화하였다. 귀납법을 통해 일반화가 이루어지고, 연역법을 통해서 결과를 예측할 수 있게 되며, 가설을 형성할 때는 귀추법이라는 과학적 방법이 중요한 역할을 담당하는 것으로 알려져 있다(Lawson, 2002; 김찬종 외, 2008). 이러한 탐구 요소들과 과학적 방법들의 적절한 조합을 통해 과학적 탐구가 이루어진다.

과학적 탐구로서 귀납법과 연역법은 나름의 의미를 가지고 있지만 앞서 밝힌 것처럼 그 자체로만은 약간의 한계를 가지고 있다. 이를 보완하기 위한 방법으로 제안된 탐구 방법 중 대표적인 것이 가설－연역법이다. 가설－연역법은 귀납법과 연역법이 가지고 있는 한계점을 어느 정도 해소하면서 동시에 과학 탐구 활동의 포괄적이고 역동적인 모습을 더욱 충실히 보여준다(김찬종 외, 2008).

가설－연역법에서는 과학적 탐구의 시작은 자연 현상으로부터 문제를 인식하면서 출발한다고 보고 있다. 이러한 문제를 해결하기 위해 가설을 세우고, 가설을 검증하기 위한 관찰이나 실험 결과를 연역한 다음 실제 관찰과 실험을 통해 그 가설을 검증하거나 확증하는 과정을 거치게 된다. 이러한 일련의 과정 후 관찰이나 실험 결과가 연역한 것과 비교해 보았을 때 긍정적으로 판단이 되면 새로운 법칙이나 이론으로 받아들여져 과학 지식의 영역으로 들어가게 되며, 부정적으로 판단이 되면 가설은 수정되거나 새로운 가설을 받아들이게 된다(신중섭, 1992).

Giere et al.(2008)은 이론적 가설을 검증하기는 과정을 '실세계', '모형', '예측', 그리고 '자료'의 네 가지 요소를 이용하여 표현하였다(그림 3-4).

그림 3-4에 대한 설명으로 Giere et al.(2008)은 실제 세계에 대한 가설을 검증하기 위해서는 실세계를 반영하는 모형을 고안해야 한다고 주장한다. 이때

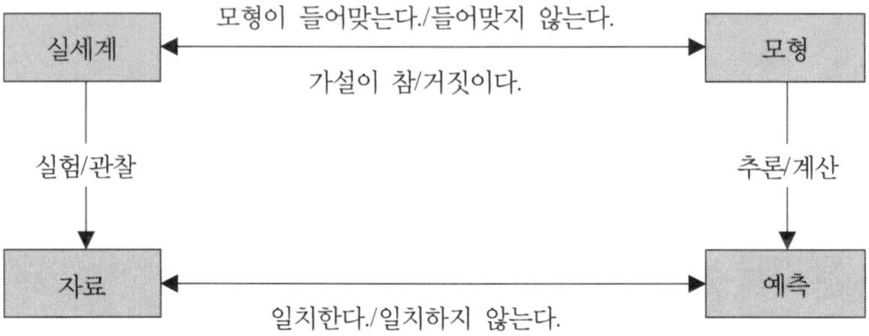

그림 3-4 이론적 가설을 포함하는 과학적 일화에 대한 이상적인 보도문을 구성하는 네 가지 요소(Giere et al., 2008)

고안되는 모형은 실제 세계를 축소하는 모형이 될 수도 있지만 과학자들이 고안하는 대부분의 모형은 추상적인 의미에서의 모형이며 이러한 모형은 머릿속에서만 그려질 수 있다고 보고 있다. 이렇게 개인의 정신 속에서 표상화되는 모형을 정신적 모델(mental model)이라고 한다(Holland, 1986; Miščević, 2001)

정신적 모델은 개인이 가지고 있는 자신의 논리와 세상 그 자체 사이에서 조작이 된다. 개인의 정신 속에 있는 어떤 명제는 세상에 대해 직접적으로 작동하기보다는 모델을 통해 작동하게 되는데, 모델은 비유를 통해서 작동하며 이미지란 그 모델이 제시하고 있는 광경이다(Johnson-Laird, 2008).

정신적 모델을 통한 추론은 조작의 규칙이 요구된다. 조작에 대한 몇몇의 제한은 모델의 기하학적인 그림에서 직접적으로 올 수 있다. 조작에 대한 다른 제한들은 모델과의 조화와 일관성과 관계있다(Miščević, 2001). 정신적 모델을 만들고 그것 안에서 작동하는 데 있어서의 요점은 일을 적절하게 표현하고 편리하게 조작할 수 있고 움직일 수 있도록 매개체를 제공해 주는 것이다. 정신적 모델에 대한 이러한 생각을 Holland(1986)는 다음과 같이 표현하였다.

“정신적 모델에 대한 개념은 문제 해결과 귀납에 대한 우리의 해석에 있어서 중추적인 것이다. 최근의 많은 이론적 처지와 마찬가지로, 경험에 바탕을 둔 체계는 환경에 대한 예측을 만들어내기 위하여 문제의 공간에 대한 모델을 구성하고 그 다음에 정신적으로 ‘수행’ 혹은 조작한다고 우리는 믿는다. 비록 정신적 모델이 부분적으로 움직임이 없는 이전 지식에 근거한다고 하더라도,

그것은 일시적이며, 특별한 상황에 대한 역동적 표상이 된다. 정신적 모델은 긴 시간의 지식 구조에 있어서 움직이지 않는 변화의 주요 근거가 된다. 그 이유는 간단하다. 정신적 모델은 그 체계의 목적을 달성하기 위해서 새로운 방식으로 지식을 통합함으로써 만들어지며, 모델의 구성은 예측에 근거한 귀납적 모델의 결과로서 재조합에 의해 발생하는 새로운 생각에 대한 기회를 제공한다."

이러한 Holland의 생각을 바탕으로 Miščević는 우리에게 필수적인 정신적 모델의 특징을 다음과 같이 정리하였다. ① 항목에 대해 특별한 목적을 위한 결합과 재결합이 가능하도록 하는 융통성, ② 주어진 모델들을 더 큰 것으로 통합하는 규칙들, ③ 특히 추론에 근거한 기하학적이고 시각적인 형상에 적합한 비명제적 구성 요소, ④ 기본적인 분류체계로 조직화된 저장된 지식을 사용한 도식과 대본들 같은 많은 자료들의 통합. 이러한 특징들은 사고실험의 실제적인 장점에 정확히 근거가 된다(Miščević, 2001).

이러한 정신적 모델로부터 추론 또는 계산을 통해 이끌어지는 결론을 예측이라 할 수 있다. 가설이 참이라는 것을 받아들이기 위해서 기본적으로 우선 이렇게 이루어진 예측의 결과가 실세계의 관찰 결과나 실제 실험의 결과와 일치해야 한다. 그러나 예측과 관찰 결과가 반드시 일대일의 관계가 성립하는 것은 아니다. 여러 다른 모형, 즉 가설로부터 유도되는 예측이 모두 실험 또는 관찰된 결과와 같을 경우 예측과 자료가 같다고 해서 제기된 모형, 즉 가설이 참이라고 할 수는 없다(Giere at al., 2006). 이는 Lawson(2002)이 제안한 다중 가설 이론에 의하면 두 개(이상) 전건 상태에 해당한다 하겠다. 따라서 예측과 자료를 통해 함부로 가설이 확증되었다고 주장할 수는 없다. 그러나 최소한 다각도로 이루어진 예측과 자료의 일치를 통해 우리는 가장 적절한 모형, 즉 가설을 채택할 수 있을 것이며(Giere at al., 2006), 대안이 더 이상 제기되지 않는다면 현재적인 상태를 암묵적으로 인정한 상태로 가설을 법칙 또는 이론으로 인정할 수 있을 것이다.

한편, 사고실험은 실제 물리적인 실험의 필요성을 제거하고 있다(Brown, 1986; Bunzl, 1996). 사고실험은 그 결정적인 본성으로 인해 실제 실험이 불필요하거나 실제 세계와는 완전히 딱 들어맞는 것이 불가능한 가상적 상황을 고려하고 있다. Sorensen(1992)은 만약 실제 실험을 할 수 없거나 혹은 할 필요가 없거나 또는 사고실험을 통해서 얻을 수 있는 결과와 비교해서 별로 나을 것이 없는 상황에서는 사고실험이 실제 실험보다 더 나은 상황라고 하였다. Brown(1986)은 이런 상황에서 사고실험은 이론의 어떤 요소를 지지하거나 혹은 반증하는 데 있어 결정적이라고 보았다.

반면 Mach나 Alkinson의 경우는 사고실험은 종종 그것을 확신시켜 줄 실험이 뒤따라야 할 필요성이 있다고 말하고 있으며, McAllister나 Reiner와 Gilbert는 사고실험과 실험이 다른 것이 아니라 방법론적인 차이가 있다고 주장하고 있다(Klassen, 2006). 만일 사고실험이 자연에 대한 좀 더 그럴듯한 제안을 하는 것에 지나지 않는다면, 그 주제에 대한 확신의 정도를 높여주기 위해서 실험이 뒤따라야 할 필요성이 있다. Mach(1976)는 사고실험은 타당성을 확보하기 위해 실제 실험에 의존하고 있으며, 사고실험은 과학에 있어서 실제 실험을 하기 위해 필요한 선결 조건이라고 믿고 있다.

Klassen(2006)은 사고실험이 새로운 지식을 형성하는 데 있어 어떤 능력을 발휘하는지에 관한 논쟁의 범위에 근거해서, 사고실험의 결론은 필연성을 정리할 수 있는 것으로 생각하고 있다. 그 범위의 한쪽 끝은, 사고실험의 결과가 경험에서 우러나온 추측과 마찬가지로 실제 실험을 필요로 하는 것이며, 다른 한쪽 끝은 사고실험의 결과가 명확하고 결정적이어서 사고실험이 더 심화된 실제 실험을 배제하는 것이 정당화되는 것이다.

사고실험이 단지 예측의 역할을 수행하여 추가적인 실제 실험을 필요로 하는 경우이든지 혹은 그것 자체로도 주어진 모형, 즉 가설을 기각할 수 있든지 간에 사고실험이 의미를 가질 수 있는 이유가 개념적이고 논리적인 추론이 근간이 된다는 점은 변함이 없다(Reiner & Gilbert, 2000).

사고실험을 통해 가설이 채택되고 기각되는 모습을 볼 때, 과학 탐구는 실제 실험과 관찰을 통해 이루어질 수 있지만 오로지 추론만으로도 이루어질 수 있다고 할 수 있겠다. 따라서 과학 탐구에 가장 핵심적인 역할을 담당하는 것은 과학적 추론이라 할 수 있다.

2부

관점주의와 학교 과학

04
관찰과 관점주의

이론의 역할은 이해라는 또 하나의 중요한 양상은 이론이 관찰 과정에 미치는 영향을 고찰하는 것이다. 과학자들이 자연에 대하여 학습하는 방법을 배워감에 따라 과학 이론은 관찰을 구성하는 것이 무엇인가에 대한 정의에 있어서 보다 큰 역할을 해왔다. 관찰은 점점 데이터 수집에 있어서 인간 감각의 역할이 줄어들고 과학 이론에 근거한 기기의 역할이 증대해 간다. 이러한 변화의 결과는 우리가 현재 알고 있는 것을 어떻게 알았는가를 학생들이 이해하고자 할 때 어려움을 야기한다. 여기에서는 관찰이 합리적으로 변화해왔고 그 결과 관찰 증거가 꾸준히 변화한다는 것에 주목하여 관찰과 관점주의를 다루고자 한다.

관찰의 3차원적 과정

관찰은 관찰자가 가지고 있는 이론에 의존한다. 따라서 과학교육에 있어서 교사가 성취하고자 하는 것은 사물을 변화된 개념을 가지고(과학자가 바라보는 방식으로) 바라보는 학습자일 것이다. 이것이 개념 변화 학습의 모든 것이다.

과학에서 발생하는 조정 및 정교화를 묘사하고자 하는 그 어떤 노력도 관찰의 근본적 과정의 변화를 고려하는 도식을 제공할 수 있어야만 한다. 관찰로부터 이상 데이터가 나타난다. Shapere(1984)의 관찰의 과정에 대한 도식은 이론의 역할을 분해하여 또 하나의 틀을 제공한다. 이는 교사가 수업을 설계하고 수행해 나갈 때 의사 결정을 위한 중요한 수단이 될 뿐만 아니라 학생들은 자신의 지식을 구상해 나가는 데 있어서 학습 전략으로서 사용할 수 있다.

Shapere에 의하면 과학에 있어서 모든 요소는 변한다. 과학의 지식 주장뿐만 아니라 탐구 과정의 의미 및 과학의 특성(관찰, 법칙, 증거 등의 의미) 등 모든 것이 변한다. 심지어 표준도 변한다. 그러나 이러한 변화를 추적하여 합리적 되먹임 기제의 과정을 그리는 것이 가능하다.

이런 맥락에서, Shapere는 관찰 사건이라는 것은 또한 변화를 겪는다는 입장을 취한다. 구체적으로 말하면, 감각 지각(sense-perception)증거는 이론 의존적 증거에 길을 내어 주게 된다. 바꾸어 말하면, 1800년대의 과학자들이 보는 것과 현재의 과학자들이 보는 것은 다르다는 것이다. Shapere는 본다는 행위를 과학들 자신의 정의에 따라 3가지 차원의 과정으로 나누고 있다.

· 정보 원천에 의한 정보의 해방
· 정보를 전달하는 과정
· 정보의 수신

Shapere의 주요 전제는 감각－인지 행위가 전적으로 배제된 데이터 수정과 전도(인간의 어떠한 감각 기관도 데이터 수집에 관여하지 않은 경우) 몇 가지 요소만 고려하면 관찰로서 간주될 수 있다는 것이다. 먼저 정보가 적절한 수신자에 의해 수신될 수 있고 정보 원천과 수신자 사이에 방해물 없이 전달되어 진다면 그것은 직접 관찰 가능하다고 말할 수 있다. 둘째, 관찰은 위에서 언급한 대로 세 단계로 구성되어있다는 것이다. 관찰은 이렇게 3차원으로 나눔을 중요한 의미를 가지는데 이는 각각의 관찰 과정에 대해서 과학자들은 이론을 구축해왔기 때문이다. 따라서 과학적 지식에는 원천에 관한 이론, 전달에 관한 이론, 수신자에 관한 이론이 있다.

예를 들어 태양의 핵을 보는 문제, 판의 움직임을 관찰하는 문제 등에서 보는 바와 같이 이론을 떠받치고 있는 것은 바로 증거의 본성이다. 이 증거는 또한 이론, 방법, 목적의 산물이다. 과학은 자연에 대하여 어떻게 학습하는가를 학습해 온 셈이다.

지구 자전 속도의 측정 예에서 보듯이 과학적 지식, 수학적 지식, 컴퓨터 과학, 과학적 기구의 발달은 합리적 되먹임 기제를 가져오며 이는 곧 관찰의 개념을 변화시켰다. 관찰의 과정에도 발달의 특징이 있는 것이다.

과학교육이 최종 형태의 지식에 초점을 맞추다 보면 원천, 전달, 수신자에 대한 이론을 간과하게 된다. 그러나 이러한 차원에 대한 이론을 고려한다면 과학적 표준의 합리적 진화를 이해할 수 있을 뿐만 아니라 그들의 개념 구성에 도움이 되는 전략을 제공할 수 있다.

지식 주장 및 과학의 탐구 방법은 보통 시민에게는 너무 멀리 떨어져 있다. 전파 망원경이 잡은 블랙홀, K/Ar 법에 의한 암석의 나이 측정, 통계적 확률로부터 이끌어진 생물학적 및 생화학적 진화 모델 등은 이러한 지식 주장 및 방법의 예를 나타내는 것으로서 자연에 대한 현대의 이해를 구성하고 있다. 이러한 지식이 어떻게 현재에 이르게 되었는가에 대한 정보 없이 최종 형태의 지식이 제시된다면 참으로 답답한 노릇이 아닐 수 없다.

이론 발달에 대한 고려를 통하여 학생들은 자연에 대한 지식을 얻을 뿐만 아니라 자연을 관찰하는 방법을 또한 배우게 된다는 것을 알 수 있다. 현대의 과학 지식 및 기술은 진공 속에서 다루어지면 아무 의미가 없다. 교사는 반드시 과학 발달의 배경을 포함시켜 가르쳐야 한다. 과학 발달의 합리적 진화 과정을 고려함으로써 과학 지식의 발달, 방법 및 기준의 분석이 학생 편에서 가능해진다.

과학에서의 관점주의[1)]

2차 세계대전 이후 서구문화권에서 과학의 영향은 종교, 군사, 법, 의학, 오

1) Giere, R. N.(2006). Scientific perspectivism. Chicago, London: University of Chicago Press. 를 편역함.

락 심지어 무역(상업)과 같은 문화의 주요 요소들에 필적하게 되었다. 사실 서구문명의 많은 다른 요소들이 새로운 과학 지식, 의학, 군사에 기반을 둔 기술적 발달로 인해 변화되고 있다. 만약 문화 요소에 컴퓨터 기술을 포함한다면, 누군가는 사실상 서구문화의 모든 면들이 새로운 과학 지식의 도움으로 바뀌고 있다고 주장할 수 있다.

2차 세계대전 후 부인할 수 없는 과학의 성공에도 불구하고 서구 사회 내에서 과학의 영향이 한결같이 좋은가에 의구심을 보이는 사람은 항상 있었다. 그들은 예를 들면 원자폭탄은 태평양 전쟁을 승리로 이끌었지만, 파괴의 근간이 되었고, 이후 냉전시대가 세계를 오랫동안 지배하게 되었다. 하지만 그러한 의문을 제기한 사람들은 전형적으로 그 문제를 과학적 지식의 응용의 탓으로 돌렸다. 과학 지식의 본성 그 자체에 의문을 제기하는 사람은 드물다. 과학자들이 자연이 객관적으로 어떻게 작동하는지를 발견하는 것을 당연하게 받아들였다. 이러한 작용들은 이미 거기에 드러나 있고, 때때로 거대한 자원소비를 요구하지만 단지 그것들을 알아내기 위해서는 노력이 필요하다. 이는 상당히 과학자와 비과학자를 포함해 21세기 초에 대부분의 사람들의 태도를 압축해서 보여주는 것이다.

2차 세계대전 후, 1960년대 중반부터 1970년대 중반까지 과학 지식 그 자체의 본성에 대해 넓게 퍼져있는 심각한 질문들이 제기되기 시작했다. 이 기간 동안 2차 세계대전 후 성장한 많은 사람들은 B-52s와 다른 강력한 군사기술을 사용하여 자전거를 타고 AK-47보다 약간 강력한 무기로 무장한 베트남 소농에 대항하는 그들 스스로가 섬뜩하다고 생각했다. 같은 시기에 근대산업과 특히 농업기술이 많은 면에서 환경을 오염시켰다. 게다가 일부 여성들은 새로운 가사기술이 자신들을 자유롭게 해주기보다는 노예가 되게 하는 것으로 여기기 시작했다. 이 기간에 기본적인 태도가 형성된 사람들 중 일부는 대학 교수가 되었다. 그리고 이들 몇몇 사람들은 그들 스스로를 과학자로서가 아니라 과학에 대한 비평가로서 과학에 집중하였다. 이러한 많은 비평가들이 인문학과 역사, 철학, 사회학, 문학 또는 문화연구와 같은 사회과학에서 자신의 방식을 찾았다. 특히 후자의 세 개의 학문에서 현재 과학적 지식은 일종의 사회적 구성이라는 것을 거의 당연하게 받아들이고 있다. Giere는 이것이 무엇을 의미하는지를 더 명확하게 하려는 시도를 하였다. 이러한 학문들에서 학자들은 과학 활동은 똑똑한 과학자들에 의해 발견되길 기다리며 문제없이 세상 밖으로 나오려는 어떤 발견이라는 것을 부인한다. 오히려 이 구성주의 학자들은 그들이 발견했다고 말하는 것에 대해 과학자들의 최선의 합의라고 주장한다. 그리고 합의에 도달하는 것은 경험적 증거를 제시하는 것은 단지 한 부분이며 결정적인 부분을 의미하는 것이 아닌 복잡한 사회적 과정이다. 증거는 해석되어야 하고, 이는 항상 한 가지 방법 이상이 행해질 수 있다는 것이다.

그래서 지금 과학 지식에 대한 주장의 특성을 이해하는 것처럼 중요한 어떤 것에 학계 내에서 주요한 불일치가 있다. 대부분의 과학자들과 일반 대중 대표자들이 말하는 것과 인문학과 과학학을 포함해서 사회과학에서 많은 학자들이 말하는 것은 상당히 다르다. 이 논쟁은 전적으로 학문적인 것은 아니다. 20세기 말에 이는 미국과 영국에 소위 "과학전쟁(the science wars)"로 대중매체까지 침투되었다. 대부분의 전쟁과 같이 많은 부수적인 피해가 있었다. 과학에 대한 입장은 양극화되었다. 직업에 변화가 있었다. 마지막으로 구성주의 관점의 가장 극단적인 지지자는 그들의 더 냉철한 동료들에 의해 자신들의 잘못을 깨닫고, 자신들의 관점을 포기하게 되었다. 갈등에 노출된 많은 대부분의 과학자들은 그들의 본래의 관점을 여전히 편하게 생각하고 있는 것 같지만 일반 대중들의 생각이 어떤지 분명하지는 않다.

과학철학자들은 전통적으로 과학자들의 관점과 유사하다. 특히 영미의 과학철학자들의 프로젝트는 일반적으로 과학자들이 하는 것에서 내포된 것을 명시적으로 만들려는 목표를 가지고 이론 및 과학자들의 방법을 분석하고 있다. 확실히 이 분석은 종종 특정 과학에 초점을 두거나 과학에 더 일반적으로 초점을 두든지 많은 해석과 재구성을 포함한다. 과학철학자들 사이에서 한 가지 주된 논쟁은 과학적 이론들에서 기술된 실체들과 과정들에 대한 과학자들의 주장 모두를 실재적으로 해석할지 또는 다소 온건한 실재론으로 해석할지에 관한 것이다. 실재론을 더 누그러뜨릴수록 구성주의적 해석의 여지가 넓어지기 때문에 이 논쟁은 과학 지식의 본성에 대한 구성주의적 해석과도 맞닿아있다.

여기서 Giere의 목적은 다음과 같다고 할 수 있다. 대부분의 과학자들의 강한 객관주의 또는 많은 과학철학자들의 견고한 실재론과 과학역사학자/과학사회학자들 사이에 넓게 발견되는 구성주의 사이를 중재하는 과학적 주장의 이해를 발달시키는 것이다. 예를 들면 Giere는 구성주의자들의 관점보다는 객관주의의 과학자들과 실재론자 과학철학자들의 관점에 더 가깝다. 일부의 구성주의자들의 과도함에도 불구하고, Giere는 과학에 대한 구성주의자의 비평에도 타당한 점이 있다고 생각한다. 문제는 그 과도함을 피하면서 그 주장을 정당화하는 것이다.

과학철학에서 실재론을 지지하거나 반대하는 논쟁과 과학연구들에서 구성주의를 지지하거나 반대하는 다소 중복되는 상당한 문헌들이 이미 존재한다. 때때로 철학자들과 사회학자들은 과학철학에서 실재론자들과 경험주의자들 사이의 논쟁 또는 실재론자들과 구성주의자들 사이의 논쟁에서 결론을 못 내리고 있고, 심지어 아무 소득이 없다고 불평한다. 다소 확장해보면 Giere도 이 의견을 공유한다. 그러나 Giere는 이 화제들을 단순히 버리거나 무시하기보다는 이미 존재하는 관점에 작은 변형인 대안적 관점을 발달시킴으로써 논쟁 조건의 변화를 추구한다.

여기서 발달시켜야 할 긍정적인 견해는 관점주의(perspectivism)에 관한 견해이다. 관점주의(perspectivism)는 Leibniz, Kant, Nietzsche와 같은 초기 철학자들의 연구에서 선행되었다. 그러나 Giere는 관점주의(perspectivism)를 당대의 과학의 틀 내에서 발달시켰다. 이 장에서 객관주의와 구성주의를 더 분명하게 한 후 Giere의 관점주의(perspectivism)를 소개하고자 한다.

객관적 실재론(objective realism)

모든 사람은 상식적인 실재론자에서 시작하고자 한다. 아이가 제일 먼저 학습하는 것은 그 주변에서 사물을 구별하는 것이다. 나무, 개, 다른 사람 등과 같은 일상적인 것들의 독립적인 실재는 곧 당연하게 받아들여진다. 사물들은 그들이 보여지는 것이 그것이라고 생각된다. 대부분의 사람, 시간, 상식적 실재론(common-sense realism)을 위해서는 잘 맞는다.

과학자들의 실재론은 상식적 실재론의 더 세련된 버전으로 생각될지도 모른다. 예를 들면, 노벨상을 받은 Steven Weinberg는 처음에 진리의 발견과 과학적 지식의 영구성을 강조하였다.

> 과학연구에서 앞으로 우리를 이끌어가는 것은 저기 있는 진리가 객관적으로 발견되는 것이고 한 번 발견된 진리들은 인간지식의 영구적인 부분을 형성할 것이다(Weinberg, 2001, p.126).

두 번째로 그는 발견된 진리들은 법칙의 형태를 취한다는 생각을 더했다.

> 우리가 사용하는 수학 표기법 같은 요소 외에도, 우리가 이해하는 물리 법칙들은 실재의 기술일 뿐이다(Weinberg, 2001, p.123).

마지막으로 진리를 향한 진보를 강조한다.

> 나는 우리의 이론들의 견고한 부분들의 범위와 정확성에서의 증가는 진리에 대한 누적적 접근이 아니라는 어떤 의미도 이해할 수 없다(Weinberg, 2001, p.126).

과학 지식의 본성에 대한 이러한 표현들은 일반적으로 과학자들의 글쓰기에서 발견되는 것보다 더 명시적으로 드러난다. 왜냐하면 Weinberg는 과학커뮤니티의 대변인 역할을 신중하게 수행하고 있기 때문이다. 그러나 그가 상당히 많은 과학자들의 감정을 대변한다고 생각할 이유는 없다.

Weinberg가 표현한 주제들은 많은 철학적 과학적 실재론자들의 글에서 발견될 수도 있다. 그들은 형이상학적 실재론이라고 불리는 한 세대 전 철학자 Hilary Putnam의 관점과 일치한다. 즉 “하나의 진리가 있고, 그 세계가 존재하는 방식에 관한 완벽한 기술이 정확하게 존재한다.” Putnam은 형이상학적 실재론은 궁극적으로 비논리적인 신조라고 주장하고, 대신 관점적이라고 특징지어진 관점인 내재적 실재론(internal realism)을 제안하였다. 그러나 Putnam의 논리언어적 분석틀이 과학 및 과학연구공동체에 의해 공유되지 않았기 때문에 Giere는 그의 의견에 동의하지 않는다. 또한 그의 작업은 논리학, 언어와 사고 철학, 인식론 그리고 형이상학이기 때문에 과학철학도 아니다. 이러한 이유로 Giere는 Weinberg가 표현한 관점을 표현하기 위해 객관적 실재론(objectivist realism)이라는 용어를 선택했다. Giere의 객관적 실재론(objectivist realism) 배제는 역사학자, 사회학자, 언어학자들이 인간의 활동으로서의 과학, 즉 과학적 실행을 현상적으로 파악하고자 하는 데 근거한다. 그럼에도 불구하고 더 정교함이 필요하다.

인용한 문단과 그의 다른 글에서 보면 Weinberg는 발견된 진정한 법칙들이 있다는 것뿐만 아니라 과학자들은 그것들을 발견할 능력, 게다가 그것들을 발견한 앎의 능력이 있다고 말하고 있는 듯하다. 즉 한 번 발견된 이 진리들은 인간 지식의 영구적인 한 부분을 형성할 것이다. 이 말들의 인식론적 낙관론에도 불구하고, Giere는 Weinberg가 과학자들을 위해 그가 넌지시 내비친 무오류성을 의도적으로 주장했을 것이라고 의심하고 있다. 그는 어떤 경험적 주장들도 진리가 되기에 절대적 확신을 가지고 알 수 없다는 가장 현대 철학적 의견에 동의하는 것 같다. 이는 우리가 일찍이 실수하여 나중에 발견할 것이라는 가능성을 항상 남겨둔다. 그러나 그것만으로 이러한 과학자들의 시인이 과학자들이 어떤 자연의 법칙에 대한 객관적 진리를 완전무결한(unqualified) 주장들로 만드는 데 충분히 정당화하지 않는다는 것을 시사하는 것은 아니다. 이 명백한 긴장을 해결하는 방법은 비록 그 목표가 달성된다는 확실함을 결코 알 수 없다 할지라도 과학적 탐구에 대한 적절한 목표 표현으로써 객관적 실재론을 취하는 것이다. 이 입장은 19세기 후반 가장 유명한 반실재론자인 과학철학자 Bas van Fraassen이 간결하게 진술하였다. 과학적 실재론의 정확한 진술을 그는 이렇게 쓰고 있다. "과학은 그것의 이론들에서 우리에게 세계가 어떠한지에 대한 문자 그대로 진실한 이야기라는 것을 제공하는 것을 목표로 한다. 그리고 과학 이론의 수용은 그것이 진리라는 믿음을 포함한다." 이 진술은 과학적 실재론을 간단하게 잘 묘사하고 있어 Giere는 이를 채택하고 있지만 일반적으로 과학적 실재론은 객관적 실재론과 동일시하길 원하지 않는다. 이에 Giere는 완전한 객관적 실재론(objectivist realism)보다는 더 제한적인 과학적 주장들에 적용하는 실재론이 있다는 것을 주장하려고 한다. 그래서 Giere는 객관적 실재론(objectivist realism)을 거부하길 바라지만 그가 생각하기에 여전히 일종의 실재론이고 과학에서 실재론을 더 잘 묘사한 관점적 실재론(perspectival realism)을 주장한다. 관점적 실재론자(perspectival realist)에 있어서 과학자가 정당하게 만들 수 있는 가장 강한 주장들은 자격이 있고, 조건부 형식이 있다. "매우 확고한 이론에 따르면 이 세계는 대략 이러이러한 것 같다." 정당하게 더 객관주의 단계를 취하고 절대적으로 분명히 말할 수 있는 어떠한 방법이 없다. "이 이론은 세계의 완벽한 그리고 말 그대로 정확한 그림을 우리에게 제공한다."

Giere는 그의 책 ≪Scientific Perspectivism(2006)≫에서 제시된 논의들을 통해 과학실행 그 자체가 과학적 실재론의 객관주의적 이해라기보다는 관점주의(perspectival)를 지지하는 것을 보여주고 있다. 그러나 대개 구성주의를 위한 하나의 논거를 구성할 뿐만 아니라 과학 지식이 어느 정도는 사회적으로 구성되고 그래서 이러한 주장들에 사회적 기여가 발견될 가능성이 있다는 것이다. 어떤 과학적 주장이 사회적으로 구성되는지 그 정도는 그 지식이 발원되는 역사적 맥락에 의해 결정된다.

구성주의

제목에서 사회적 구성주의의 현대적 의미가 포함된 최초의 책은 1966년에 출판된 Berger와 Luckmann의 ≪The Social Construction of Reality≫이다. 사실 Berger와 Luckmann의 책의 주제는 사회적 실재에 대한 사회적 구성이다. 우리 사회의 가장 큰 부분이 인간과 사회의 상호작용의 생성물이라는 것에 어느 누구도 의문을 제기하는 것은 아닌 것 같다. 예를 들어 남성(males)과 여성(females)은 생물학적 사실로 간주될 것이며 men과 women은 생물학적 사실인지 사회적 사실인지 모호할 것이지만 남편과 아내는 사회적 사실이라는 것은 분명하다. 남편 또는 아내가 될 수 있는 것은 결혼이라는 제도가 필수이다. 그리고 그러한 제도가 있다는 것은 사회적 조직의 상당히 복잡한 형식을 요구한다. 그래서 때때로 인간역사의 초기에 결혼이라는 제도가 없었기 때문에 남성과 여성은 있었지만 남편과 아내는 없었다. 그렇다 할지라도 남성과 여성은 전형적으로 쌍으로 묶여있었다. 그리고 대개 한 사회의 카테고리의 멤버가 될 가능성은 그 카테고리가 타당한 사회적 약속의 존재에 의존한다.

많은 후기 구성주의자들과 달리 Berger와 Luckmann은 남자들이 아이들을 감당해야 한다는 것을 법제화하려는 어떤 시도는 인간생물학의 확실한 정보로 좌초할 것이라고 말하면서 생물학적 사실과 사회적 사실을 구별하였다. 지금 자연과학으로부터 겉보기에는 문제가 없는 예를 고려해보자. 과학혁명 전에 우리가 지금 행성이라고 부르는 것은 방황하는 별(wandering stars)로 알려졌었다. 사실 '행성(planet)'이라는 단어는 그리스어 '방랑자(wanderers)'를 의미하는 단어에서 비롯되었다. 그래서 우리 현대 의미로 '행성(planet)'의 카테고리는 17세기 전에는 존재하지 않았다. 우리는 17세기 전에 행성들이 존재하지 않았다고 결론을 내려야 할까? 그것은 근대 과학적 귀(scientific ear)로 보면 터무니없는 소리다. 물론 행성들은 그 전에 존재했었다. 사실 현재 받아들여진 이론들에 따르면 행성들은 3, 4십억 년 전에 존재했었다. Weinberg처럼 객관적 실재론자들도 "자연 선택은 Lamarck시대 동안에도 이루어지고 있었고, 원자는 마하시대(the days of Mach)에도 존재했었고, 빠른 전자들은 아인슈타인 전에도 상대성의 법칙에 따라 행동했었다는 것은 사실이다"라고 말한다. Giere는 지금 거의 상식으로 보이는 그러한 주장들을 유지하는 더 가장 근대적인 방법을 추천하려고 한다.

우연성 테제

원자는 마하시대(the days of Mach)에도 존재했다라고 주장할 때, Weinberg가 단지 명백한 진술로 비난받지 않도록, 구성주의 운동의 몇몇 창립자들은 초기에 반대되는 주장을 하였다. 예를 들어 Latour와 Woolgar(1979)는 탐구의 대상은 인간과 독립적으로 존재하는 객관성을 띠는 것이라는 생각을 배격하고 다양한 기록장치 사용을 통해 단지 구성된 존재라는 뜻에서 탐구의 대상이 구성된다는 것을 주장한다. Karin-Cetina(1983) 역시 같은 맥락에서 구성주의를 주장하고 있다.

보다 온건한 구성주의는 "Sociology of Scientific Knowledge(SSK)" 기치 아래 현재 대부분 분산된 Edinburgh School 멤버들에 의해 주장되었다. 이 구성주의자들은 세계는 확고한 객관적 구조가 있다는 것을 부인하거나, 실재는 인간 활동에 의해서만 구성되어진다는 것을 주장하지 않는다. 오히려 그들은 과학하기 과정은 모든 종류의 인간의 판단과 가치가 스며들어있기 때문에 실제의 구조라고 보여주는 존재가 되는 것은 세계의 실재와 닮을 수 있다고 주장한다. Edinburgh School의 멤버들과 동료들은 David Bloor(1976)의 "Strong Programme in the Sociology of Scientific Knowledge"와 Harry Collins(1981)의 "Empirical Program of Relativism"을 포함한 많은 이론을 발표하였다. 그러나 그 프로그램의 진정한 강점은 역사적이고 동시대적인 사례연구에 있다. 이들 중 초기에 Shapin(1975, 1979)의 18세기 후기 Edinburgh 골상학 연구가 있다. 이 연구에서 Shapin은 골상학 증거로 증가한 중산계급 구성원들에 집중되었던 반면 그 반대는 전통적인 엘리트 내에서 강하다는 것을 보여주는 것을 시도하였다. 그는 조사자들은 그들의 사회적 관심이 있는 것으로 본다고 결론을 내렸다. 요약하면, 그는 이렇게 썼다. "실재는 참여하는 사람의 목적에 의존하면서 하나 이상의 주어진 많은 설명을 뒷받침할 수 있는 것 같다. 그리고 이 경우에 적어도 그 목적들은 더 넓은 사회에서 사회계급들 사이의 권리와 자원의 재분배와 같은 고려사항들을 포함하고 있었다(Shapin, 1982, p.194)." 여기서 우리는 Hacking(1999)을 따라 우연성 이론(contingency thesis)라고 칭하는 것의 명확한 진술을 가지고 있다. Shapin의 버전은 이렇다. "실재는 그것에 대한 하나 이상의 설명을 뒷받침할 수 있는 것 같다." 여기서 논제 그 차제는 우연성이 최소한 대부분의 과학적 조사들의 결과인 독특한 결론들을 실제로 어떻게 극복하는지에 관한 설명과는 다르다. 이 경우, Shapin은 그것은 성공한 계급적 이익이라고 주장한다. 그러나 이는 단지 우연성 이론(contingency thesis)이 적절한지를 가정하는 것은 물론 강하게 경쟁하는 많은 가능성들 중 하나이다.

Harry Collins의 글에서 보인 우연성 이론(contingency thesis)의 다른 초기 버전도 있다: "한 사회정황에서 적절한 과학적 방법이 결과 p를 촉발시키는 한 문제에 적용되는 반면 다른 사회정황에서 적절한 과학적 방법이 q 아마도 q는 not-p를 의미하는 결과 q를 촉발시키는 같은 문제에 적용된다(1981, 6-7)." 여기서 Collins는 적절한 과학적 방법의 적용은 결과가 받아들여지는 우연성(contingency)을 제거하기에는 충분하지 않다는 생각을 더했다.

Collins의 초기 작업은 중력파를 검출하는 것을 목표로 하는 당대의 연구에 초점이 맞춰졌었다. 이는 Shapin과 Collins 두 사람이 왜 과학에서 우연성(contingency)을 찾았는지에 대한 설명을 내비치고 있다. 그들은 일반적으로 가치가 없다고 판명이 난 골상학과 실험적 역량의 제한이 있는 중력장 검출 같은 과학이 약한 사례를 다루고 있었다. 만약 그 과학이 약하다면, 다른 조사자들이 결론을 내릴지도 모르는 것에 영향을 미치는 모든 종류의 이익들에 상응하여 더 많은 기회가 있다.

그러나 이 설명은 Edinburgh에서 나온 가장 광범위한 연구들 중 하나인 Andy Pickering의 "Constructing Quarks: A Sociological History of Particle Physics(1984)"에 적용되지 않는다. 이 책에서 Pickering은 1960년대의 오래된 고에너지물리학(HEP)에서 1970년대 후반 새로운 고에너지물리학(HEP)로 전환을 상세히 열거하고 있다. Pickering은 그가 이 역사에 대한 과학자의 설명이라고 칭한 것과 그 자신의 사회적 설명을 비교하고 있다. 과학자의 설명에 따르면 오래된 HEP에서 새로운 HEP로의 전환은 새로운 이론적 아이디어들의 맥락에서 실험적 결과들에서 기인한 것이다. Pickering은 과학자의 설명은 새로운 HEP가 실재에 대한 더 나은 설명을 제공한다는 독립적인 판단에 근거한 회고적 합리화라고 주장한다. Pickering 자신의 설명에 따르면, 실험들은 결정적인 것이 아니다. 오히려 실험결과를 해석하는 것은 많은 영향에 종속된 전문적 판단이 요구된다. 특히 판단은 맥락에서 기회주의(opportunism in context)라고 불리는 것에 종속되어있다. 과학자들은 어느 정도 그들 자신의 전문성, 이용가능한 도구, 어떤 접근 방법들이 새로운 연구를 하는 데 가장 좋은 기회를 제공하는지, 이론적인지 실험적인지에 그들의 판단에서 어느 정도 결과를 해석한다. Practice(1995)에 의하면 새로운 이론적 접근 채택은 새로운 연구전통을 창조한다는 것을 포함한다. 그리고 마지막으로 사회적 물질적 조건이 다르면 그 결론은 다를 수 있다. 물리학자들은 새로운 HEP 전통을 창조할 필요가 없다.

그의 가장 최근 책인 ≪The Mangle of Practice≫에서 Pickering은 과학에서 contingency에 관해 다소 다른 설명을 한다. 일반적인 그림은 과학자들이 자연과 상호작용하여 이론과 실험의 안정한 구성에 도달하려고 시도하기 때문에 제한과 조절의 과정을 통해 진행하는 과학적 연구행동 중 하나다. 이 절차를 그는 "실행의 압착 롤러(mangle of practice)"라고 불렀다. 여기서 우연성 이론(contingency thesis)은 그가 역사적 "경로 의존성(path dependence)"이라고 부르는 것으로 표현되어있다.

> "나의 실행 분석은 .... 지식생성의 상황성(situatedness)과 경로의존성(path dependence)를 가리킨다. 반대로 어떤 시대에서 경험적 또는 이론적 지식으로 인정받는 것은 그 세계가 어떠한지의 기능이 아니라 특정 물질적-개념적-학문적-사회적 등 지식생성이 놓여있는 공간의 기능이다. 반대로 지식으로 인정받는 것은 그것이 생성된 공간의 의해 결정되는 것이 아니다. ... 또한 실행의 우연성들(ntingencies)과 실행이 공간을 통하는 정확한 경로를 고려할 필요가 있다. 중략(Pickering, 1995, p.185)

일반적 논제는 궁극적 지식 주장들에서 우연성(contingency)은 연구과정에서의 우연성에 기인한다. 지식에서 생성물, 주장들은 연구과정으로 인해 부분적으로 결정된다.

James Cushing은 말년에 그의 책 ≪Quantum Mechanics: Historical Contingency and the Copenhagen Hegemony(1994)≫에서 객관적 사실주의 영역, 기초 물리학의 핵심에 최종 예시를 제공하고 있다. 제목에서 제시한 과학에서 역사적 우연성(contingency)의 주장은 서문 첫 문장에서 자세히 설명하고 있다. "이 책의 핵심 테마는 역사적 우연성(contingency)은 관찰상으로 등가이고 반박되지 않는 경쟁자로부터 성공적인 과학 이론의 구성과 선택에서 본질적이고 소멸되지 않는 역할을 수행한다는 것이다. 사건들이 일어나는 체계의 의미에서 역사적 우연성(contingency)은 두 개의 경험적으로 적절하고 그럴듯하지만 관찰상으로 등가인 과학적 이론 중 어떤 이론이 과학 공동체에서 받아들여질지를 결정하는데 기본적인 요소라고 할 수 있다고 주장한다." 이 책의 전반적인 주제는 1952년 양자역학의 Bohm 해석의 지속된 일반적 거부는 현재 표준인 Copenhagen 해석이 이미 1950년에 단단히 자리를 잡았다는 사실에 기인한다는 것이다.

이 경우 분명히 복잡하고 어떤 세부사항을 평가하려는 상당히 전문적인 전문성을 요구한다. Giere는 기본물리학의 가장 중요한 부분에서 우연성(contingency)을 보여주려는 진지한 시도들의 다른 예들을 제공하고 있다. 그러나 이러한 시도들은 Weinberg와 같은 객관적 실재론자에 의해 암묵적으로 일축되었다.

> 나는 물리이론은 우리가 끌리는 쪽으로 향하는 고정점과 같다고 생각한다. 우리의 출발점은 문화적으로 결정되어있을지 모르고, 우리의 길은 우리 개인의 철학에 의해 영향을 받을 수 있으나 그렇더라도 그 고정점은 거기에 있다. 어떤 물리 이론이 움직이는 쪽이고 우리가 도달하고, 우리가 그것을 알 때, 그리고 우리는 멈춘다. ... 그... 물리... 분야들과 기본 입자들... 고정점을 향해 움직이고 있다. 그러나 이 고정점은 과학에서 다른 것과 다르다. 우리가 향하고 있는 최종 이론은 조금도 제한받지 않는 타당성에 관한 이론일 것이고, 전 세계의 모든 현상에 적용할 수 있는 이론이고, 우리가 그것을 발견할 때 그 세계에 관한 우리의 지식의 영구적인 부분이 될 이론일 것이다(Weinberg, 2001, pp.126-127).

Weinberg 동료 노벨상 수상자인 Sheldon Glasow는 단호한 선언을 하였다. "우리는 세계를 인식할 수 있다고 믿는다. 물질의 행동과 우주의 진화를 통제하는 간단한 규칙이 있다고 믿는다. 우리는 영원하고, 객관적이고, 초역사적이고, 사회적으로 중립적이고, 외적이고 보편적인 진실들이 있다고 확신한다. 이 진실들의 집합체를 우리는 과학이라고 부르고, 우리의 확신의 증거는 성공이라는 푸딩 속에 있다(1992, 27)." 여기서 Glasow는 과학하기의 과정은 생성물, 보편적 진리들에 어떠한 흔적도 남기지 않는다고 확신하고 있다. 너무 극단적이라서 Glasow를 절대적 객관주의자라고 할 수 있다. 이는 과학의 실행 그 자체를 논박하는 절대적 객관주의의 한 종류이다.

재귀성

전통적인 철학에서 약한 의미의 구성주의는 형이상학적이라기보다는 인식론에 가깝다. 과학적 언명의 의미와 세계의 궁극적인 구조에 대해서 약한 의미의 구성주의는 객관적 실재론자들과 맥을 같이 하는 듯하다. 따라서 약한 의미의 구성주의에 따르면 원칙적으로 과학적 주장의 목적에 대해서는 객관적 실재론자의 위치를 취할 수 있으나 경험적 사실에 의하면, 인간과 인간사회의 본성에 비추어 볼 때 이러한 이상은 요원하다고 할 수 있다. 과학자들이 실제로 생성할 수 있는 과학적 주장들은 객관적 실재와의 상호작용보다는 그들의 사회적 상호작용에 기인한다. 이러한 사실은 구성주의자들이 행한 많은 사례연구들의 의도된 교훈인 것처럼 보인다.

구성주의에 대한 많은 비판들은 과학 지식의 본성에 대한 그들의 결론이 구성주의자들 스스로의 주장들에 적용되지 않는다는 재귀적인 질문을 제기하고 있다. 그게 아니라면 구성주의자들은 그들이 과학에서 부인하는 객관성을 자신들의 주장에는 부여하고 있다. 과학사회학의 특권적 지위를 정당화하기는 어려울 것이다. 반면 그들 자신의 연구는 그들의 결론의 시야에 놓여있다면, 그것은 구성주의를 자멸하게 만들 것이다. 예를 들어 어떤 사회적 이해관계가 구성주의자들로 하여금 일반적으로 과학에 대한 그들의 결론들로 이끌어가고 있는 것이 아닌가?

여기 이 딜레마를 돌파하는 길이 있다. 구성주의자들의 자멸적인 결론은 구성주의자들이 과학에 대한 객관적 진실을 제시하는 것을 의도한다고 가정한다. 그러나 이것은 그들의 목적이 아닐 것이다. 어떤 구성주의자들은 자연에 대한 객관적 진실을 발견한 과학자의 주장을 약화시키려는 목적을 가진 것 같거나 또는 가지고 있다. 만약 이것이 목적이라면 그들 자신들의 주장들도 마찬가지로 약화시키는 피할 수 없는 아이러니이다. 중요한 것은 다른 사람들이 자연에 대한 객관적 진리를 발견했다는 과학자들의 주장에 의구심을 갖는 것이다. 물론 재귀적 딜레마의 돌파구를 취한 값은 과학에 대해 급진적인 비평가들과 동조하는 것이다.

자연주의

객관적 실재론 혹은 구성주의에 대한 긍정적인 대안을 서술하기 전에 Giere는 자신이 연구하고자 하는 내에서 일반적인 논의의 틀을 분명히 하고자 했다. 그 일반적인 틀이 자연주의이다. 최소한 자연주의는 초자연적인 것에 호소하는 것을 거부한다. 현 맥락에서 그것은 큰 제한이 아니다. 또한 더 일반적으로 자연주의는 어떤 유형의 선험적 주장에 호소하는 것을 거부한다. 그래서 모든 주장들은, 그러나 경험적으로 근거가 충분한, 오류 가능성이 있는 것으로 간주된다. Giere는 자연주의가 어떤 과학 지식들의 영구성에 대한 주장에도 불구하고 과학의 절대 확실(무오류성)의 신조를 옹호하지 않는 Weinberg와 Glashow와 같은 과학자들에 의한 모순되지 않는 주장으로 이해되길 바라고 있다. 구성주의자들은 이미 자연주의자들이기 때문에 우리 모두 더 나은 논쟁을 하기 위해 적어도 일반적인 자연주의자들의 틀을 공유하는 것으로 가야할 것이다.

이런 국부적인 동의에도 불구하고, 몇몇 자연주의에 대한 일부 흔한 오해들을 고려할 필요가 있다. 첫째, 자연주의 그 자제가 정당화될 수 있을까?, 초자연적 힘의 부정은 그들이 말하는 것만큼 형이상학적인 주장일까?, 선험적 지식에 관한 주장들의 전반적인 거부는 그 자체가 선험적 주장이 아닐 수 있을까?

두 번째, 초자연적인 것을 넘어선 자연적인 것의 경계를 어떻게 결정할까? 자연주의자들은 현대 과학의 성과에 호소하고 있지만 이러한 대응에 심각한 문제가 있다. 하나는 경계가 계속 유동적이기 때문에, 자연적인 것의 경계를 결정하는 데 오늘날의 자연과학을 취할 수 없다. 한때 생명 그 자체는 초자연적인 근원이 필요하여 자연과학의 영역을 벗어났다고 여겼었다. 이와 비슷한 주장들이 때로는 인간의 의식에서 만들어진다. 의식은 결국 자연과학적 설명에서 주어진다는 자연주의자들의 확신은 초자연주의자에 맞선 질문을 하게 만드는 것 같다.

위의 두 문제 모두 자연주의를 신조로 보는 것이 아니라 방법론적 태도로 보면 제거된다. 외견상으로 아주 다루기 힘든 현상에 부딪쳤을 때, 자연주의자는 자연과학적 설명을 생성하도록 의도한 연구를 지지한다. 자연주의자는 이 연구가 궁극적으로 성공하길 바란다. 이 입장은 과거의 성공에 기대어 정당화될 필요가 있는 정도에서 정당화될 수 있다. 우리는 생명을 설명한다. 왜 의식이 아닐까?

형이상학적 신조를 방법론적 입장으로 대체하는 전략은 초자연주의자 또는 선험론자에게 호소력이 덜하다. 자연주의자는 성공에 도달할 때까지 기다릴 수 있다. 이것이 언제 성공했는지를 판단할 수 있는 자연주의자들의 좋은 표준들이 있다. 어떤 화제를 해결할 필요가 있다는 압박 때문에 전통적으로 초자연적 설명 또는 선험적 원칙에 기댄다. Pascal 이래로 몇몇 유신론자들도 소위 방법론적 유신론이 만족스러울 것이라는 것을 발견했다. 게다가 성공적인 초자연주의 또는 선험론적 프로젝트들을 판단할 수 있는 똑같이 좋은 기준이 있냐는 것은 논란의 여지가 있다.

또한 방법론적 자연주의는 약한 주장이 아니라는 것에 주목하자. 방법론적 자연주의는 형이상학적이고 선험론적 주장들에 대한 논쟁을 비판하는 데 자유롭다. 자연주의자는 전형적으로 그러한 논쟁들이 논점회피적이고, 무한소급으로 이끌거나 다소 다른 방법에서 부적절하기까지 하다. 사실 이는 방법론적 자연주의를 상당히 강한 주장으로 만들어준다.

마지막으로 자연주의는 필연적으로 과학의 규범적인 차원을 배제한다. 이러한 주장은 특정 과학주장이 좋거나 나쁘다고 판단하는 것을 거부하는 대부분의 구성주의자들에게는 문제가 안 된다. A라는 방법이 B라는 방법보다 더 좋고, C라는 이론이 D라는 이론보다 더 정당화되었다고 말하기를 원하는 객관주의적 실재론자에게는 문제가 된다. 여기서 문제가 되는 것은 규범적 판단에 대한 근거다. 자연주의자들은 도구적 정당화에 지지하여 선험적 그렇지 않으면 개념적 정당화를 거부한다. 대략적으로 말하자면, 한 방법은 데이터와의 일치성, 폭 넓은 적용성과 같은 가치 있는 가설을 선택하려는 경향이 있는 범위에서 좋다. 가설은 좋은 방법들에 의해 선택되는 범위에서 정당화된다. 이 판단 자체가 경험적이기 때문에 더 이상의 정당화를 요구하지 않는 자연주의자들에게 수용되고 있다.

물론 특정 방법의 신뢰성을 판단하기 위해서는 다른 방법을 적용할 필요가 있다. 정당화를 위한 더 이상의 방법을 요구하지 않는 방법을 추구함으로써 방법의 무한소급을 피하려고 해왔다. 이것이 소위 말하는 토대주의적 방법론이다. 자연주의자들은 그러한 토대가 없다고 여겨 실용주의(pragmatism)를 수용한다. 이 점에서 실용주의자은 어떤 방법이 의심의 여지가 있다는 것을 허용하지만 동시에 모든 방법들을 의심하는 것은 아니다.

관점주의

일반적인 용어에서, 관점(perspective)은 어떤 화제에 대해 다른 사람이 다른 관점을 가질 수 있다는 것을 기대할 수 있다는 견해이다. 이 이해는 일상생활에서 충분히 무해하지만, 모든 관점이 다른 관점만큼 좋다고 간주하는 터무니없는 극단으로 치달을 수 있다. 과학전쟁에서 과학 객관주의자들은 그들의 적들이 이러한 관점을 가지고 있는 것으로 묘사하면서, 관점(perspective)을 금기어(dirty word)로 만들었다. 따라서 과학적 관점주의(perspectivism)가 극단적인 상대주의로 문을 열어 주는 것을 막기 위해 관점주의를 분명히 할 필요가 있다.

사물 또는 상황을 여러 각도에서 볼 수 있다는 아이디어로 전조가 좋은 출발을 해보자. 그래서 그것들에 관한 다른 시각적 관점을 생성한다. 시각적 관점은 상호주관적 객관성을 가지고 있다. 예를 들어 국회의사당을 남산에서 바라보는 것과 63빌딩에서 바라보는 것이 서로 다르게 보이는지 쉽게 상상할 수 있다.

과학적 관점주의(perspectivism)의 원형은 색각일 것이다. 색각이 일반적으로 말하는 방식이 아닐지라도 세계에 대한 인간의 관점(perspective)이 전형적으로 색칠되어있다고 말하는 것을 의미한 것은 분명하다. 우리는 색칠되어있는 세계에서 물체를 본다. 게다가 공간적인 관점(perspective)처럼 색깔 관점(perspective)은 상호주관적 객관성을 띤다. 즉 대부분의 사람들은 일반적으로 유사한 상황에서 같은 물체들을 유사한 색깔로 본다. 색깔이 객관적 실재론자들이 말하는 식으로 강한 의미에서 객관적인가 하는 것은 살펴볼 여지가 있다. Giere는 색깔은 충분히 실재적이지만, 그 실재성은 관점적(perspectivial)이라고 주장한다. 그리고 그것은 우리에게 객관적 실재론과 사회적 구성주의 모두에게 대안을 제공하는 관점적(perspectivial) 실재론이다.

Giere는 색각이 관점적(perspectivial)이라고 하는 주장은 인간의 지각 일반에 확대, 적용할 수 있다고 가정한다. 아마 논란이 되는 것은 과학적 관찰 일반에 관점주의를 적용하는 것일 것이다. 현재 과학에서 대부분의 관찰 데이터는 도구, 때때로 매우 복잡한 도구들에 의해서 생성되고 있다. 여기서 우리는 도구의 산출물에 대해 두 가지 차원에서 관점적 본성(perspectivial nature)을 구별할 수 있다. 첫째, 인간의 시각체계처럼, 기구들은 단지 특정한 종류의 투입에만 반응한다. 말하자면 그것들은 그 밖의 모든 것들에는 반응하지 않는다. 두 번째, 어떠한 기구도 완벽하게 명료하지 않다. 즉 결과물은 투입과 도구의 내부 구조의 작용결과이다. 세심한 보정으로 도구가 결과물에 영향을 미치는 것을 줄일 수 는 있지만 결코 없애지는 못한다.

보다 논란의 여지가 있는 것은 과학적 이론을 제시하는 데 관점주의(perspectivism)를 확대 적용하는 문제이다. 객관주의가 보편법칙이라고 일컫는 원리라는 것이 실제로는 하나의 이론적 관점을 특징짓는 매우 일반화된 모델로서 이해될 수 있다. 즉 뉴턴 법칙은 고전역학 관점(perspective)으로 특징짓고, 맥스웰의 법칙은 고전 전자기의 관점(perspective)으로 특징짓는다. 슈뢰딩거 방정식은 양자역학 관점(perspective)으로 특징짓고, 자연선택원리는 진화 관점(perspective)으로 특징짓는다. 등등. 이 설명에 의하면 일반적 원리들 자체는 세계에 대한 어떤 주장도 하지 않고 이러한 원리에 부합하여 구성된 보다 구체적인 모델이 세계의 특별한 양상에 대한 주장을 하기 위해서 사용되어질 수 있다. 그리고 이러한 이론적 주장은 다양한 도구적 관점(perspective)에 비추어서 테스트될 수 있다. 그럼에도 불구하고, 어느 정도는 이론적 주장들이 단지 세계의 일부에 적용되고 결코 완벽하게 정확하지 않기 때문에, 모든 이론적 주장들은 세계의 어떤 측면들에만 적용되는 관점적(perspectival)으로 남는다. 그 결과는 객관주의적 설명에서 보이고 있는 것보다 관찰과 이론 및 지각과 개념이 더 밀접한 과학에 대한 설명일 것이다.

관점주의(perspectivism)는 과학적 탐구과정에서 구성주의 영향을 위한 일말의 여지를 남겨두고 있다. 이러한 영향은 각각의 사례에 따라 판단될 수 있다. 그러나 절대적 객관주의는 이상으로서조차도 여지가 없다. 피할 수 없는 사실은 과학적 기구들과 이론들이 인간의 창조물이라 것이다. 우리가 아무리 신의 눈을 열망할 수 있다손 치더라도 우리 인간의 관점(perspective)을 초월할 수 없다. 물론 어느 누구도 과학하기는 인간활동이다. 우리가 세부적으로 보아야 할 것은 과학탐구의 실제가 과학자들이 주장하고자 하는 바를 어떻게 제한하고 있는가이다.

마지막으로 재귀성(reflexivity)은 관점주의(perspectivism)에게는 특별한 문제가 되지 않는다. 특정 과학적 관점(perspective)에 대한 과학자들 사이의 과학적 관점에 대한 합의는 과학자 사회의 구성원들 간의 사회적 상호작용과 복잡한 기기장치를 매개로 한 세계와의 상호작용으로 인해 일어난다. 그러나 과학자들이 세계에 대한 바람직한 관점들을 창조하는 데 성공했던 것과 꼭 마찬가지로 과학을 연구하는 사람들 역시 관점주의에 의해 제한을 받는다. 그것이 과학을 연구하는 사람들이 할 수 있는 최선의 방법이다.

독일어권 유럽으로부터의 망명자들의 영향으로 1940년부터 1960년까지 미국 과학철학은 과학 활동의 생성물, 특히 과학적 이론, 확정, 설명의 본성과 같은 일반 방법론적 쟁점에 중점을 두고 있었다. 과학철학의 일반적인 방법은 개념분석 중 하나이고, 형식논리, 기호논리학적인 차원에서 이론과 방법의 재구성을 동반하였다. 과학사는 과학이론의 발달에 초점을 두고 있는 지성사였다. 과학사회학은 과학의 사회적 시스템의 구조와 기능에 중점을 뒀다. 돌이켜 생각해보고, 몇몇 명백한 반증에도 불구하고 과학적 주장들에 대한 일반적 태도는 객관적 실재론이었다.

1960년대 초반, 토마스 쿤의 과학혁명의 구조와 다른 작업들(Hanson 1958; Toulmin, 1972)에 영감을 받아 과학실행 과정으로 초점이 서서히 옮겨졌다. 몇몇 철학자들은 과학사를 들여다보기 시작했으며(Lakatos, 1970; Laudan, 1977), 역사학자들은 사회적 역사에 점점 더 주의를 기울였으며, 그리고 사회학자들은 그들의 사회적 맥락과 연관 지어 과학내용을 살펴봤다. 그 결과 21세기 초 대부분의 과학자와 많은 과학철학자는 과학에 대한 객관주의 관점을 유지한 반면, 많은 역사학자와 대부분의 과학사회학자들은 구성주의를 거의 명시적으로 전제하고 들어갔다.

구성주의에 대한 강한 지지는 구성주의 접근이 논증이라기보다는 추정이라 할지라도 그것이 역사적이든 현대적이든 많은 수의 사례연구들이다. 과학자들과 그들의 철학적 지원자들은 이런 사례연구에 크게 흔들리지 않았다. 그들은 객관주의는 정확하고 사례연구는 구성주의가 옳다는 것을 아마 보여줄 수 없다는 것을 안다고 느꼈다.

이렇게 볼 때 Giere는 과학적 실행과 인간 인지의 특징에 기반해서 어느 정도의 우연성이 과학에는 항상 개입한다는 일반적인 주장을 제공하고자 하였다. 그래서 구성주의자들이 적어도 부분적으로는 옳다. 만약 과학 지식이 관점적(perspectival)이라면 과학적 주장은 객관적 실재론자들이 생각하는 것만큼 객관적이지 않거나, 현대 구성주의자들이 주장하는 것만큼 사회적으로 결정된다는 것도 아니다. 따라서 Giere의 주된 주장은 관점적(perspectival) 실재론이 과학이 제공할 수 있는 것만큼의 실재론이라는 것을 보여주는 방향으로 향하고 있다. 객관적 실재론은 이상적인 목표조차도 될 수 없다.

과학전쟁에서 과학 쪽에 있는 많은 사람들은 객관적 실재론의 거부와 어느 정도의 사회적 구성주의의 가능성을 인간사에서 과학의 힘의 개선을 약화시키는 것으로 여겼다. 그러나 Giere의 관점은 이와 반대이다. 과학에 대해서 실상 이상의 권위를 부여함으로써 객관적 실재론은 과학을 절대적 진리의 원천으로 잘못 생각하고 있다. 그리하여 과학은 또 하나의 종교라는 비판을 피할 수 없다. 과학적 탐구의 본성에 대한 적절한 이해는 모든 주장들이 절대적 진리라는 것을 거부한다. 따라서 방법론적 자연주의는 과학적 탐구가 자연세계 및 세계의 일부로서 인간 자신을 이해하기 위해서 인간이 발명한 가장 좋은 수단이다. 즉 방법론적 자연주의는 모든 주장들이 종교, 정치적 이념, 과학 그 자체를 포함하여 절대적 진리라는 것을 방지하려는 더 안전한 기반이다. 인간과 자연은 상호작용을 통해서 시간과 더불어 변화하며 진화한다. 불면의 진리가 있다고 하는 것은 하나의 선험적 주장으로 자연화된 과학철학이 경계하는 방법론적 신조이다.

05
색 식별을 통한 관찰의 이해[1)]

관찰에 대한 과학철학의 오랜 논의 중 하나는 '관찰이 과연 객관적인 것인가?' 하는 것이다. 이와 관련하여 Giere(2006)는 색 식별을 소재로 관점주의라는 새로운 시각을 제시하였다. 그가 색 식별을 주제로 다룬 이유는, 색이라는 것이 누구에게나 친숙하며 색 식별과 관련한 기본적인 과학 지식은 상당히 이해 가능한 것이기 때문이었다.

색에 관한 과학적 접근

대부분의 사람들이 경험하는 세상에는 색을 띤 물체가 포함되어있으며 일몰과 같은 색채를 띤 현상들이 존재한다. 사람들의 색 식별의 범위는 무지개에 의해 만들어지는 스펙트럼을 통해 확인할 수 있다. 이러한 스펙트럼의 색은 진보라에서 짙은 붉은색 사이이다. 이러한 색들이 대략 400에서 700나노미터 ($1\ \text{nm} = 10^{-9}\ \text{m}$) 범위 내에서의 서로 다른 파장을 가진 전자기파 복사와 관계가 있다는 사실은 오래전부터 잘 알려진 것이다. 그러나 이러한 범위의 파

1) Giere, R. N.(2006). Scientific perspectivism. Chicago, London: University of Chicago Press.를 편역함.

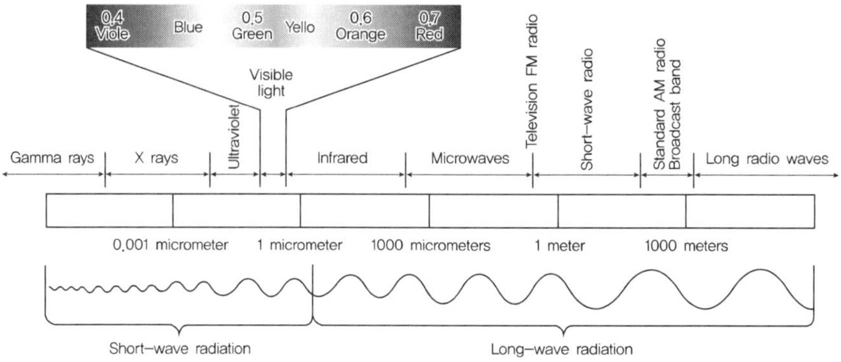

그림 5-1 빛의 스펙트럼

장은 10^{-14} m 정도의 파장을 지닌 우주선과 10^{6} m 정도의 파장을 지닌 전파를 포함하고 있는 전체 전자기파의 아주 작은 부분에 지나지 않는다(그림 5-1 참조).

19세기 독일의 생리학자인 Ewald Hering은 우리가 지각하는 색은 색상환(그림 5-2)에 보이는 것처럼 매우 한정된 구조를 가진다고 하였다. 이러한 연속적인 형태의 원은 인간에 의해 인지되는 모든 색상을 포함하고 있다. 이러한 색상에 더해 색은 채도(혹은 세기)와 명도(상대적인 밝기와 어둡기)에 따라서도 다르다. 이러한 색의 3가지 속성은 사람에 의해 인지될 수 있는 모든 색으로 대변되는 Munsell의 색 입체라고 불리는 3차원 배열로 나타낼 수 있다. 여기서는 색의 세 가지 속성 중 색상에 대해서만 논의하려고 한다.

이 색상환에는 붉은색, 초록색, 푸른색, 노란색의 4개의 단일 색상이 있다. 그림의 색상환 위쪽 절반에 있는 모든 색상들은 약간 붉은색을 띠고 있으며, 아래쪽 절반의 모든 색은 약간 초록색을 띠고 있다. 비슷한 방식으로 왼쪽에 해당하는 모든 색들은 약간 푸른색을 띠고 있으며 오른쪽에 해당하는 모든 색들은 약간 노란색을 띠고 있다. 붉은색과 노란색 사이에 있는 주황색 색상과 같이 어떤 두 개의 단일 색상 사이에 있는 색은 두 개의 단일 색들의 이진(binary) 조합이 된다. 색상환의 구조로부터 우리는 붉은색을 띠는 초록색, 초록색을 띠는 붉은색, 마찬가지로 노란색을 띠는 푸른색, 푸른색을 띠는 노란색 푸른색과 노란색은 각각 서로를 배제한다.[2)]

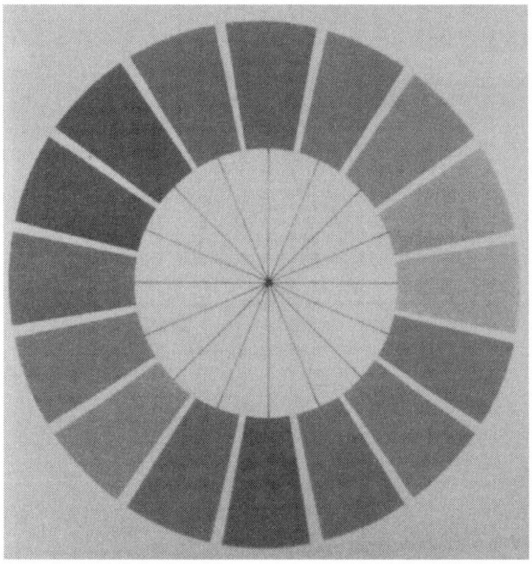

그림 5-2 색상환

색상이 선형적이라기보다는 순환적인 구조를 가진다는 사실은 파장과 색 사이에 단순한 선형적 관계가 없다는 것을 의미한다. 보라색으로부터 짙은 분홍색(magenta)을 거쳐 짙은 붉은색까지 걸쳐있는 색상은 "비 스펙트럼적인 색(nonspectral hues)"이라고 불리는데, 그 이유는 그들은 어떤 하나의 단색성의 파장과 대응되지 않기 때문이다. 그보다는 이들 색상은 단지 두 개 혹은 그 이상의 서로 다른 파장을 가진 빛들의 조합에 의해서만 만들어질 수 있다(Palmer 1999, 98). 따라서 인지되는 색이 개별적인 파장과 단순히 일대일로 일치되는 것은 불가능하다.

사람은 3색자(3원색을 판별할 수 있는 정상인)이다. 말하자면 사람의 망막에는 가시광선 영역의 3가지 다른 범위의 파장에 민감한 3가지의 서로 다른 색소를 지닌 3가지의 종류의 수용기[현미경으로 볼 때 수용기의 모양을 본 떠 원뿔세포(cone)라고 부르는]가 있다. 이러한 3가지 원뿔세포는 일반적으로 S(짧은), M(중간), 그리고 L(긴)이라고 불리며 비록 상당히 겹치는 부분이 존재하지만,

2) 붉은색과 초록색, 푸른색과 노란색처럼 색상환의 정 반대쪽에 있는 색의 관계를 보색이라고 한다.

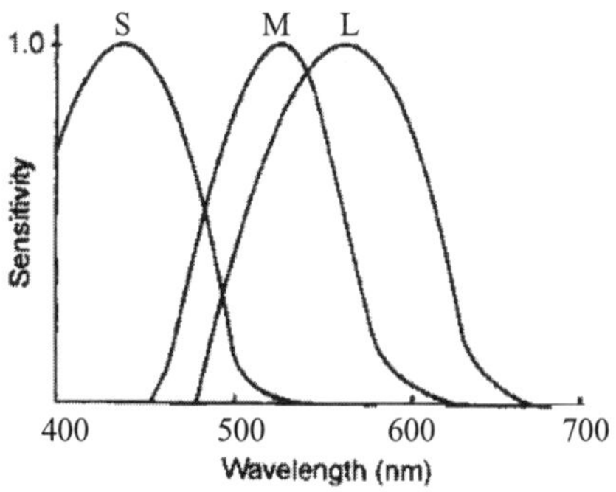

그림 5-3 파장에 따른 상대적 민감도

그 각각은 대략 440 nm, 530 nm, 그리고 560 nm에서 최대 민감도를 가진다. 그림 5-3은 이들의 각 파장에 따른 상대적인 민감도를 나타낸 그림이다.

망막에 존재하는 이러한 3가지 원뿔세포들은 수적으로도 동일하지 않고 분포도 같지 않다. 짧은 파장(S), 중간 파장(M), 그리고 긴 파장(L)에 각각 민감한 원뿔세포의 비율은 대략 1:5:10이며, M과 L 원뿔세포는 시야의 중앙에 집중되어있다. 망막의 어떤 작은 영역에 대하여, 다양한 원뿔세포들로부터 온 신호의 세기는 망막과 뇌(특히 외측 슬상핵)에 모두 존재하는 대응 세포에 전달되어지는데, 그림 5-4에 보여준 도식에 따라 신호는 변환된다. 이 그림에서 L, M, 그리고 S는 수용 원뿔세포의 전체 활성화 정도를 의미한다. 따라서 색 식별을 위한 시각 피질로 전달되어지는 것들은 모든 색상 경험을 함께 만들어 내는 두 개의 대립 체계, 즉 빨강－초록 체계, 노랑－파랑 체계로 조직되어있는 3가지 형태의 색소의 활성화에서의 차이이다.

이러한 색 변화 과정의 속성은 색상환의 겹친 구조에 대한 즉각적인 설명을 제공한다. (L－M) > 0일 때, 사람들은 색상환의 위쪽 절반의 색을 경험한다. 어떤 이의 색 경험이 위쪽의 왼쪽 혹은 위쪽의 오른쪽 사분면인가 하는 것은 [(L+M)－S]가 0보다 큰지 작은지에 따라 결정된다. (L－M) < 0일 때도 비슷하다. [(L+M)－S]가 0보다 큰지 혹은 작은지로 시작해도 전체 설명은 비슷하다.

대립 과정 이론(Opponent-Process Theory)[3)]은 색 불변성(constancy)이라 불리는, 오랫동안 잘 알려져 온 현상을 역시 부분적으로 설명한다. 이것은 사람

$$(L-M) > 0 \Rightarrow \text{RED}$$

$$(L-M) < 0 \Rightarrow \text{GREEN}$$

$$[(L+M)-S] > 0 \Rightarrow \text{YELLOW}$$

$$[(L+M)-S] < 0 \Rightarrow \text{BLUE}$$

그림 5-4 삼색자의 색소활성화 처리 신경코드

들에게 있어서 물체의 색은 낮은 밝기의 실내등으로부터 밝은 태양 빛까지 광범위하게 다양한 밝기 수준의 조명에서도 아주 똑같이 나타난다는 사실과 관련이 있다. 만약 색채 시각 체계를 이끌어내는 것이 절대적인 수준의 자극보다는 서로 다른 색채 감지기에서의 자극의 차이라고 한다면 이것은 예상되어질 수 있는 것이다.

사람의 색 체계는 대립 체계이기 때문에 가시광선에서 각 빛에 대한 실제 사람의 시각 체계의 상대적인 반응은 삭제 기술을 사용하여 측정할 수 있다. 예를 들어, 어떤 사람이 좁은 범위의 파장 간격으로 빛을 섞을 수 있는 안경을 통해 흰색 면을 바라보고 있다고 하자. 노랑－파랑 체계만 생각해보자. 우선 순수한 푸른색, 즉 붉은색이나 초록색의 섞임이 전혀 나타나지 않는 푸른색 빛의 파장을 정한다. 이것은 대략 475 nm 부근이 될 것이다. 그다음 노란색 색상을 나타내기 위해 노란색 파장 중 가장 짧은 파장 부근의 빛을 비춘다. 여기에 일정한 세기의 순수한 푸른빛을 더하고 피험자는 일정한 푸른빛에 노란색이 사라질 때까지 접안경의 흡수 필터를 조절한다. 두 빛의 세기와 필터의 눈금을 알고 있다면, 노란색의 반응을 완전히 없애버리기 위해 필요한 순수한 푸른빛의 세기가 어떻게 되는지 결정될 수 있다. 이러한 과정을 10 nm 간격으로 파장을 증가시키면서 700 nm 부근의 가시광선의 끝부분까지 되풀이한다. 우선 노

---

3) Hering이 제안한 이 이론에 따르면, 색 지각은 두 개의 대립되는 기제(파랑－노랑 기제와 빨강－초록 기제)의 활동에 의해 결정된다. 각 기제에서 두 색에 대한 반응은 각각 대립되며 하나는 흥분 반응을, 다른 하나는 억제 반응을 한다(이 이론은 또한 흑－백 기제를 포함하고 있는데, 이 기제는 밝기 지각과 관련된 것이다). 보색 잔상, 색 상상하기, 동시색 대비 등의 현상이 대립 과정 이론의 지지 증거이다.

란색을 소거하기 위해 필요한 푸른빛의 세기는 580 nm 부근까지 증가할 것이고 그 다음에는 더 긴 파장대에서 0으로 떨어질 것이다. 이러한 결과는 어느 정도 노란색에 대해 인지되는 전체 파장대에 대한 사람의 시각 체계의 상대적인 민감도를 제공하는 곡선이 된다.

이러한 일반적인 과정을 반복하여 이번에는 푸른 색상을 없애기 위해 순수한 노란빛을 사용하고, 그 다음에는 붉은색과 초록색의 민감도를 알아보기 위해 각각 두 번 더 반복한다. 그 결과가 파장의 함수로 주어진 네 개의 단일 색상 각각에 대한 피험자의 상대적인 민감도를 보여주는 네 개의 곡선들이다. 두 개의 대립 체계를 나타내기 위해서 관례적으로 붉은색과 노란색 민감도를 양의 값으로 생각하고 다음에는 초록과 파랑에 대해서는 음의 민감도를 할당한다. 모든 네 개의 곡선들을 결합하여 하나로 종합한 색채 반응 함수(chromatic-response function)가 그림 5-5이다. 이 곡선들은 파장의 함수로서의 네 개의 단일 색상들에 대한 상대적인 반응을 보여준다.

이들 곡선으로부터, 우리는 순수한 일차 색들인 초록, 노랑, 그리고 파랑을 쉽게 찾아낼 수 있다. 짧은 파장부터 긴 파장대로 이동할 때, 빨강-초록 곡선은 대략 475 nm에서 값이 0이 되고 바로 이 파장에서 순수한 파랑이 나타나게 된다. 다음으로, 노랑-파랑 곡선은 대략 500 nm 부근에서 0의 값이 되고, 그래서 반응 결과는 순수한 초록이 된다. 마지막으로 빨강-초록 곡선은 대략 580 nm 부근에서 다시 0을 지나게 되고, 여기서 순수한 노랑이 만들어진다. 노랑

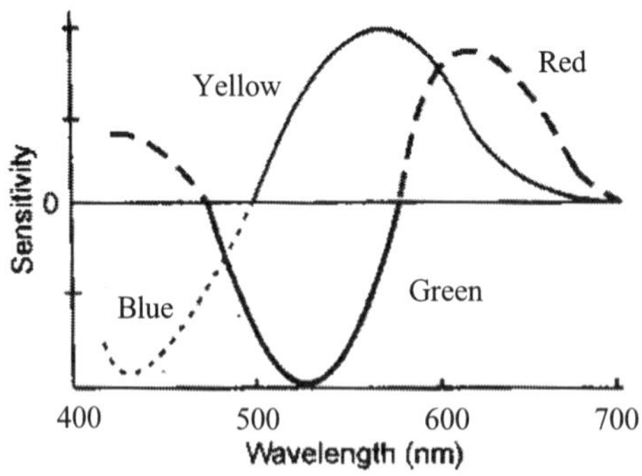

그림 5-5 삼색자의 색채 반응 함수

－파랑 곡선은 더 긴 파장대에서 0을 지나지 않고 0에 근접하기만 하므로, 일반적인 믿음과 맞지 않게 순수한 빨강에 대응되는 단일 파장의 빛은 존재하지 않는다. 모든 단일 파장의 붉은색들은 약간의 푸른색이나 노란색이 더해져 있다.

그림 5-5에서 제시된 색채 반응 함수는 사람이 파장의 차이를 식별할 수 있는 정도의 정확도에 대해서 이상화된 것이다. 그림 5-6에 나타난 것처럼, 보통의 피험자에게 있어서 파장을 식별하는 능력은 파장과 빛의 세기 두 요소에 의해 변한다. 보통의 조명하에서 식별 능력은 500 nm와 600 nm 부근에서는 ±3 nm의 값으로 변하고 550 nm 부근에서는 ±5 nm 정도, 그리고 400 nm와 700 nm 가시광선대의 스펙트럼에서는 ±3 nm~±5 nm 정도의 변화를 가진다. 빛의 세기가 약할 때에는 식별 능력은 매우 나빠지며, 450 nm와 600 nm 부근에서 ±6 nm 정도의 변화를 530 nm에서는 ±15 nm 정도, 그리고 가시광선의 끝 부분에서는 각각 ±10 nm의 범위로 변한다. 이러한 식별 수준은 인간의 색 시각 체계의 고유한 특성이다.

대립 과정과 보통의 관찰자에 대한 색채 반응 함수는 잘 알려진 서로 다른 스펙트럼의 특징들을 갖는 빛으로 같은 색이 만들어지는 것을 경험하는, 조건 등색(metamerism)[4] 현상을 잘 설명해 준다. 예를 들어, 흰색 화면에 비춰진

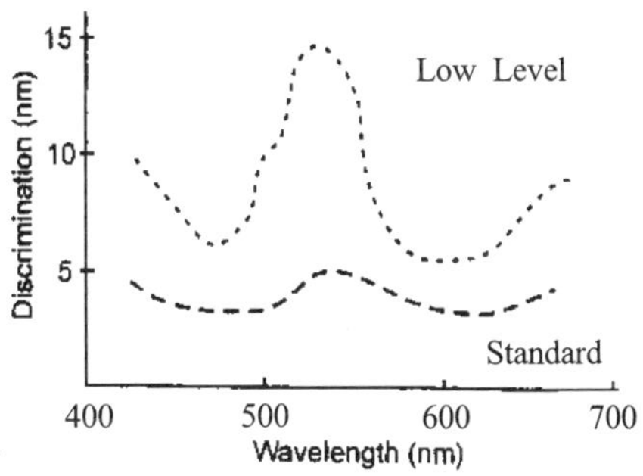

그림 5-6 파장과 세기 함수로서의 빛 식별

4) 빛의 스펙트럼 상태가 서로 다른 두 개의 색자극이 특정한 조건에서 같은 색으로 보이는 경우를 조건 등색 또는 '메타메리즘'이라고 부른다. 이 조건 등색은 가상색이기에 조건이 다른 상황에서는 색이 서로 달라져 보인다.

580 nm 부근 파장의 단색 빛은 순수한 노란색(그림 5-7의 수직으로 된 실선)으로 나타난다. 그러나 동일한 색은 그림 5-7의 점선으로 표현된 540 nm(초록빛이 나는 노란색)의 파장과 640 nm(붉은빛이 나는 노란색)의 파장을 지닌 각각의 빛이 적절한 세기로 섞어도 만들 수 있다. 여기서 초록과 붉은 신호는 서로 서로를 상쇄시키고 순수한 노란색만 남긴다(Hurvich, 1981). 이것은 동일한 순수한 노란색을 만들어내는 잠재적인 단색 빛들의 짝들 중 단지 하나일 뿐이다. 비슷한 예가 순수한 푸른색(475 nm)과 순수한 초록색(500 nm)에서도 존재한다.

이른바 **상호 보완적인**(complementary) 파장들이라고 하는 것은 흰색 화면에 두 개의 단색 빛을 비춰 섞음으로써 흰색 빛을 만드는 조건 등색의 특수한 경우이다. 예를 들어, 670 nm의 노란색을 띠는 붉은색과 490 nm의 푸른색을 띠는 초록색은 겹쳐서 색이 사라진다. 유사하게 580 nm의 노란색과 480 nm의 푸른색이 겹치게 되면 다시 색이 사라진다(Hurvich, 1981). 많은 다른 단색 빛의 짝들은 이런 의미로 상호 보완적이다.

마지막으로, 모든 인지 가능한 색상은 단지 적절한 세기를 지닌 세 가지의 단색, 예를 들어 440 nm(붉은색을 띠는 푸른색: B), 540 nm(노란색을 띠는 초록색: G), 그리고 650 nm(노란색을 띠는 붉은색: R),의 조합으로써 보통의 관측자에게 보인다. 많은 다른 색들은 세 가지 빛의 조합으로 동일한 결과(feat)를 만들어낼 수 있다(Hurvich, 1981; Palmer, 1999). 이러한 현상은 컬러텔레비전을 만드는 데 이용되었다.

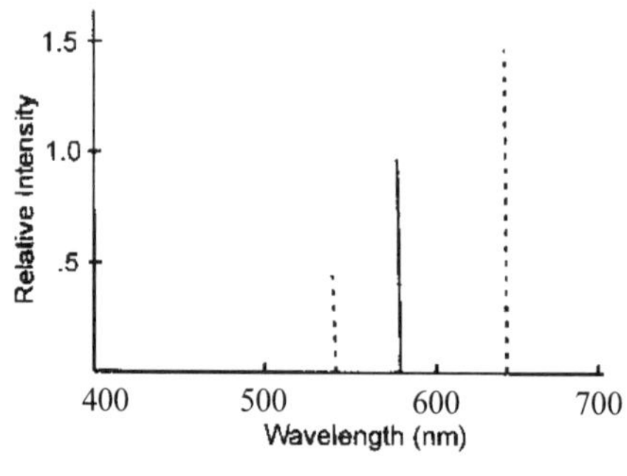

그림 5-7 순수한 노란색의 조건 등색

색 명명

비록 빠르게 사라졌지만, 현대 유럽의 언어에서 발견되는 많은 색 용어에 들어맞는 말을 갖지 못한 문화에 대한 많은 연구들이 있어왔다. 사실, 영어에서 대략 밝은－따뜻한(흰색, 붉은색, 그리고 노란색을 포함한)과 어두운－차가운(검은색, 초록색, 그리고 파란색을 포함한)으로 간주될 수 있는 단지 두 개의 색 용어만을 가진 몇몇의 사회들에 대한 기록이 있다. 20세기 후반까지, 색 이름에 관한 다양성은 언어학자 Edward Sapir와 Benjamin Lee Whorf에 의해 옹호되어 온 문화 상대주의의 전형적인 예로 받아들여졌다. 가장 최근으로 보면 1960년대까지 '사람들은 스펙트럼의 어떤 부분들이 이름을 갖는다는 것은 문화적으로 대표된다'는 Sapir-Whorf 가설[5)]이 표현된 언어학 교과서를 발견할 수 있었다. 즉, 무지개나 혹은 프리즘을 통한 스펙트럼을 생각해보자. 스펙트럼의 한쪽 끝에서 다른 쪽 끝까지 색은 연속적으로 단계적 변화가 있다. 그러나 이것을 묘사하는 미국인들은 빨강, 주황, 노랑, 초록, 파랑, 남색, 보라, 혹은 그런 종류의 것들로 색상을 열거할 것이다. 자연에 존재하는 색의 연속적인 단계적 변화는 일련의 별개의 범주에 의해 언어로 나타난다. 이는 내용에 대한 구조의 예이다. 스펙트럼에 있어서나, 이러한 방식으로 분할을 강제하는 스펙트럼에 대한 사람의 인식 모두에 있어서 고유한 것은 아무것도 없다. 분할의 특별한 방법은 영어에 대한 구조의 일부분이다(Gleason, 1961)

1960년대에, Brent Berlin과 Paul Kay(1969)는 20개의 다른 문화권에 있는

---

5) 사용하는 언어가 사용자의 사고에 영향을 미친다는 가설을 뜻한다. 언어가 사고를 결정한다고 주장했던 Sapir의 제자인 Whorf가 내놓은 가설로서 자신의 이름과 스승의 이름을 결합하여 Sapir-Whorf hypothesis라 이름 짓고 스승인 Sapir의 이론을 더 보강한 가설을 내놓았다. Whorf는 Hopi족의 언어를 한 예로 들며 Hopi족의 언어는 새를 제외한 나머지 날아다니는 사물들에 모두 같은 단어를 쓴다고 한다. 또, 에스키모의 언어에서는 눈을 뜻하는 단어가 굉장히 많은데, 이렇게 Hopi족이나 에스키모들 같은 경우 영어를 사용하는 사람들과 사고의 차이가 많이 난다고 주장했다. Sapir-Whorf hypothesis(사피어워프의 가설)는 이 가설이 나온 그 당시에도 큰 이슈를 불러일으켰고 아직도 언어심리학계에서 논란거리로 남아있지만 현재는 대부분 이 가설을 지지해주는 편이다.
출처: http://www.snowwiki.or.kr/wiki/culture/education/english_edu/

구성원들 사이의 색 명명을 연구했다. 그들은 독립적인 언어학적 기준을 사용하여 대략적으로 단 12개의 소위 기본적인 색을 확인하였다. 그들은 각 문화권 속에서 개인들이 단지 두 개, 세 개, 혹은 네 개의 색 용어로 기본 색들을 식별하도록 배우는 것이 가능하다는 것을 발견하였다. 더욱이 그들은 언어가 더 기본적인 색 용어를 나타냄에 따라 체계적으로 진전됨을 발견하였다. 한 문화권 내에서 어떤 이가 여섯 개의 기본 색 용어를 가진 언어에 이르게 되면 그들은 빨강, 노랑, 초록, 그리고 파랑, 그리고 거기에 더해 흰색과 검은색을 포함시킨다.[6] 여기에는 대립 과정 이론과 색상환의 네 개의 단일 색이 있다. 이것은 문화적인 역사에 있어 우연으로는 될 수 없다고 그들은 추측했다. 따라서 연속 스펙트럼 전체에 있어 색 영역(빨강, 주황, 노랑, 초록, 파랑, 남색, 보라)에 대한 인식은 단순히 문화와 언어적인 구조물일 뿐만 아니라 부분적으로 인간의 시각 체계에 대한 함수인 것으로 보인다.

색에 대한 다양한 관점

색 식별에 있어 문학 작품 중에서 가장 많이 인용되는 구절 중 하나는 'The Assayer'에 있는 Galileo의 표현이다. "나는 맛, 냄새, 색, 그리고 등등의 것들은 우리가 그것들을 어떤 물체에 두었는가에 관계하는 한 단지 이름에 지나지 않으며 단지 의식에 의해서만 야기된다고 생각한다. 따라서 만약 살아있는 생물이 제거된다면, 이러한 모든 성질들도 닦여 나가고 소멸될 것이다"(Drake, 1957, p.274). 비슷한 견해들은 Descartes와 Newton, 그리고 물론 후대의 Locke를 포함해서 과학 혁명 시기의 다른 주요 인물들의 저서에서도 발견된다(Thompson, 1995).

---

6) 한국말에서는 과거 무지개의 색을 일컬어서 '오색찬란하다'고 표현하였다. 이때 오색에는 파랑, 노랑, 빨강에 이어 흰색과 검은색이 포함되어있다. 즉, 우리는 5개의 기본 색 용어를 가지고 있지만 그 안에 명도 개념을 포함하는 언어 체계를 가지고 있다고 하겠다.(역자 주)

비슷한 견해는 색 식별에 관한 당대의 교과서에서도 발견된다. “사람들은 보편적으로 우리가 물체를 경험하는 것처럼 물체가 착색되어*있기* 때문에 물체가 색을 가진 것처럼 *보인다*고 믿는다. 하늘은 *푸르기* 때문에 푸르게 보이는 것이고, 풀은 *초록인* 것이기 때문에 초록으로 보이고, 그리고 피는 *붉은* 것이기 때문에 붉게 *보인다*. 매우 놀라운 것처럼 보이겠지만, 이러한 믿음들은 근본적으로 잘못된 것이다. 우리가 물체와 빛을 경험하는 방식과는 달리 물체도 빛도 그 어떤 것에 실제로 착색되어있는 것은 없다. 그보다는 색이라는 것은 우리가 물체와 빛을 쳐다볼 때, 그러한 물체 혹은 빛이 가진 물리적인 속성이 아닌 우리의 시각 경험이 가진 *심리학적인* 속성이다”(Palmer, 1999). 여기서 심리학적인 속성과 물리적인 속성 사이의 차이가 가능한 한 명확하게 진술되어진다.

색 주관주의는 인지된 모양, 소리 혹은 맛 등이 색 경험을 도출하는 드문 *공감각적인* 현상에 의해 매우 잘 그려진다. 때때로 이러한 경험들은 매우 안정되어있는데 예를 들어 달력의 요일에서 토요일은 파란색, 일요일은 붉은색 같이 규칙적으로 특정한 색을 선택한다. 이런 종류의 경우에 있어서, 색 경험이 내부적으로 발생된다는 것은 분명하다. 소리는 색을 가지고 있지 않지만 특이한 감각 체계를 가진 사람에게 있어서 그것들은 시각적인 색 경험을 만들어낼 수도 있다.

그러나 공감각을 경험하는 사람에게조차도 우리는 종종 색의 *드러남*과 색의 *실체* 사이를 구별한다. 비록 오케스트라의 콘서트가 진행되는 무대가 공감각을 경험하는 사람에게는 물결치는 색을 띤 빛으로 조명되어지고 있는 것으로 나타난다고 하더라도, 우리는 그 무대는 실제 보통의 흰 빛으로 조명되고 있음을 알고 있다고 생각한다. 더욱 더 보통의 예로 돌아가 보면, 우리는 누군가의 빨간색 BMW가 밤에 비록 나트륨 등에 의해 비춰지는 주차장에서 빨간색으로 보이지 않더라도 그것이 실제로 빨간색이라는 것을 알고 있다고 생각한다. 색은 모양처럼 다른 물리적인 특성들과 아무런 차이가 없는 것처럼 보인다. BMW가 어떤 각도에서 Toyota처럼 보일지라도 실제는 여전히 BMW이다.

사람들은 Galileo와 현대에서 그를 추종하는 사람들이 단순한 혼란의 피해자들이다 라는 것을 계속 주장할 수 있을 것이다. 만약 지각이 있는 존재들이 지구 상에서 결코 진화해오지 않았다면 물론 푸른 하늘을 보는 *경험*도 존재하지 않았을 것이다. 그러나 확실히 하늘의 색은 진화의 역사의 출현에 의존하지 않는다. 색 주관주의는 간단한 상식에 의해서도 쉽게 반박되는 것처럼 보인다. 그러나 상식은 오류를 범할 수 있고 최소한 심각하게 오해의 여지가 있을 수도 있다.

우리는 태양이 동쪽에서 떠서 서쪽으로 진다고 말한다. 많은 언어권에서 상식적으로 그런 방식으로 이야기한다. 그러나 과학 혁명 이후 우리는 태양이 뜬다는 것은 오해라는 것을 알았다. 그보다는 지구가 도는 것이다. 단지 우리는 보통 지구의 자전에 대한 어떤 독립적인 경험을 가지지 못했다. 우리 발아래의 땅은 고정된 것처럼 보인다. 물체가 색을 가지고 있다는 우리의 인식은 태양이 떠오른다는 우리의 인식만큼이나 오해라는 생각을 Galileo는 가질 수 있었다. 상식은 우리에게 세상이 어떻게 나타나는지를 말해준다. 과학은 우리에게 또 다른 무언가를 말해준다. 그럼에도 불구하고, 우리가 상식적으로 말하는 방식은 좀처럼 우리를 곤란하게 하지 않는다. 세상에 대한 과학적인 관점은 우리의 일상적인 활동들에 약간의 차이만을 만들어낸다.

이러한 논쟁은 확장되어질 수 있다. 우리의 경험으로는 물체가 색이 있다고 인식한다. 그러나 이는 최소한 가시광선의 파장이 보통의 물체의 크기에 비해 상대적으로 매우 짧다는 사실에 의해 부분적으로 설명된다. 따라서 물체로부터 반사된 빛은 광원으로부터 관측자 방향에 유지된 다발로서 함께 머무른다. 음파를 생각해보자. 오늘날 많은 컴퓨터들은 세 방향 스피커 시스템을 사용한다. 두 개의 중-고 주파수 스피커는 방향적인 정보를 제공한다. 그래서 오른쪽으로부터 온 소리는 왼쪽으로부터 온 소리와 구별되어진다. 그러나 한 개의 저주파 스피커는 다르다. 이것은 방의 거의 모든 곳에 존재할 수 있고 심지어는 책상 아래에도 있다. 저주파의 음파는 방을 거의 채우므로 음원의 위치를 거의 지시해주지 못한다. 만약 가시광선이 저주파 소리의 파장을 가진다면 우리는 물체에 대한 색을 배분할 수 없을 것이다.

비슷한 논쟁이 색 불변성에 대한 관점으로 일어날 수 있다. 물체와 관계된 색은 빛의 세기가 폭 넓은 범위에서 변화한다고 해도 상대적으로 일정한 것처럼 나타나기 때문에 그것들은 실제로 그 물체에 속해 있는 것처럼 보인다. 밝은 태양빛 아래의 실내 혹은 실외에서 나의 초록색 스웨터는 그것의 초록색을 유지한다. 그럼에도 불구하고, 스웨터의 색이 스웨터 고유의 속성이라는 것을 이끌어내지 못한다. 결론은 널리 퍼져있고 강하게 유지되고 있는 상식적인 신념과 색 주관주의가 상충되고 있기는 하지만 이러한 갈등은 결정적인 논박을 제공하는 것으로 받아들여질 수 없다는 것이다. 비록 색 식별에 대한 과학적인 설명과 상충된다 할지라도 왜 상식적인 신념이 그렇게 되어야 하는지에 대한 좋은 과학적인 설명들이 존재한다.

색에 관한 객관적 관점

색 식별에 대한 상식적인 설명을 전개시키는 하나의 명백한 방식은 색을 세상에 존재하는 객관적인 특징으로 다루고자 시도하는 것이다; 물론 여기서는 하늘, 저녁노을, 그리고 무지개 같은 것들을 대상으로 포함한다. 이것은 보이는 것처럼 단순하지 않다. 과학적인 관점에서 보면, 물체의 객관적인 색은 그 물체 표면의 자발적인 특성이 될 수 없다. 이론적으로, 표면의 분자적인 구조에 대한 상세 설명은 표면이 어떤 스펙트럼 구성의 빛을 반사시킬 것인가를 결정하는 데 필요한 모든 정보를 제공한다. 다시 말해서, 대상에 반사된 빛의 본질은 입사된 빛의 스펙트럼 조성과 표면의 분자 구조에 의해 전적으로 결정되어진다(여기에 더해 입사각도 중요하다). 덧붙여, 색이라고 하는 다른 물리적인 속성이란 존재할 리가 없다. 그래서 색에 관한 객관주의자들은 색에 관해서는 반드시 물리적인 환원주의[7]자가 된다.

---

7) 복잡하고 추상적인 사상(事象)이나 개념을 단일 레벨의 더 기본적인 요소로부터 설명하려는 입장. 특히 과학철학에서는 관찰이 불가능한 이론적 개념이나 법칙을 직접적으로 관찰이 가능한 경험명제(經驗命題)의 집합으로 바꾸어 놓으려는 실증주의적(實證主義的) 경향을 가리킨다. E. 마하와 R. 아베나리우스 등의 경험비판론, M. 슐리크와 R. 카르나프 등의 논리 실증주의가 그 전형(典型)이다.
출처: http://100.naver.com/100.nhn?docid=173399

그럼에도 불구하고, 사람들은 이러한 기본적인 물리적 속성을 이용하여 색을 생각하기를 원하지 않는 몇 가지 이유가 있다. 첫 번째 이유는 실제로 매우 다른 표면들임에도 같은 색을 가지는 경우가 많다는 것이다. 예를 들어, 장미와 장미를 찍은 좋은 컬러 사진들은 매우 동일한 색을 나타낼 것이다. 그러나 장미의 표면과 사진의 표면은 실제적으로 매우 다르다. 이는 기초적인 물질과학에서 이러한 두 개의 표면이 어떤 의미 있는 물리적인 측면에서 동일한 종류의 것으로 생각될 어떠한 개념도 포함하고 있지 않는다.

표면의 물질적인 특성과 색을 동일시하지 못하게 되는 두 번째 이유는 표면에 대해 *인식된* 색은 표면의 더 깊은 물리적인 본질에 결코 의존하는 것이 아니라 그 표면에 남은 빛의 스펙트럼의 구조에만 단지 의존한다는 것이다. 표면이 어떻게 빛을 반사시키는지에 대한 체계적인 방식은 물체의 *표면 분광 반사율*로 설명될 수 있다.

모든 가시광선 스펙트럼에 걸쳐 일정한 세기의 빛을 표면에 비추고 있는 것을 상상해보자. 그 다음에 모든 파장에 대해(또는 좁은 간격에서) 누군가가 그 파장에서 반사된 입사 빛의 비율을 측정한다. 그러면 어떤 특정 파장에서의 표면의 분광 반사율은 0에서 1 사이에서 변한다. 모든 가시광선 스펙트럼에 대한 분광 반사율을 나타내는 곡선은 그 표면의 표면 분광 반사율이다. 그림 5-8은 몇몇의 일반적인 표면에 대한 표면 분광 반사율을 보여준다. 그래서 이제 우리는 색에 대한 객관주의자들의 설명에 대해 예를 들어 Hilbert(1987)가 주장한,

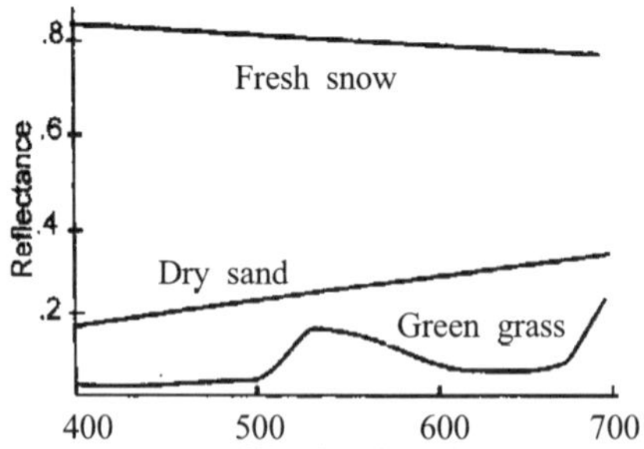

그림 5-8 가시광선 스펙트럼에 대한 분광 반사율

최소한 하나의 명확한 제안을 가진다. 물체의 색은 전적으로 광학 용어로 정의된 그것의 표면 분광 반사율이다.

이 설명이 가진 중요한 문제는 분광 반사율에 대한 조건 등색을 나타내는 색의 존재이다. 어떤 단색 광원의 지각색이 두 개의 서로 다른 단일 빛의 혼합에 의해 복제될 수 있는 것처럼 어떤 표면 분광 반사율에 관련된 지각색은 헤아릴 수 없는 다른 표면 분광 반사율에 의해 복제될 수 있다. 그림 5-9는 동일한 노란색 외견을 산출하는 세 개의 매우 다른 표면 분광 반사율에 대한 파장에 따른 상대적 세기의 함수를 보여준다. 이러한 표면 분광 반사율이 공통적으로 가지고 있는 것은 무엇인가? 이것은 보통의 3색자에게는 동일한 색을 가진 것으로 인지될 뿐이다. 이러한 분광 반사율을 이론적으로 무리 짓는 것이 광학에서의 범주에는 없다.

여기에서 한 상황을 생각해보자. 우리는 정상적인 관찰자에 대한 표면 분광 반사율과 색 반응 함수를 대응시킴으로써 어떤 표면 분광 반사율에 대해서 정상적인 관찰자에 의해 근사적으로 받아들여지는 색을 결정할 수 있다. 질문은 다음과 같다: 이러한 표면 분광 반사율이 색 반응을 만들어내는 알려진 색 반응 함수와 어떻게 상호작용하는가? 이 질문은 항상 답을 가지고 있다. 이것이 색이라는 것이 세상에 대한 객관적인 속성들이라는 것을 의미하는가? 그렇기도 하고 그렇지 않기도 하다.

만일 사람들이 자연의 일부로서 인간을 포함한 객관적인 세상을 고려하고

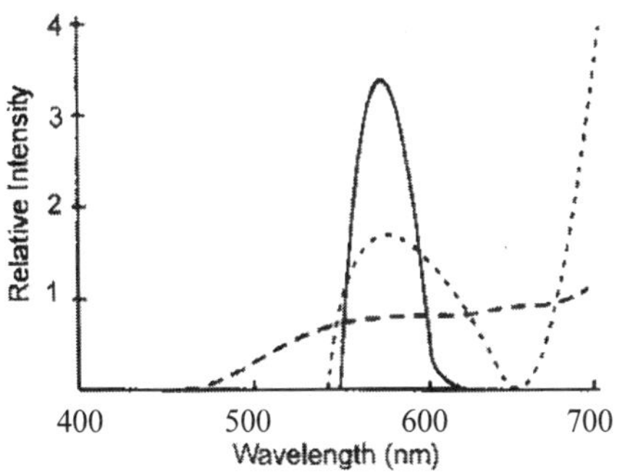

그림 5-9 조건 등색의 표면 분광 반사율

있다면, 색이라는 것은 세상의 객관적인 부분이 된다. 이것은 자연주의(naturalism)에 대한 약속과 일치한다. 그러나 만일 인류가 우연히 진화된 시각 체계를 가진 존재로 세상에 나타나지 않았다고 생각한다면 사람들이 어떤 물체에 대한 색을 배정할 근거는 결코 없다. 어떤 표면 분광 반사율을 가진 표면이 왜 '노란색'으로 불리는가? 인간의 시각 체계의 특별한 특성에 기준을 두지 않고서는 이러한 동일성에 관한 어떠한 것들도 물리적인 근거가 없다.

이는 객관주의의 한 형태에 해당하지만 객관주의의 어떤 형태도 동일한 문제에 직면할 것이다. 인류가 존재한다면, '사람들은 예측할 수 있는 색 경험들을 가질 수 있다'고 하는 물리적인 속성들을 발견할 수 있을 것이다. 그러나 동일한 색 경험을 주는 많은 물리적인 속성들이 존재한다. 따라서 인간의 시각 체계의 특별한 본성에 대한 언급이 없다면 사람들은 단지 뒤죽박죽된 실제적 특성을 가질 것이다.

Giere의 생각에 의하면, 비교와 진화적 상황에서 색 식별을 고찰하면 색 식별의 이해에 도움이 될 것이다. 색 식별은 서로 다른 상황에서, 서로 다른 시기에서, 서로 다른 종에서, 서로 다른 형태로 진화했다.

유전적인 이유로 인간 시각 체계의 기본적인 *3색자* 구조의 다양성에 대응되는 다양한 색 식별의 결손('색맹'의 형태)이 존재한다. 짧은 파장에 민감한 원뿔세포가 널리 퍼져 있는 것은 유전적으로 매우 안정하다. 그러나 중간 정도와 긴 파장에 민감한 원뿔세포의 존재는 남자의 성과 관련된 변화에 지배를 받는다. 가벼운 결손의 형태는 최대 민감 파장이 매우 가까운 두 세트의 중간 파장과 두 세트의 긴 파장에 각각 민감한 원뿔세포에 변칙성이 존재하는 사람에게서 발생한다. 두 상태 모두는 적색과 녹색에 대한 민감도를 감소시키는 결과를 가져온다. 더욱 심각한 경우는 중간 파장에 민감한 원뿔세포와 긴 파장에 민감한 원뿔세포 모두 손실이 발생한 때이다. 그림 5-10은 2색을 구별하는 사람의 짧은 파장과 긴 파장에 각각 민감한 원뿔세포에 대한 민감도를 보여준다. 결과는 *2색을 구별하는 색* 식별이며, 보통 완전한 적록 색맹으로 알려져 있으며, 그러한 사람들은 단지 노란색과 파란색이 다소 희미해지는 것을 경험한다. 장면의 채도적인 측면이 2색자에게는 많이 축소되어진다.

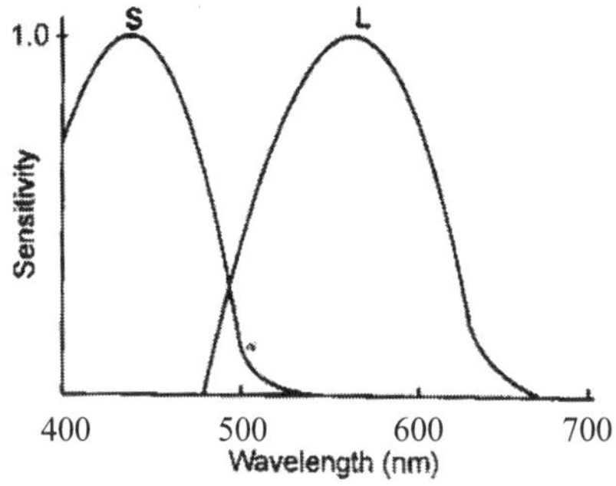

그림 5-10 2색에 대한 상대적 분광 민감도

원뿔세포가 훨씬 더 없는 경우는 보통 *단색시증(monochromasy)*이라 부르며 이 경우 색에 민감한 원뿔세포가 단지 한 세트만 존재하는 상태여서 어떤 반대의 과정이 일어날 가능성이 없다. 그 결과 전혀 색 식별 경험을 가질 수 없으나 원뿔세포와 막대세포 사이의 상호작용으로 인해 빛의 색채적인 특징을 구별하는 능력은 아마도 있을 것이다. 마지막으로 완전한 색맹이 있는데, 색 신호에 대한 신경관 돌기 체계의 고장에 기인하며 결과적으로 어떤 색 민감도도 가지지 못한다. 이들의 시각 경험은 단지 검은색으로부터 모든 회색을 지나 흰색까지 변한다.

남자에 있어 적록 색맹을 유발하는 동일한 유전적인 기작은 색맹 남자의 어머니들이 표준적인 중간 그리고 긴 파장의 빛에 민감한 원뿔세포들의 주변 파장에 민감한 부가적인 원뿔세포를 지닌 *4색자*일 가능성이 있다. 그러한 여성은 3색자 사람들이 2색자 사람들이 도달할 수 없는 색 차이를 인지할 수 있는 같은 방식으로 물체에서의 색 차이를 인지할 수 있다(Thompson, 1995, pp.167-68).

색 식별 체계의 진화

가장 오래되고 가장 잘 구분하는 색 식별 체계는 인간, 영장류 혹은 포유류의 색 식별 체계가 아니라 물고기나 새의 색 식별 체계이다. 보통의 금붕어 같은 물고기와 오리 같은 새들 사이에서는 자외선 부근에서 최대 민감도를 갖는 4번째 색소를 가진 4색자가 일반적이다. 비둘기 같은 경우는 5색자라고 하는 몇몇 증거가 있기도 하다. 또한 색 민감도의 범위도 영장류에서 나타나는 것보다 이러한 종들이 매우 크며, 연어의 시각 파장 범위는 350 nm에서 800 nm로, 그 폭은 사람이 300 nm인 것에 비해 450 nm에 달한다. 마지막으로 이러한 종들 중 어떤 것들의 원뿔세포들은 빛의 필터로 작용하는 색을 지닌 기름방울을 갖추고 있으며, 관련된 원뿔세포에 민감한 다양한 파장을 더욱 뚜렷하게 한다. 어떠한 포유류도 이러한 특별한 적응이 발견되지 않는다.

다소 더 자세하게 연구된 몇몇 종 중에서는 그 각각의 종들이 살아가고 있는 자신들의 환경에 적응한 색 시각 체계를 발견할 수 있다. 예를 들어 매우 깊은 곳에 살고 있는 물고기는 그들 각각의 깊이에서 가장 강하게 나타나는 파장에 최대 민감도를 보인다. 미국산 벌새들은 그들이 먹는 꽃들에 의해 강하게 반사되는 자외선에 특히 민감하다. 유사하게, 몇몇 새들의 자외선 민감성은 그들이 먹는 열매의 식물이 자외선 영역의 스펙트럼에서 강하게 반사한다는 사실과 일치한다(Jacobs, 1993).

그에 반해 포유류에서는 확실히 색 식별을 가지고 있는 것으로 보이는 대부분의 종들은 단지 2색자들이다. 예를 들어 매우 많이 연구된 사육되는 개와 고양이에게 있어 이것은 사실이다. 단지 사람들과 유럽 대륙 원숭이와 유인원 사이의 조상들은 체제가 탄탄한 4색자를 보인다. 만일 포유류가 궁극적으로 물고기로부터 진화해 온 것이라면 왜 포유류의 색 시각 체계가 물고기들의 그것에 비해 상대적으로 저하되었겠는가? 그 이유는 초기의 포유류들은 야행성이었었고 따라서 선택된 시각 체계에서는 원뿔세포보다는 막대세포가 풍부하였다. 그래서 색 민감성이 감쇠되었다. 1980년대까지는 대부분의 포유류들은 색 식별을 전혀 못한다고 널리 믿어져왔다. 더 최근의 연구들은 포유류들에게서 비록 막대세포의 밀도와 비교했을 때 원뿔세포의 밀도가 매우 많이 감소했음에도 불구하고 원뿔세포는 사라지지 않았다는 것을 보여준다. 즉, 색 식별은 포유류에게 있어 재진화하지 않았다. 이는 단지 적절한 선택 환경이 필요할 뿐이다. 최근에 받아들여지는 지식은 3색자 색 식별은 녹색의 배경 초목으로부터 먹을

만하게 붉은 열매를 구별해낼 수 있는 것이 장점이 되는 환경에 사는 주행성의 유럽대륙 원숭이 사이에서 진화한 것이라는 것이다(Mollon, 2000).

색 식별에 대한 비교 진화론적인 이해는 색 주관주의와 색 객관주의 모두에게 문제를 제기한다. 색 주관주의에 대해 제기되는 문제는 적절성 혹은 선택이익에 대한 생각은 단지 유기체와 그 주변의 환경 사이의 관계로서만 의미가 있다는 것이다. 예를 들어, 진화론적인 생물학자는 아직 익지 않은 초록색 과일과 잘 익은 주황색 과일을 더욱 확실히 구별할 수 있는 원숭이들은 2색자를 넘어선 3색자가 나타나는 선택이익을 갖는다고 말하고 싶을 것이다. 그러나 색 주관주의자들은 이러한 이익은 잘 익은 과일과 익지 않은 과일 각각과 그것에 대한 색 느낌의 차이를 더욱 적절하게 연관 지을 수 있는 원숭이들에게 나타나며, 2색자보다는 3색자에게 필요한 상관관계를 확립하는 능력이 있다고 말해야 할 것 같다. 터무니없는 것은 아니지만, 후자의 설명에서는 원숭이들이 실제로 하고 있는 것들에 대해 과학적으로 믿기 어려운 묘사를 하고 있다. 상황을 기술하는 과학적으로 인정되는 방식은, 더욱 진보된 색 시각 체계가 그것을 가진 주인이 환경에서 현저한 차이를 더욱 잘 찾아낼 수 있도록 한다고 말하는 것이다. 그것은 상관관계의 문제가 아니라 인과관계의 문제이다.

색 객관주의자들에게 제기되는 문제는 앞서 논의된 설명이다. 색 객관주의자가 실재 색이라고 한 것이 무엇이든지 간에 그것은 진화론적인 생물학자가 적절한 환경적인 선택 요인으로 밝힐 것 같지는 않다. 표면 분광 반사율을 색과 동일시하는 색 객관주의자들을 다시 생각해보라. 이러한 객관주의자들은 색 시각 체계는 분광 반사율을 더 잘 감지하도록 진화되어졌다고 말해야 할 것이다. 진화론적인 생물학자는 시각 체계는 잘 익은 과일을 더 잘 감지하도록 진화해 왔다고 말할 것이다. 그리고 사실 우리들이 비슷한 주황색으로 인식하는 서로 다른 잘 익은 과일들도 서로 다른 분광 반사율을 가질 것이다. 따라서 비록 시각 체계가 분광 반사율에 대응하고 있지만 적절한 반사율 세트는 그것 자체의 어떤 독특한 물리적인 특징이 아니라 그러한 반사율을 만들어내는 물체의 영양적 가치에 의해 결정되어진다. 다시 말해서, 선택적인 요인은 분광 반사율이 아니라 잘 익은 과일들의 인지되는 색에서의 유사성과 인과적으로 동일시되어진다. 유사한 논쟁은 어떤 다른 객관주의자의 색에 대한 정의를 적용할 수 있을 것이다.

여기에는 표면 분광 반사율과 색을 특별하게 동일시하는 더 심각한 문제가 있다. 많은 물고기들에게 있어 표면색은 상대적으로 획일적인 푸른색의 물과 그럴듯한 먹이 혹은 포식자의 상 사이의 대비보다는 덜 중요할 것이다. 그래서 환경에 있어서 선택적인 요인은 반사율이 절대로 아니다. 나뭇잎 혹은 하늘 배경에 대조적인 날아다니는 곤충들을 먹이로 하는 몇몇 새들에게 있어서도 동일할 것이다. 이러한 경우에 있어서 각각의 시각 체계의 진화에 있어서 선택적인 일을 하는 것은 반사율이 아니라 색 대비이다.

색 식별에 대한 비교 연구는 자연스럽게 서로 다른 색 시각 체계의 진화론적인 발전을 고려하도록 이끌고 있다. 그러나 진화론적인 해석은 단지 유기체 내부 작용 혹은 외부 환경에만 초점을 맞출 수가 없다. 이것은 유기체와 진화를 몰아가는 유기체 주변 환경 사이의 상호작용이다. 아마도 색 식별을 이해하는 최상의 방법은 실제 세계 혹은 유기체에는 초점을 덜 맞추고 둘 사이의 상호작용에 더 초점을 맞추는 것이다.

실제 세계와 유기체 사이의 상호작용에 대해 생각하는 것은 색 주관주의와 색 객관주의가 가진 어떤 근본적인 문제를 제안하고 있다. 양쪽 모두는 한 종류의 물체가 갖는 특성으로서 색을 이해하고자 시도하고 있다. 객관주의자들에게 있어서 이것은 빛 혹은 표면의 어떤 특징이다. 주관주의자들에게 있어서 이것은 시각 체계의 특징이다. 아마도 간단하면서도 명확한 제안은 이것은 양쪽 모두의 특징이라고 하는 것이다. 철학적인 용어로서, 아마도 색이라는 용어는 *단자(monadic)*[8]로서가 아닌 *상관적인(relational)* 술어로 가장 잘 이해될 수 있다.

8) '무엇으로도 나눌 수 없는 궁극적인 실체'를 뜻함. 출처: naver 어학사전

색 관점주의

색 식별에 대해 이야기하는 데 있어 Giere에게 정확한 것으로 보이는 가장 좋은 진술은 색 식별에 대한 Hurvich의 선구자적인 글에 나타나 있다.

> 이제 물체색은 그 자체에서의 물리적인 빛의 복사도 아니고 물체가 본래 가지고 있는 무엇도, 전적으로 물체의 화학적인 구조와 관계가 있는 것도 아니며, 관측자의 눈과 뇌에서 발생하는 신경 자극이지도 않다는 것은 명백한 것이다. 물체의 색에 대한 우리의 인식은 이러한 모든 요소들이 포함되어있다는 것이다; 다시 말해 물리적으로 화학적으로 다른 물체에 의해 다른 방식으로 선택적으로 흡수되고 반사되는 빛의 복사가 있고, 물체로부터 온 광선이 망막에 상으로 맺힐 때 물체색은 색에 대한 시각 경험과 관련된 복잡한 일련의 신경계의 사건들을 만들어낸다(Hurvich, 1981, p.52).

여기에 표현된 견해는 "색 상호작용 설"이라고 불릴 수 있을 것이다. 색은 환경 상황과 진화된 인간의 시각 체계 사이의 *상호작용*의 산물이다. *상호작용*은 Palmer에 의해 사용된 바로 그 용어이다. Giere는 이전에 색 주관주의에 대한 그의 명확한 진술을 인용하였다. 그러나 바로 이어지는 인용 문구에서 그는 다음과 같이 이어 나갔다: 즉 "우리가 보는 색은 물체의 물리적인 특징과 색이 나타나게 그것들을 우리가 볼 수 있도록 만들어주는 빛에 기초하고 있으나 이러한 물리적인 특징들은 우리가 인지하는 색과 중요한 방식에 있어서 다르다. 색은 주변 환경에서의 실제 빛과 우리의 시각 신경 체계 사이의 복합한 상호작용의 결과로써 더욱 정확하게 이해된다"(Palmer, 1999). Giere의 의혹은 눈 과학자들은 주관주의와 상호작용 설 사이를 구별하지 않으려 한다는 것이다. 왜냐하면 상호작용은 부분적으로 주관주의로 간주되어질 수 있기 때문이며 객관주의를 간단하게 배제시키는 데 충분하기 때문이다. '주관주의적'과 '객관주의적' 사이 혹은 Parker의 이전의 단어들인 '심리학적인'과 '실제적인' 사이의 전통적인 양분을 생각해 볼 때, 그들은 주관주의의 편에 가세하고 있다.

Giere가 좋아하는 견해인 *색 관점주의*는 색 상호작용 설의 불균형적인 형태이다. Giere는 불균형적인 형태를 좋아하는데 그 이유는 그가 상호작용의 인간

쪽을 강조하기를 원하기 때문이다. Giere는 전형적인 인간은 색이 있는 시각으로 세상을 경험한다고 말하고자 한다. 우리 인간들은 세상에 대한 특별한 인간의 관점을 가지고 있다. 세상은 우리에 대해 특별한 관점을 가지고 있지 않다. 그것은 우리에 대해 관심이 없다.

색 관점주의는 내부적으로 타당성이 있는 각각의 견해를 주고 있는 색 주관주의와 색 객관주의 모두의 특징을 포함할 수 있는 커다란 장점을 가지고 있다. 이것은 공감각의 주관주의와 단순한 약물과 관련된 색 경험들을 수용한다. 왜냐하면 색 시각 체계는 뇌 자체의 내부적인 활동에 의해 활성화될 수 있기 때문이다. 이것은 또한 많은 물체들의 비교적 지속적인 특징들인 것으로 보이는 색을 만드는 인간의 시각 체계와 세계 양쪽 모두의 특징들을 모두 고려한다. 그러나 이것은 석양 혹은 무지개와 같은 더 일시적인 색 경험에 대한 여지를 남겨 놓는다. 하늘이 파란색이라는 더욱 친숙한 사실 조차도 관점적인 용어에서 잘 이해될 수 있다.

말할 필요도 없이, 색 관점주의는 색 과학의 발견들을 포함하고 있다. 그리고 과학 그 자체와 같이 이것은 새로운 발견에 관하여 제한이 없다. 특히, 색 식별에 대한 신경과학은 오늘날 매우 활발한 연구 분야이다.

관점주의는 색 식별에 대한 비교 연구들에서도 좋은 의미를 가지고 있다. 만약 인간들이 세상에 대한 특별한 색에 대한 관점을 가지고 있다면 원숭이, 새, 물고기, 고양이, 그리고 개도 그럴 것이다. 관점은 서로 다른 종에 대해서는 다르지만 이것은 여전히 색에 대한 관점이며 우리는 이러한 서로 다른 관점들에 대해 배울 수 있다. 2색자와 다른 3색자에 대해서 우리는 그들에게 세상이 어떻게 보이는지, 물론 비록 그들의 주관적인 경험을 모의실험할 수는 없겠지만, 모의실험할 수도 있다. 4색자 혹은 5색자에 대해서는 우리는 그들의 시각적인 상을 모의실험할 수조차 없다. 우리는 2색자와 3색자의 색 시각 체계가 어떻게 작용하는지에 대한 우리의 서술적인 지식을 보충하기 위해서 2색자의 색 식별로부터 3색자의 색 식별에 대한 진행 과정을 유추할 수 있을 뿐이다.

Giere는 시각 관점에 대한 몇 가지 일반적인, 희망하건데 관점에 대해서는 더욱 일반적인 교훈을 이끌어내고자 하였다. 완전한 적록 색맹으로 고통 받고 있어서 2색 색 식별만을 하는 사람의 관점과 전형적인 3색자 사람의 관점을 비교해보자. 3색자에게 있어 초록색과 빨간색 문양을 가진 양탄자를 두 사람 모두가 보고 있다고 상상하자. 2색자는 단지 일정한 희미한 파란색으로 볼 것이다. 한쪽의 색 경험은 현실적이고 다른 쪽은 잘못되었다고 말할 수 있을까? Giere는 그렇게 생각하지 않는다. 양탄자가 '실제로', 즉 객관적으로 가지고 있는 색은 없다. 다만 양탄자의 색은 2색자에게 그리고 3색자에게 보이는 색으로 보일 뿐이다. 만약 또 다른 3색자가 문양이 빨간색이라기보다는 주황색이라고 주장한다면 진정한 의견 충돌이 있는 것이다. 다른 2색자인 누군가가 양탄자가 일정한 옅은 노란색이라고 주장할 때가 유사한 경우다. 그러나 2색자와 3색자의 경험은 갈등을 일으키지 않으며 다만 다를 뿐이다.

물론 차이는 진정한 차이이다. 차이를 표현하는 한 가지 방식은 3색 시각 체계가 다르다는 것뿐만 아니라 환경으로부터 더 많은 색의 정보를 추출할 수 있는 능력이 있다고 말하는 것이다. 2색자의 색 경험으로부터 3색자의 색 경험을 되찾는 것은 불가능하다는 결론이 뒤따른다. 그렇다고 3색자의 색 경험으로부터 2색자의 색 경험을 되찾는 것이 가능하다는 결론이 되지는 못한다. 조건 등색적으로 동등한 분광 반사율의 존재는 3색자의 눈에 도달하는 분광 반사율에 대한 어떤 정보가 진행과정에서 손실이 생긴다는 것을 보여준다. 따라서 비록 사람들이 2색자 체제의 색에 관한 특징을 알고 있다고 할지라도, 사람들은 어떻게 알려지지 않은 분광 반사율이 2색자 체제와 상호작용하는지 알 수 없다. 그러나 서로 다른 관점들은 항상 양립할 수 있다는 것은 색에 관한 시각 관점의 일반적 특징인 것으로 보인다. 서로 다른 색 체계 사이의 진정한 불일치를 만들어내는 것은 없는 것으로 여겨진다. 그들은 단지 다를 뿐이다.

마지막으로 어떤 형태의 관점주의에 대한 흔한 반대는 이것이 원하지 않는 상대성을 유도할 수 있다는 것이다. 그러나 색 식별을 관점적으로 이해함에 있어서 색에 관한 시각 체계의 특별한 형태가 상대성이긴 하지만 상대성이 불쾌할 필요는 없다. 3색의 시각은 널리 공유되고 있고, 한 종에만 관련된 특성이며, 한 번 언어 공동체 속으로 동화되면 개인들은 그들의 대중적인 색 판단에 매우 크게 제약을 받게 된다. 따라서 신뢰할 수 있는 상호 주관적인 판단으로써 객관성을 이해한다면 색 판단은 매우 객관적인 것이 된다.

그러나 우리는 더 이상 말할 수 없는가? 서로 다른 시각 체계는 그들이 모두 하나의 그리고 동일한 환경과 상호작용하는 진정한 갈등을 만들어내지 않는다는 이유가 아닌가? 특히, 주어진 시간과 장소에서 전자기파 복사의 전체 스펙트럼은 고유한 것이 아닌가? 따라서 주어진 동일한 장면에서 서로 다른 색에 관한 체계는 서로 다른 상들을 만들어내지만 항상 양립될 수 있다. 세상의 독특성은 서로 다른 관점의 양립 가능성을 보장한다.[9)]

세상의 독특성은 형이상학적인(metaphysical) 원칙으로서 전형적으로 받아들여질 수 있는 명백한 예이다. 그러나 이것은 그렇게 간주될 필요가 없다. 이것은 단지 방법론적인 추정으로 이해될 수 있다. 세상에 대한 과학적인 조사에 있어서, 우리는 세상에 대한 유일한 인과적 체계가 있다고 추정한다. 그러나 우리는 이러한 추정을 선험적으로 판단할 필요는 없다. 이것은 우리의 추론에 있어 전제로서 작동하지 않는다. 이것은 만약 우리가 겉으로 보이는 갈등적인 관점을 화해시키는 데 성공한다면, 사실 이후에 정당화되는 것은 우리 행동의 추정이다.

결정론의 개념에 대한 역사는 여기서 유용한 유사점을 제공한다. 18세기와 19세기에, 결정론은 종종 과학에 대한 방법론적 추정으로 간주되었다. 따라서 20세기 초반의 양자 이론에서의 비결정론의 수용은 많은 사람들로부터 형이상학적인 위기로 간주되었다. 그것은 그렇게 간주될 필요가 없었다. 결정론은 단지 자연 현상의 결정론적 모델을 찾기 위한 방법론적인 처방으로 이해되어왔다. 그러한 처방으로서, 그것은 매우 오랜 시간 동안 성공적이었고 많은 과학 분야에서 여전히 유용하다. 그것은 원자적 그리고 아원자적 현상에는 실패하였

---

9) 물체의 어떤 속성 값이 다른 물체의 속성들과 비교해서 유일하다는 것. Pinker(1990)는 추상적인 선천성 원리(innate principle)가 형태론에서 어떻게 작동할 것인지를 보여주는 적절한 예를 제공했다. 즉 언어에 대한 우리의 암묵 지식에는 선천적으로 내장되어있는 독특성 원리(uniqueness principle)가 있다는 것이다. 예를 들면 동사의 과거 시제 형태가 단 하나만 있다는 것을 언어 사용자에게 말해 주는 암묵 지식이다. '독특성 원리' 를 참조한다. 출처: 실험심리학용어사전

다. 이것은 대부분 방법론적인 위기로 간주될 수 있었다. 더욱 최근에는 원자적인 수준에서의 비결정론의 수용은 더욱 거시적인 현상에 대한 원래의 방법론적인 격언에 대한 제한을 필요로 하고 있다.

인정하건데, 과학자들이 주어진 현상 뒤의 유일한 구조를 추정하는 격언을 부득이하게 제한해야 한다고 느끼는 상황을 상상하는 것은 어렵다. 그것은 동일한 방사성 원소의 서로 다른 표품들이 서로 다른 반감기를 가지고 있다고 결론짓는 것과 비슷한 어떤 것이 필요할 것이고 이러한 차이에 대한 더 자세한 설명은 불가능하다. 그럼에도 불구하고, 이러한 상상의 실패는 세상에 대한 단일한 구조를 추정하는 격언을 방법론적인 원칙의 상태로 승격시키는 것을 정당화하지 못한다. 이는 과학적 실행에서의 잘 확립된 격언으로 간주될 필요도 없다.

Giere의 의도에 의하면 아마도 관점의 가장 중요한 특징은 그것이 항상 부분적이라는 것이다. 한 장면을 바라볼 때, 전형적인 3색자 인간은 모든 전자기파 복사의 단지 좁은 범위에 의해서만 시각적으로 영향을 받는다. 특히, 자외선과 적외선 부근의 파장들은 단순하게 시각적으로 감지되어지지 않는다. 그리고 물론 감마선과 중성미자를 시각적으로 감지하는 것은 불가능하다.

1934년 Jakob von Uexkull은 오늘날 과학적으로는 구식이지만 매력적인 "동물과 인간의 역사를 통한 산책: 보이지 않는 세계에 대한 그림 책"이라는 제목의 글을 출판하였다. 이 작품에서 그는 특별한 유기체에 의해 인지되어지고 행동되어질 수 있는, 그가 환경(Umwelt)이라고 부르는, 세상의 특징에 대한 이론을 발전시켰다. 그는 진드기로부터 개와 사람에 이르기까지 일부 유기체에 대한 환경(umwelt)을 구성하였다. Uexkull의 환경(umwelt)은 Giere가 관점이라고 부르고 있는 것의 더 정교한 설명이다. 그의 것은 서로 다른 관점에 대한 부분성에 대한 극적인 표현이다. 그러나 Uexkull의 생각하는 방식은 출발부터 Giere가 명쾌하게 피하고자 하는 것이 있다.

그의 논문 제목이 지시하고 있는 것처럼, Uexkull은 '서로 다른 세상을 살고 있는' 다양한 유기체에 대해 생각하고 싶어졌다. 이것은 위험한 비유가 될 수 있으나 종종 그렇지 않다. Giere가 생각하기에는 우리 모두가 살고 있는 유일한 하나의 세상이 있다는 방법론적인 원리를 재확인하는 것이 훨씬 더 바람직하다. 주어진 우리의 서로 다른 생물학적인 본성들에 대해, 우리는 세상의 서로 다른 양상과 자연스럽게 상호작용한다. 이런 의미에서, 우리는 서로 다른 관점으로 그것을 본다. 그러나 우리는 그것들 모두를 단일한 하나의 세상에 대한 관점들로 간주해야 한다. 우리 인간들은 우리가 볼 수 있고 상호작용하는 세상으로부터의 관점을 더 크게 확대하고 강화할 수 있는 도구를 만들어낼 수 있는 이점을 가지고 있다.

거기에는 피해야 할 하나의 마지막 함정이 있다. 다른 사람들에 더하여 Hilary Putnam(1999)이 주장한 것처럼, 현대 철학(대부분 인식론을 의미하고 있는)에서 오랫동안 우리는 세상에 대한 우리 자신의 표상을 인지하고 있다는 이러한 생각에 사로잡혀 있어왔다. Giere가 우리는 세상에 대한 색을 띤 관점을 가지고 있다고 말할 때, 그는 우리가 세상에 대한 색을 띤 표상을 경험한다고 하는 것을 의미한 것은 아니다. 그것은 우리가 주어진 우리의 생물학적 본성으로 우리 존재 속의 결과가 그들의 겉으로 보이는 색에 의해 물체와 다른 현상들을 구별할 수 있는 세상과의 상호작용을 경험한다는 것을 의미한다. 달리 말하자면, 우리는 그 자체로의 세상의 여러 측면들을 인지하며 우리의 특별한 감각 능력에 의해 그러한 측면들이 결정되어진다. 색에 관해 이러한 일이 어떻게 발생하는지는 색 과학에 의해 설명되어지고 있다.

끝으로 인간으로 실험한 주제에서, 색 과학자들은 마음 혹은 의식에 대한 본성 혹은 세상에 대한 의식과 경험과의 관계에 대한 어떤 특별한 철학적인 전제를 할 필요도 없다는 것에 주목하라. 그들은 단순히 인간의 감각 능력들에 대한 세련된 상식적인 이해를 신뢰한다. 전형적인 실험들은 주의 깊게 통제되어진 보기(viewing) 상황 속에서 여러 조각의 중간색의 표면에 대한 겉보기 색들을 일치시키는 주제들을 필요로 한다. 이것은 교정용 안경을 위해 한 사람이 눈을 점검하는 보통의 경험들과는 조금 다르다. 여기에 어느 정도 캄캄해진 방 속에서 중간색의 스크린 위에 투영되어진 글자들을 두 눈을 통해 보는 도구를 통해 바라보고 있는 환자가 앉아있다. 시력 측정 의사가 서로 다른 렌즈 조합 사이에서 앞뒤로 바꿔가면서 질문한다: “1번 **혹은** 2번 렌즈 중 어느 쪽이 더 선명한가요?" 아마도 "1번 **혹은** 2번?"을 반복한다. 환자가 아마도 다음과 같이 말하면서 답할 것이다: "1번이 좀 더 선명합니다.", "2번이 좀 덜 선명합니다." "나는 정말 어떤 차이도 말할 수가 없습니다." 그리고 대부분의 환자의 경우 결국 적절한 렌즈를 착용한다. 시력 측정 의사의 사무실의 통제된 상황 속에서 전형적인 환자의 능력에 대한 일반적인 지식에 의해 제공된 상식은 이것으로도 충분하다.

색에 관한 철학적 접근

색과 색 식별은 오랫동안 현대 철학의 주요 산물이었으며, Hume의 missing shade of blue(1888, p.6)가 아마도 가장 유명한 예일 것이다. 1988년에 C. L. Hardin은 그의 책, ≪Color for Philosophers: Unweaving the Rainbow≫에서 색 식별에 관한 철학적인 생각에 있어서의 조그만 부활에 불을 붙였다. 이 책의 주목할 만한 특징은 반대 과정 이론을 포함한 색 식별에 관한 동시대 과학으로부터의 많은 발견들을 소개하고 있다는 것이다. Hardin은 끝까지 색에 관한 주관론자의 설명을 변론하였다. 사실 주관주의는 궁극적으로 신경 생리학으로 축소될 수 있다. 그 이후로부터 많은 철학적인 문헌들은 객관주의의 여러 다양성을 지지하며 주관주의를 부인하는 데 매진해왔다(Byrne & Hibert, 1997) . 주목할 만한 예외가 Evan Thompson(1995)의 색 색별에 대한 상호주의자들의 설명을 촉진시킨 Color Vision: A Study in Cognitive Science and Philosophy of Perception이다.

Giere는 그의 책 ≪Scientific Perspectivism(2006)≫에서 이러한 논쟁들 속으로 더 이상 들어가지 않았다. Giere는 자신의 목적을 위해 이미 색 식별에 접근하는 주관주의자와 객관주의자 모두에 대해 말할 필요성이 있다고 말했다. 되새겨보면, 그러한 목적은 일반적인 과학적 틀 속에서부터 과학적 지식은 색에 관한 우리의 지식이 관점적이라는 방식과 매우 유사한 방식으로 관점적이라는 것을 보여주는 것이다. 그럼에도 불구하고, Giere는 그의 철학적인 독자들의 몇몇 관심을 누그러뜨리기 위하여, 몇 가지 일반적인 언급들을 준비하였다.

색에 관한 많은 당대의 논의들은 17세기에서부터 인정된 제1성질과 제2성질 사이의 구별을 받아들이고 있다[10]. 사실 17세기의 상황에서 이러한 구별은 문제가 없는 것이 아니다. 실제로 비록 이러한 상황에서 '과학'과 '철학' 사이의 구별이 문제가 있음에도 불구하고, 구별을 한 동기는 아마도 철학을 진보시키기보다는 새로운 기계론적인 과학의 원인을 더욱 발전시키기 위해 존재해 온 것처럼 보인다. Galileo, Descartes, Boyle, Newton의 새로운 기계론적 철학은 모든 사물을 수학적으로 나타낼 수 있는 속성들인 크기, 모양 그리고 작은 혈구들의 운동이라는 측면에서 설명하려고 하였다. 이러한 환경은 왜 이러한 속성들이 '제1'로 지명되었는지를 설명하기 위해 오랫동안 지속되어왔다. '제1성질'에 의해 나중에 설명되는 다른 모든 속성들은 암묵적으로 단지 '제2성질'이다.

Thompson(1995) 역시 강조하였던 것처럼, 색에 대한 초기 근대의 설명들은 Locke와 같은 단일 인물의 저서에서조차도 모호하게 기술되는 경향이 있다. 때때로 (일반적으로 제2성질인) 색은 순수하게 주관적인 경험인 것으로 묘사되어진다. 다른 때에서는 인간의 이러한 주관적인 경험들을 만들어내기 위해 육안으로 보이는 물체를 구성하고 있는 미세한 입자들의 제1속성들의 '능력' (혹은 '성향')으로 정의되어진다. 이러한 차이는 색에 대한 '주관적인' 그리고 '객관적인' 설명 사이의 동시대의 대조와 유사한 것이라고 해석되어질 수 있다. 성향적인 설명(dispositional version)은 일반적인 유물론(또는 물질주의)과 어떤 지

10) 영국의 철학자 J. 로크의 인식론(認識論)에 관한 중요한 용어. 제1성질은 고체성(固體性) · 연장(延長) · 형(形), 운동과 정지, 수(數) 등을 말하며, 제2성질은 빛깔 · 소리 · 맛 등을 가리킨다. 전자는 객관적 · 수학적 · 물리학적이며, 후자는 주관적 · 심리학적인 성질로서, 로크는 전자를 물질의 본질을 이루는 것으로 생각하였다. 로크는 이러한 구별을 R. 데카르트나 G. 갈릴레이 등에게서 이어받았는데, 고체성을 제1성질로 한 것은 데카르트와의 중요한 차이로서 뉴턴물리학의 질량의 개념에서 영향을 받았다고 지적된다. 또한 로크의 이러한 생각 배후에는 다수의 근대 자연과학자가 가정해 온 감각의 유물론적 발생(唯物論的發生)에 관한 설명이 있었다. 그러나 로크의 구별은 G. 버클리, I. 칸트 등으로부터 인식론적으로 부당하다는 비판을 받았다. 출처: 네이버 백과사전

각하는 사람을 제외한 세계의 물리적 특징으로의 색의 진정한 물리적인 환원 사이의 이미 기술된 추가적인 모호함에 대한 문제로 해석되어질 수 있다. 어떤 특수한 상황에서 인간의 시각 체계의 물리적인 작업과 함께 빛의 물리적인 구조가 정상적인 관찰자의 색 경험을 결정한다는 것은 보통 과학적으로 옳다. 그러나 가설되어진 '능력'의 역할을 할 수 있는 현대의 물리적인 과학에 의해 알려진 어떠한 속성 또한 없다. 거기에는 단지 물리적인 속성들의 괴리만이 있으며 그것들의 유일한 통합된 특징은 정상적인 관찰자의 동일한 경험을 만들어 낸다는 것이다. 고전적인 저서들 속의 어떤 구절들이 상관적인지 혹은 관점적인지 밝힘으로써 이해되어질 수 있든지 간에, 색에 대한 견해는 판단하기에 Giere는 자신의 능력을 넘어선다고 생각한다. Giere는 단지 색에 대한 합리적인 견해가 색이 단지 '제2'의 속성이라는 주장과 동일하다고 하는 것은 오해(만약 명백하게 잘못이 아니라고 한다면)를 사기 쉽다고 생각한다.

과학철학자로서, Giere는 색에 대한 철학을 색 과학철학으로 기술하고 있다. 따라서 이것을 물리학에 관한 철학 혹은 생물학에 관한 철학과 나란히 놓아둘 것이다. 그러나 과학철학자들 사이에서조차 물리학에 관한 철학자 혹은 생물학에 관한 철학자들이 무엇을 해야만 하는지에 대해 깊은 의견 차이가 있다. 몇몇은 과학철학은 철학자들은 양자 역학에서의 측정의 문제 또는 진화론에서의 선택의 본성과 어느 정도 같은 (실험적이기 보다는 주로 이론적인) 문제에 대해 과학자들이 하는 것 같은 시도를 한다는 의미에서 과학과 연관되어있어야만 한다고 생각한다. Giere는 이러한 접근을 가장 좋게 이야기해서 잘못 이해하고 있고, 가장 나쁘게 말해서 오만하다고 여긴다. 그것은 문제에 대한 인식과 가능한 해법이 심각하게 받아들이고 있는 그들 자신의 내부 기준을 지닌 학문의 경계를 초월하고 있는 전적으로 추상적이고 이론적인 문제라는 것을 전제한다는 의미에서 잘못 이해된 것이다. 과학자들은 만약 그러한 사람들이 처음에 어떻게든 비록 완전하게 불가능한 것은 아니지만 매우 어려운 일인 관련 있는 과학계의 일원으로 자리 잡지 않았다면 철학자나 혹은 다른 사람들을 심각하게 받아들이지 않으려 한다. 이러한 접근은 과학 분야 속으로 교육과 사회화의 표준적인 과정을 살펴보지 못한 어떤 사람들은, 그 분야의 과학자들이 할 수 없는 문제를 실제로 인식하고 풀어낼 수 있다는 것을 전제하고 있다는 점에서 오만하다. 철학자들은 분리된 공동체를 창조하는데, 양자 역학 이론 철학자라고 부르는 것처럼, 그들의 일원들과는 일차적으로 서로서로 의사소통하고 물리학 분야의 이론가들의 공동체와는 단지 약하게 상호작용하는 모습이 전형적으로 발생한다. 철학자들에 의해서 적힌 색 식별에 관한 많은 저작들은 이러한 특징들을 보여준다. 해석은 색 과학에는 낯선 방법인 언어 철학, 심리 철학, 형이상학, 인식론으로부터 유래된 방법들을 적용한다.

더욱 더 최근의 색 과학에 관한 철학에 대한 접근은 교육받은 비전문가뿐만 아니라 과학 연구 공동체(과학에 대한 사학자, 철학자, 그리고 사회학자)의 일원들이 이해할 수 있도록 개략적으로 색 과학에 관한 실행과 결과를 기술하는 것이다. 여기에 누군가가 액면가로 과학을 받아들이고 있으나 과학자들이 그들 자신들에게 혹은 일반 대중들에게 그들의 과학을 특징짓거나 보여주는 방식을 어쩔 수 없이 받아들일 필요는 없다. 따라서 예를 들어, 색 과학자가 색은 ‘주관적인’, ‘심리학적인’, 혹은 ‘뇌 속의 과정’이라고 주장할 때, 그들은 과학을 보여주지 않고 그들 과학의 더욱 일반적인 특징을 제공한다. 색 과학자들은 이러한 더욱 일반적인 특징들을 소유하지 않고 사실 이러한 더욱 일반적인 주장들에 함축되어있는 것을 더 잘 이해할 수 있는 외부인에 의해 합법적으로 도전받을 수 있다. Giere는 색은 완전하게 객관적이지도 전적으로 주관적이지도 않으며, 물질적인 세계의 일부의 속성도 주관적인 경험의 속성도 아니며 인간 관찰자와 물질적인 세계 사이의 상호작용의 속성이라는 것이 가장 좋은 생각이라고 생각한다.

물론 색 과학에 관한 철학에 대한 Giere의 태도는 그의 책 전체 기획에 적용되고 있다. Giere는 Weinberg 혹은 Glashow와 같은 물리학자들의 물리학 자체에 대해 질문하지 않았다. 그는 단지 자연에 대한 참된 법칙의 발견이라는 완전한 객관주의자의 용어 속에서 그들의 기획의 일반적인 특징을 물어봤다. 이러한 특징은 물리학의 부분이 아니라 그들의 기획에 대한 해석이다. 이것은 아는 것이 많은 외부인들에 의해 정당하게 질문될 수 있다.

마지막으로 색에 대한 상식적인 주장들로 돌아가 보자. 몇몇 철학자들

(Stroud, 2000)은 색을 수반한 많은 상식적인 주장들이 예를 들어 "잘 익은 레몬은 노란색이다"라는 것이 명백하게 *사실*인 것으로 보인다는 사실에 깊은 인상을 받았다. 상식적인 관점으로부터 그러한 주장이 거짓이라고 말하는 어떤 이는 레몬에 대해서 많이 알고 있지 못하거나 혹은 아마도 레몬이라는 용어의 의미를 잘못 이해하고 있는 것이다. Stroud는 일상생활 속에서 그러한 주장의 유행은 색 식별에 대한 그가 '정체를 드러내는 설명'이라고 부르는 것, 즉 그 물체가 '실제로 색을 지닌 것이 아니다'라는 주장의 개념적인 가능성을 약화시킨다고 주장한다. 그의 주장은 너무 길고 여기에서 요약하기에는 너무 뒤얽혀 있다. 그러나 참이 되는 것이 상식적인 색 판단에 의존되는 한에 있어서는, 그의 주장은 의심스럽다.

Stroud 그 자신을 포함하여, Giere가 추정하는 많은 철학자들은 '잘 익은 레몬은 노란색이라는 것은 사실이다'라는 문장이 '잘 익은 레몬은 노란색이다'라는 문장과 정확하게 동일한 경험적인 내용을 지니고 있다는 데 동의한다. 전자는 단지 후자와 동일한 경험적인 주장을 하는 메타언어[11]의 방식일 뿐이다. 잘 익은 레몬이 노란색이다는 것을 단순하게 주장하기 보다는 사람들은 잘 익은 레몬은 노란색이다는 문장의 진실성을 주장한다. 이러한 메타언어적 변화를 만드는 능력은 진보된 언어를 위해 유용한 아마도 필요하기까지 한 자원이다. 그것이 무엇이건 간에 그것은 많이 논쟁된 철학적인 주제이다(Künne, 2003). 그러나 상식적인 것에 속할 수 있는 것보다는 참이라는 더 많은 개념을 만들어 내는 것 없이는. Stroud의 결론은 단순하게 결과가 나오지 않는다.

Giere는 이미 사람의 색 식별에 대한 특징들, 예를 들어 백색광에 대해 상대

11) 대상을 직접 서술하는 언어 그 자체를 다시 언급하는 한 차원 높은 언어. 고차언어(高次言語)라고도 한다. 이런 경우 차원이 낮은 제1의 언어를 대상언어(對象言語)라고 한다. 가령 '4+4=8'은 수(數)라는 대상에 관해 말한 대상언어이나, '4+4=8은 산수의 명제이다'는 메타언어이다. 이 양자는 상대적인 것이어서 메타언어라 할지라도 보다 높은 메타언어에 대해서는 대상언어가 될 수 있다. 메타언어는 모리스가 명명한 기호론(記號論)의 3분야, 즉 문장론(syntactics)·의미론(semantics)·어용론(語用論: pragmatics)에 따라서 유형화될 수 있다. 출처: 네이버 백과사전

적으로 짧은 파장, 색 불변성, 사람들 사이에서 색맹이 발생하는 정도가 낮음을 이야기하였다. 이러한 특징들은 왜 사람들이 일반적으로 근거 없이 색을 물체에 속한 것으로 생각하는지를 설명하는 데 크게 도움이 된다. 비록 우리가 그러한 탓으로 돌리는 것이 보통의 3색자 사람들의 시각 체계에 관계하고 있다고 인정하고 있지만 이러한 행위는 상당히 이해 가능한 것이다. 이것은 어떻게 사람의 시각 체계가 이러한 상대성을 인식하도록 작동하는지에 대한 매우 깊은 과학적 이해를 필요로 한다.

많은 철학 교수들은 아무도 들은 사람이 없다면 숲에서 나무가 쓰러지면서 소리를 만들어낸 것인가 하는 오래된 질문을 들었을 때 입문 과정의 학생들이 얼마나 혼란스러워지는지를 보아왔다. 상식이 준비되어있다면 이것은 문제가 되지 않는다. 이것은 일상의 삶에서 좀처럼 발생하지 않는다. 표준적인 답변은 다음과 같다. 쓰러지는 나무는 근처의 소나무에 달려있는 솔방울을 흔들어 대는 것과 같은 물리적인 효과를 일으키는 압력파를 만들어낼 것이다. 그러나 이러한 압력파로부터 만들어진 소리들은 그 일이 발생한 근처에 정확한 인지자가 있어야만 인식될 수 있으며, 그리고 그러한 소리의 특징이 문제의 청각 체계의 특징에 의존하는데, 예를 들어 사람과 늑대에 따라 다르다. 이미 제시한 여러 종류의 이유로 비록 물체의 색에 대한 상식적인 인식이 훨씬 더 강한 것이지만 이러한 상황은 색에 대해서도 비슷하다.

소리와 색에 대해 유지되는 무엇인가는 일반적으로 상식에 대해서도 유지된다. 비록 이들의 경계가 모호하고 다른 문화 그리고 다른 시대에 따라서도 달라지지만 거기에는 세상에 대한 상식적인 관점이라고 부르는 무엇인가가 있다. 그것은 대부분의 사람들이 형식적인 교육 이전의 가정교육 때문에 시작하게 되는 관점이라는 것이다. 그리고 이것들은 그 속에서 우리가 대부분 별 생각 없이 조작하고 심지어는 다른 학문의 이점, 특히 과학적인 관점을 배운 이후에도 남아있는 관점이 된다. 그러나 상식적인 관점이 우리가 이해할 수 있는 것의 주변을 관통할 수 없는 경계를 만들어내는 것은 아니다. 우리는 그러한 경계들을 초월할 수 있고 17세기 이후로 해오고 있다.

실제 과학 활동에서의 관찰

그 누구도 현대의 과학자들의 주장은 어떤 의미에서 자연에 대한 관찰에 근거를 두고 있다는 사실에 의문을 갖지 않는다. 문제는 자연을 관찰하는 과학적인 과정을 어떻게 이해할 것인가 하는 것이다. 그 첫 단계는 오늘날 사실 거의 모든 과학적 관찰은 기계 장치와 관련이 있다는 것을 아는 것이다. Giere는 기기를 활용한 관찰은 '보통 사람의 색 식별이 관점적이라는 것과 거의 같은 방식으로 관점적이다'라고 말하고 있다. 사실 인간의 시각 체계는 우리 주위를 둘러싸고 있는 세상을 관찰하기 위한 기구로 생각될 수 있다.

몇몇 역사학자들은 과학적인 기구의 발전은 어떤 관찰되어진 것에 대한 주장에 있어 개인의 주관적 판단을 감소시킨다는 생각에서, 과학적 관찰을 객관적으로 만들고자 하는 희망에 의해 대단히 급격히 이루어져왔다고 주장해왔다. Giere 역시 이러한 분석에 동의를 하고 있다. 사실 많은 측면에서 기구들은 인간의 관찰보다는 더 그럴듯한 부분들이 존재하다. 그럼에도 불구하고, 예를 들어 인간의 색 식별조차도 근본적으로는 대부분의 기구에 의한 관찰보다도 더욱 관점적이다.

일반적으로 과학적인 기구들은 그 기구들의 환경적 측면에서 제한된 범위에만 관계하므로 관점적이다. 인간의 시각 체계는 단지 전자기파 복사에만 관계하며 보통의 현미경이나 망원경들도 그러하다. 이러한 체계들은 모두 우주선이나 중성미자에 대해서는 아무것도 볼 수 없다. 그러나 그것들이 관계한 세상의 이러한 측면(전자기파 복사)조차도 반응에는 한계가 있다. 인간의 시각 체계는 단지 가시광선 영역에서의 전자기파 복사에만 반응한다. 카메라는 필름 혹은 최근에는 디지털 센서에 맞는 복사에 대해서만 반응한다. 이러한 것은 현미경이나 망원경에서도 동일하다. 마지막으로 민감 범위 내에서조차도 인간의 시각 체계처럼 기구들도 이론적으로 구분되는 입력 신호들을 구별하는 능력의 한계를 가지고 있다. 입력과 출력 사이의 관계는 항상 어느 정도 다 대 일의 관계를 가지고 있다. 이런 관계의 본성은 어떤 특별한 기구의 관점들 중 하나이다.

그림 5-11의 삼렬성운(Trifid Nebula)의 컬러 원본 그림은 사람들이 광학 망

그림 5-11 삼렬성운

원경을 통해서 볼 수 있는 색이 아니다. 그 빛은 충분히 밝지도 않고, 필름 또한 사진의 색을 기록할 정도로 민감하지도 않다. 이것은 David Malin에 의해 만들어진 사진이다. 그 과정은 매우 감도가 좋은 10제곱인치의 흑백 사진 원판으로 작업을 시작했고, 붉은색 필터, 초록색 필터, 푸른색 필터를 사용해서 각각의 빛만을 흑백의 음판에 25분간 노출시켰다. 각각의 음판을 이용해서 흑백 필름에 인화하였다. 필터를 사용해서 만든 컬러 필름은 원래 그 색에 대해 흑백의 이미지로 기록되어지고 다시 인화할 때도 필터가 사용되어진다.

과학적 관찰은 우리가 선택된 실재의 한 측면과 상호작용하는 기구의 본성에 의해 항상 조정되어진다. 이러한 의미에서 과학적 관찰은 항상 관점주의적이다. 여기에 소개된 삼렬성운은 '그것 자체가 있는 그대로'의 단순한 관찰이 아니라 Malin의 삼색과정에 의해 제공된 관점에 의한 관찰이다.

06
과학적 관찰과 도구

과학자들이 과학 활동에서 과학적 관찰을 함에 있어서 도구가 어떤 역할을 하고 있는지 알아보기 위해서 지구물리학 분야에서 이루어지는 실례를 통해 살펴보기로 한다.

지진파 탐사

현재 우리는 지구 내부의 엄청난 열과 압력으로 인해 지구 내부에 대해 직접적인 관찰을 하지 못하고 있다. 하지만 사람들은 현재 지구 내부에 관해 많은 것을 이야기하고 있다. 예를 들어 지표로부터 지구 중심까지 지각, 맨틀, 외핵, 그리고 내핵이 존재한다는 것과 맨틀을 이루는 물질과 핵을 이루는 물질이 매우 다르다는 것들이 그런 것들이다. 이러한 내용들은 주로 지진파 자료 해석을 근거로 이루어졌다.

크로아티아의 지진학자인 Mohorovičić는 1909년 10월 8일 발생한 크로아티아 지진의 P파 주시곡선을 해석하던 중 진앙으로부터 약 200 km(각거리 약 2°) 지점에서의 P파 주시곡선의 기울기가 급격하게 변하는 것을 발견하였다. 이러한 현상은 지구 내부에서 지표보다 지진파의 속도가 갑자기 변할 때 나타나는 것으로 해석할 수 있으며 이러한 자료를 통해 지각과 맨틀의 경계가 되는 모호로비치치 불연속면을 제안하게 되었다. Mohorovičić가 제안한 불연속면은 현재까지 직접 관찰이 이루어지지 않았지만 지진파를 통해 관찰되었다고 말하고 있다.

이어 많은 지진학자들은 진앙으로부터 각거리 105° 사이에서는 대체로 일정한 진폭을 보이던 P파가 105°를 넘어서면 진폭이 현저하게 떨어지는 현상을 관측하였다. 이러한 P파는 142°가 지나서야 다시 강하게 나타나며 이러한 관측 결과로부터 Gutenberg는 각거리 105°~143° 사이에는 P파의 에너지가 거의 도달하지 않는 음영대(陰影帶: shadow zone)가 존재하며 이러한 결과를 만들어내는 지구 내부의 불연속면이 깊이 2900 km 깊이에 위치하고 있다고 주장하였다.

1920년대에는 보다 정밀한 지진계의 개발과 지진파 분석 자료를 토대로 각거리 110°~140° 사이에서 맨틀과 핵의 경계면 상에서의 회절 현상으로만은 설명하기 어려운 미약한 P파의 관측이 가능하였고, 이를 토대로 Lehmann은 핵을 두 층으로 나누어서 각각을 외핵과 내핵으로 구별하였으며 이 두 층의 경계를 리먼 면이라고 불렀다.

이와 같이 과학 기기의 발전과 더불어 자료 해석 기술의 발전은 보다 많은 과학적 사실을 알 수 있도록 만든다. 복잡한 지진 기상 자료를 일반인과 전문가가 같이 보게 된다면 일반인에 비해 전문가는 훨씬 많은 것을 이 자료를 통해 이야기할 수 있으며 그 자료를 바탕으로 새로운 과학적인 주장을 할 수 있을 것이다. 오늘날 누구나 쉽게 이야기 하고 있는 지구 내부의 층상 구조와 관련하여 과학자들은 지진 자료를 보고 결론을 이끌어내고 이를 일반인조차 객관적 사실로 받아들이고 있다.

지진파 해석에 있어서 우리는 지진파의 이동 경로를 추정할 수 있는데 그 주된 경로가 두 층의 경계면에서 발생하는 반사파를 이용하는 경우 반사법 탐사, 굴절파를 이용하는 경우 굴절법 탐사라고 한다. 굴절파는 두 층에서의 속도의 급변이 있는 경우에만 사용할 수 있는 반면, 반사파는 두 층에서의 속도 변화가 아주 심하지 않는 경우에도 사용할 수 있는 장점이 있어 지표 부근의 내부 구조를 파악하기 위해 널리 사용되고 있다. 지질학자들이 이러한 반사파를 사용하는 큰 이유 중 하나는 반사파를 이용하여 구한 자료는 흡사 지질단면과 유사한 단면 형태를 보여주기 때문이다. 앞으로 반사법 탐사를 이용하여 지구 내부의 단면을 만드는 과정을 순차적으로 간단히 살펴보겠다.

반사법 탐사의 기본 이론

반사법 탐사에서는 지하 지층의 경계면에서 반사되어온 파들의 파형을 기록하여 지하의 층서구조를 영상화한다. 그림 6-1에서 발파점 S에서 경계면 상의 C점으로 입사한 파는 반사의 법칙에 의해 입사각과 동일한 각도로 반사하여 발파점으로부터 지표면 상의 거리로 x만큼 떨어진 수진기 R에 도착하게 된다. 상층부에서의 지진파의 속도가 V_1, 두께가 h_1라고 하면 S점으로부터 출발한 지진파가 R점까지 도착하는 데 걸리는 주행시간 T_x는 다음과 같다.

$$T_x = \frac{2\mathrm{SC}}{V_1} = \frac{2}{V_1}\sqrt{\left(h_1^2 + \frac{x^2}{4}\right)}$$

이것은 다음과 같이 쓸 수 있다.

$$T_x^2 = T_0^2 + \frac{x^2}{V_1^2}$$

이때 $T_0 = 2h_1 / V_1$ 으로 이는 수직 입사한 반사파의 주행시간을 나타낸다. 따라서 이것을 거리 x 를 가로축으로, 주행시간 T_x 를 세로축으로 하는 그래프로 표현하면 쌍곡선으로 표현할 수 있다.

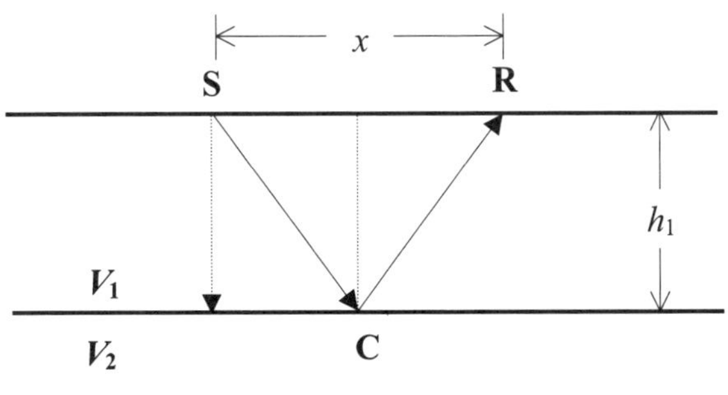

그림 6-1 수평 반사면에 대한 반사파의 진행 경로

수신 장치

육상에서의 반사법 탐사에서는 지오폰(geophon)이라는 수진기를 사용한다. 오늘날 지진 기록은 전통적인 방식의 진동 감지 장치인 추에 달린 펜을 이용하여 기록지에 직접 기록하기 보다는 전자기 유도 현상을 이용하여 발생시킨 전기 신호를 이용하여 기록지에 기록하도록 하고 있다. 지오폰의 경우도 이러한 방식을 이용한다. 그림 6-2는 지오폰의 모식도이다. 이처럼 지오폰은 코일과 자석으로 이루어져 있으며, 코일은 틀에 부착되어있고 자석은 스프링에 매달려있다. 그러므로 지면이 진동하게 되면 코일은 틀과 함께 진동하게 되고, 스프링은 관성에 의해 거의 고정된 위치를 유지하기 때문에 전자기 유도 현상에 의해 기전력이 발생한다. 이러한 과정은 전자기 유도에 관한 이론을 바탕으로 하고 있으며, 따라서 실제 측정된 것은 전기 신호의 크기이지만 이를 지면의 이동으로 변환하여 자료를 해석하는 데 전문가들은 아무런 문제점을 가지지 않는다. 또한 이때 발생하는 기전력의 크기는 일반적으로 지면과 수직인 방향의 진동속도에 비례하게 설계되어있으므로 지오폰은 수직 속도를 측정하게 된다. 이렇게 지오폰이 지면의 수직 운동에만 반응하도록 고안되어있어 반사된 종파(수직 방향의 입자 운동)는 강화되고 지표면의 수평 운동을 일으키는 지진파들(직접 전달된 종파, 반사된 횡파 등)은 감쇠된다(그림 6-3).

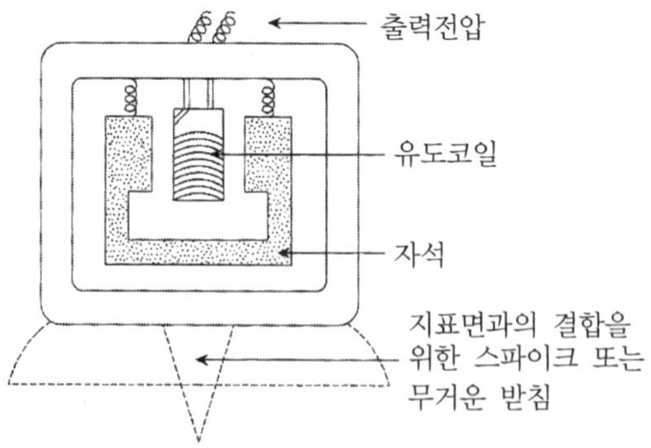

그림 6-2 지오폰 모식도

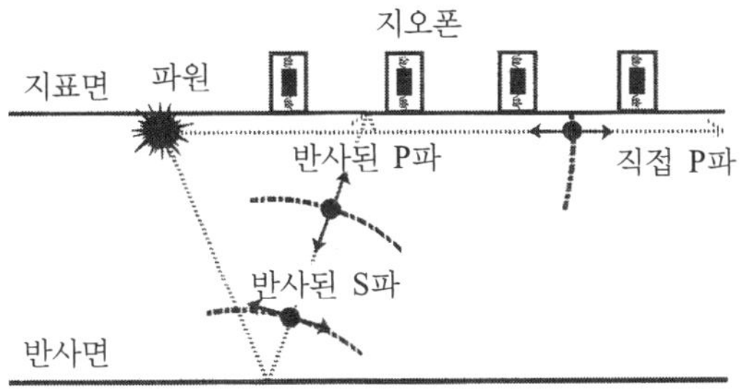

그림 6-3 강화된 반사 종파

자료 처리

실제 반사법 탐사에서는 우리가 원하는 신호가 매우 약하기 때문에 신호는 강화하고 잡음은 약화시킬 목적으로 공통 중간점 탐사 기법(CMP; Common Midpoint)을 사용하고 있다. 그림 6-4에서 볼 수 있는 것처럼 발파 1(S_1)에 의해

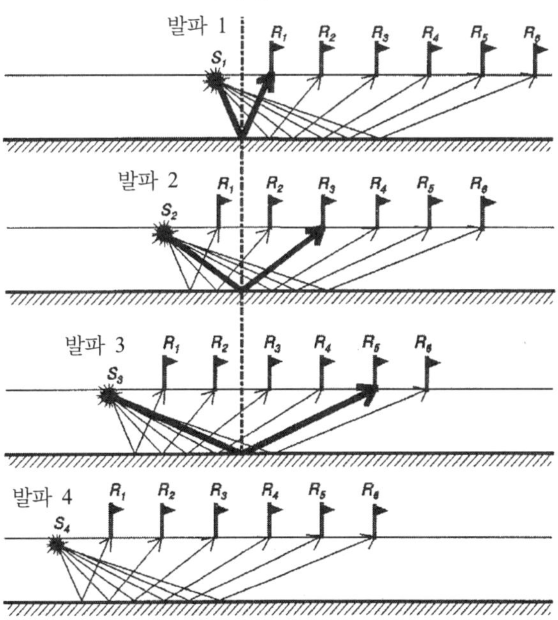

그림 6-4 공통 중간점(CMP) 탐사의 원리

서 전달되는 파가 수진기 1(R_1)에 도달할 때 반사되는 지점은, 발파 2(S_2)에 의해서 전달된 파가 수진기 3(R_3)에 도달할 때 반사되는 지점과, 발파 3(S_3)에 의해서 전달된 파가 수진기 5(R_5)에 도달할 때 반사되는 지점은 모두 같다. 이렇게 CMP 모음 자료를 표현하면 앞서 기본 이론에서 표현한 것처럼 쌍곡선형태로 자료가 기록된다[그림 6-5(b)]. 따라서 발파점과 수진점 사이의 거리가 늘

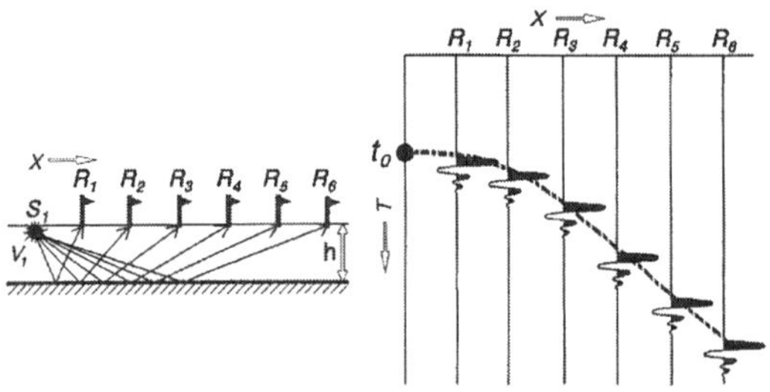

(a) 발파점 모음자료

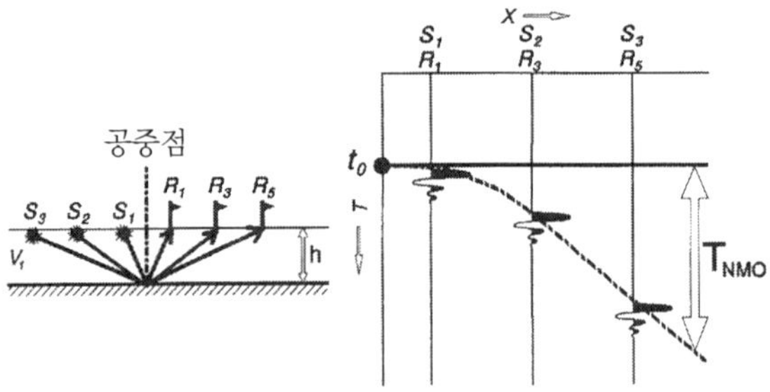

(b) 공중점 모음자료

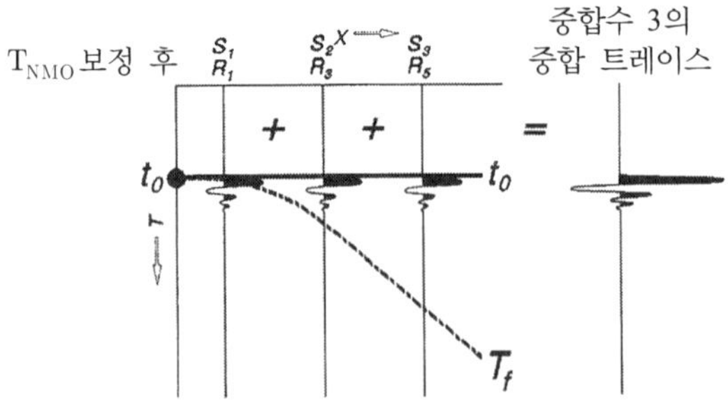

(c) 수직경로시차보정과 중합

그림 6-5 자료의 중합 과정

어나면서 변화한 주행시간을 보정해 주게 되면 이들은 같은 시간에 지진파가 도착한 것으로 표현되며 이를 모두 더하게 되면(이러한 과정을 중합이라고 한다) 반사되어 온 파의 진폭이 훨씬 커지게 된다[그림 6-5(c)].

하지만 실제 지구 표면에서의 탐사는 완전한 수평면에서 이루어지지도 않고 경계면이 완전한 수평면도 아니기 때문에 이를 고려해야만 한다. 지표면이 수평이 아니어서 나타나는 지형의 효과가 미치는 주행시간에 대한 보정을 정보정(그림 6-6)이라고 하며 지표 부근의 속도와 수평 기준면에 대한 파원과 수진기의 상대고도에 따라 결정되는 값들을 보정하는 작업이다. 정보정과 달리 지구 내부의 문제는 훨씬 더 복잡하다. 지구 내부의 다양한 구조적 효과들은 실제 반사된 위치를 왜곡시키는 역할을 하므로 이러한 왜곡 효과를 원래대로 돌려놓기 위해 구조보정(그림 6-7)이라는 작업을 거쳐야 한다.

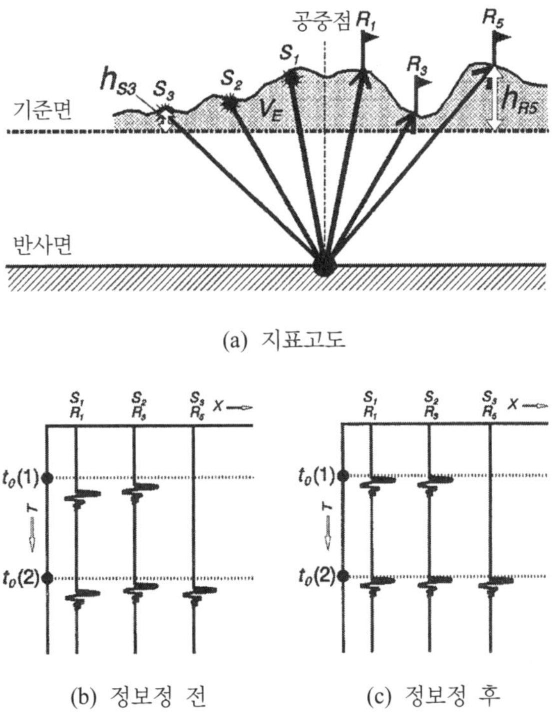

그림 6-6 고도 정보정

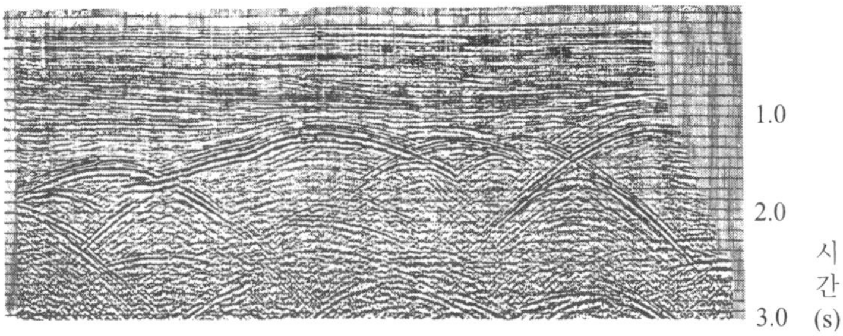

(a) 구조보정 전

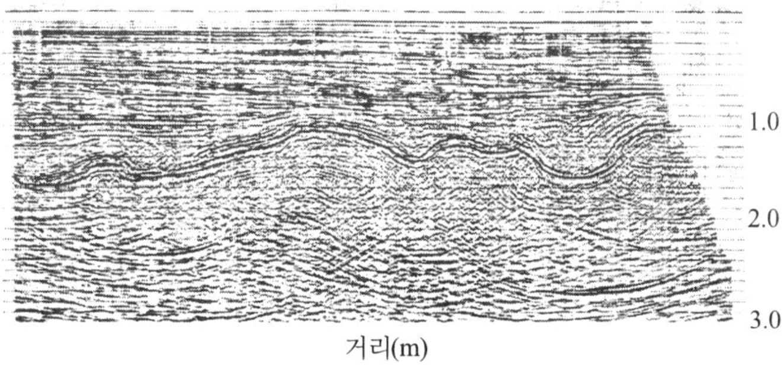

(b) 구조보정 후

그림 6-7 구조보정의 예

이러한 작업 이 외에도 깊이 변환, 주파수 필터링, 역대합 등의 작업을 거친 결과(그림 6-8)를 전문가들은 학술지나 교재 등에 싣고 연구 지역의 단면의 모습이라고 말한다. 이 그림은 Moore and Shipley(1988)이 Jounal of Geophysical Research에 발표한 논문에 삽입된 그림으로 위의 그림은 해석하지 않은 지진파 파형 모음을 보여주고 아래 그림은 지진파 단면에 해석을 표시한 것이다.

이러한 단면의 모습은 실제 지구 내부의 모습일수도 있지만 적어도 현재까지는 Moore와 Shipley가 획득한 자료로부터 알고 있는 여러 이론들을 바탕으로 내린 주관적인 해석이다. 다른 과학자들은 이곳에 대해 연구한 Moore와 Shipley의 주관적인 해석에 대해 어떻게 동의하게 되는 것일까?

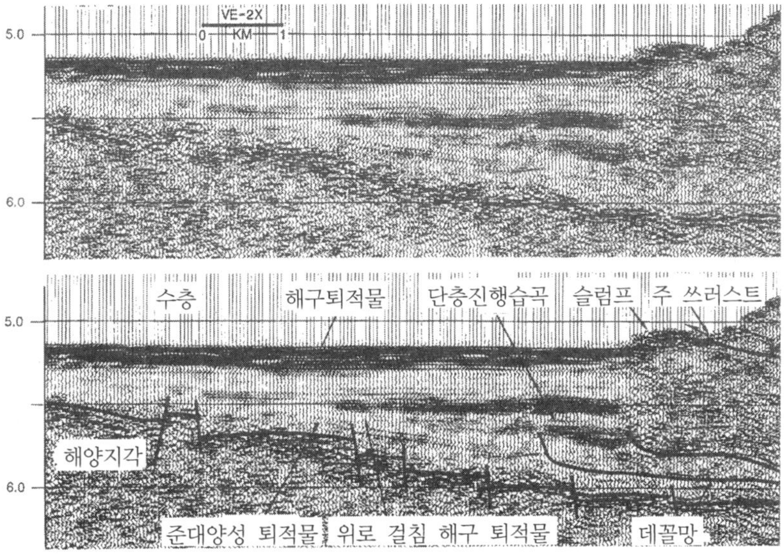

그림 6-8 탄성파 자료해석의 실례

해의 비 유일성

지진파의 경우 우리가 받아들이는 자료는 어느 곳의 지진계가 언제 움직였는가 하는 것 밖에 없다. 현재까지 알려진 파동 함수를 토대로 유도된 P파의 속도는 $V_P = \sqrt{\dfrac{k + \frac{4}{3}\mu}{\rho}}$ 이며 S파의 속도는 $V_s = \sqrt{\dfrac{\mu}{\rho}}$ 이다. 여기서 k 는 체적 탄성률, μ 는 강성률, 그리고 ρ 는 밀도이다. 즉 P파와 S파의 속도는 체적 탄성률, 강성률, 그리고 밀도의 복합적인 관계로 결정된다. 또한 실제로 이들 변수들은 독립적이지 않고 서로의 값에 영향을 주고 있다. 그러므로 어디에 언제 지진파가 도착했는가를 통한 지진파의 속도로 지구 내부의 밀도 분포에 대한 단일한 해를 주장하기는 어렵다 하겠다.

보다 간단한 경우인 중력의 예를 이용하여 이에 대한 이야기를 해보자. 지구 내부에 존재하는 이상체에 의한 중력 효과는 만유인력 공식을 이용해 간단히 유도할 수 있다. 그림 6-9와 같은 임의의 질량체에 의한 중력효과는 다음과 같다.

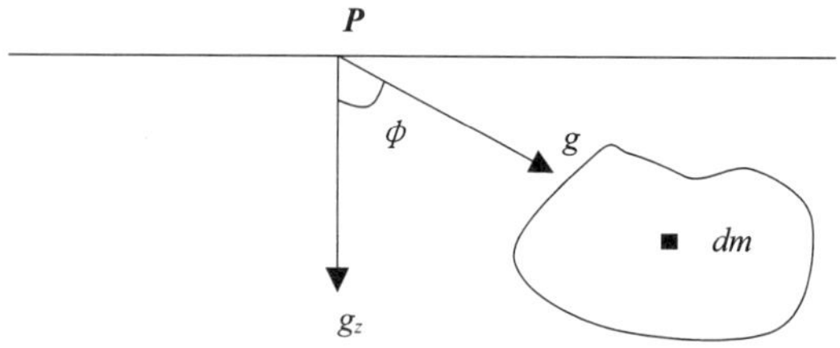

그림 6-9 P점에서 임의 형태의 질량체 m에 의한 중력의 크기 g와 이의 수직 성분 g_z

$$g_z = G\int_m \frac{dm}{r^2}\cos\phi = G\int_V \frac{\rho\cos\phi}{r^2}dV$$

여기서 dm은 밀도 ρ인 체적소의 질량, r은 P점에서의 체적소까지의 거리, dV는 체적소의 부피, V는 질량체의 부피이다. 즉 중력의 수직 성분은 질량체까지의 거리와 밀도, 그리고 질량체의 크기(부피)에 의해 결정되며, 이들은 각각에 대해 독립적인 변수이다.

우리가 중력 탐사를 통해 얻는 값은 중력의 수직 성분으로, 이를 통해 주변과 어떤 밀도차가 나는 질량체가 어느 거리에 얼마만큼 크게 자리 잡고 있는가를 역산 과정을 통해 내부 물질의 분포를 이미지로 표현한다. 그러나 하나의 값을 통해 구할 수 있는 3가지 변수의 조합은 무수히 많다.

보다 간단한 경우인 순산 모델을 통해 이를 다시 한 번 확인해보자. 그림 6-10과 그림 6-11은 각각 얇고 넓게 퍼져 있는 중력 이상체가 얕은 깊이에 존

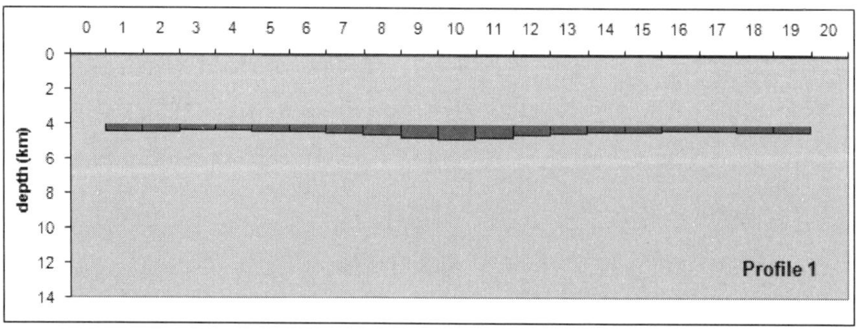

그림 6-10 얕은 깊이에서 얇고 넓게 퍼져 있는 중력 이상체

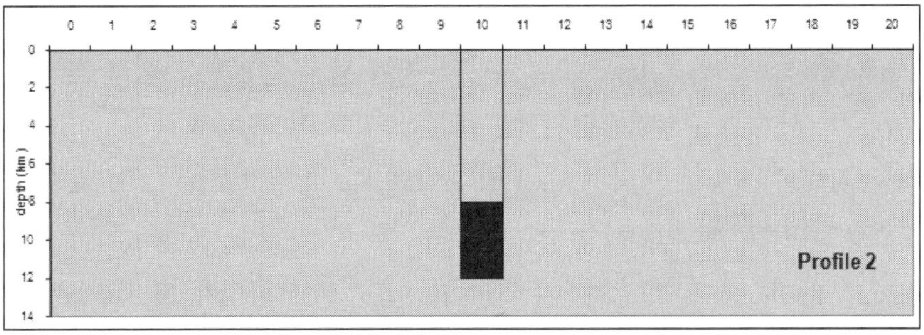

그림 6-11 깊은 깊이에서 두껍고 좁게 퍼져 있는 중력 이상체

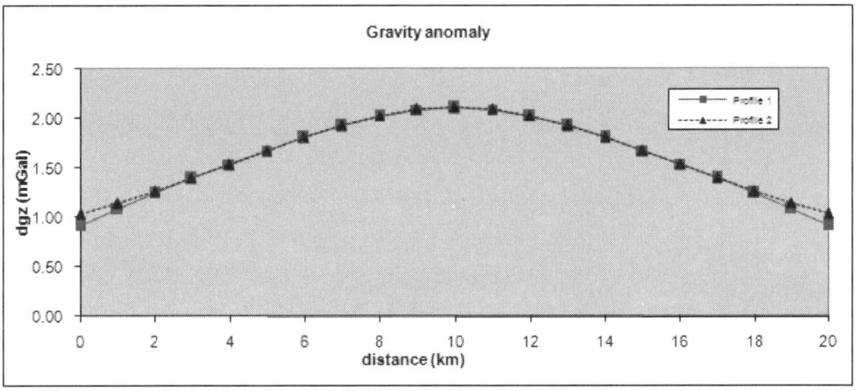

그림 6-12 두 가지 경우의 중력 이상체에 의해 나타나는 중력의 수직 성분

재하는 경우와 두껍고 좁게 퍼져 있는 중력 이상체가 깊은 깊이에 존재하는 경우를 보여준다. 이러한 두 모델에서 계산되는 중력의 수직 성분은 그림 6-12와 같다.

그림 6-12에서 볼 수 있듯이 양쪽 가장자리를 제외하고는 거의 같은 중력값을 보여주고 있다. 다시 말해 하나의 중력 값을 통해 결정되는 해는 유일한 해가 아니다. 우리가 관측 기기를 통해 구한 결과를 이용하여 과학자들이 내릴 수 있는 결론은 매우 다양하게 존재한다.

그렇다면 관측 기기를 통해 구한 결과를 통해 과학자들은 어떻게 결론을 내릴 수 있는가? 비록 하나의 관측 결과를 통해 구할 수 있는 해는 유일하지 않다고 하더라도 과학자들은 비현실적인 해를 제시하지는 않는다. Stadelhofen과 Juillard(1987)은 스위스 Lausanne 지방의 자력 탐사 결과를 토대로 그림 6-13과 같은 지구 내부 모델을 제안했다. 하지만 이를 두고 어떤 지구 물리학자도 이러한 형태의 이상체가 지구 내부에 존재한다고 주장하지 않는다. 오히려 역설적으로 이러한 형태의 이상체를 주장해서는 안 된다고 하겠다. 과학자들은 가능한 모든 해 중에서도 그럴 수 있다고 어느 정도 합의가 될 수 있는 해를 결론으로 제시한다.

관측 자료의 비유일성을 해결하기 위해서 과학자들은 하나의 이상체가 갖는

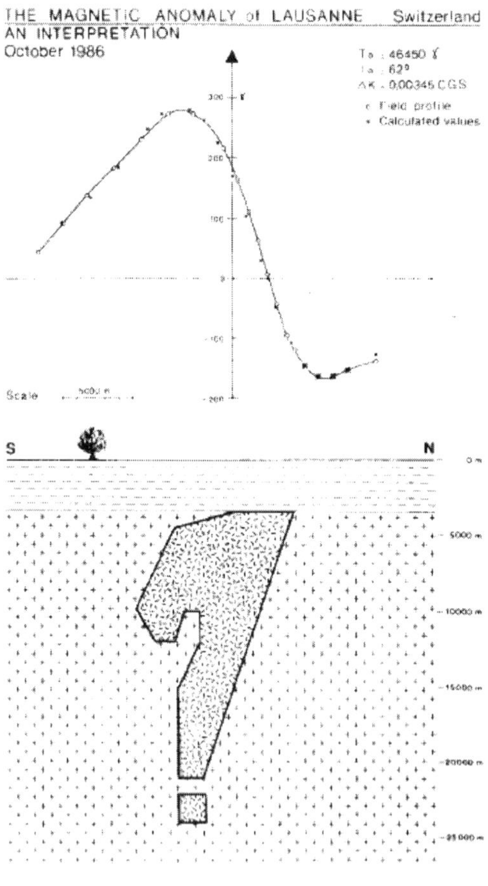

그림 6-13 스위스 Lausanne 지방의 새로운 자력 이상체 모델의 제안 (Stadelhofen & Juillard, 1987)

여러 가지 다른 물리량에 초점을 맞추어 복합적인 해석을 시도하기도 한다. 박계순 외(2011)의 연구는 이러한 과학자들의 접근 방식을 보여주고 있다. 화산 칼데라 지역의 3차원 지질구조를 해석하기 위하여 박계순 외(2011)는 지구 내부의 탐사 대상체가 갖는 물성을 각각 하나의 탐사법으로 역산을 실시한 다음 이러한 역산의 결과를 역산 자료들 간의 상관관계 등을 이용하여 다각도로 해석을 실시하였다. 즉 중력 탐사의 결과로 얻은 밀도 분포 자료와 지전류 탐사를 통한 전기 비저항 분포 자료를 각각 동일한 형태의 모델에 적용하여 비유일에 대한 자신들의 결론의 타당성을 확보하고 있다(그림 6-14).

앞의 그림 6-8의 Moore와 Shipley의 해석 또한 탐사 자료에 대한 유일한 해는 아닐지라도 다른 과학자들이 보더라도 동의할 수 있도록 충분한 이론적 검증을 실시하였고 그 결과 해석에 있어서 타당성을 확보하고 있다.

지구물리학자들이 자료를 통해 구현한 지구 내부의 상태를 이끌어내는 과정에서 그들이 가지고 있는 이론 체계, 또 그러한 이론을 바탕으로 제작된 기기들, 그리고 최종적인 주장까지 그들 혼자만이 가지고 있는 이론 체계를 사용하지 않는다. 큰 틀에서 연구자와 이의 결과를 읽는 독자는 동일한 이론 체계를 갖고 있으므로 연구자의 주장은 충분한 타당성과 객관성을 지닌다고 말할 수 있겠다. 어떤 자료를 토대로 다른 이가 주장하지 않았던 결론을 도출하기 위해서는 연구자의 주관적 판단이 중요하나 그들이 제시한 증거, 즉 관찰 결과인

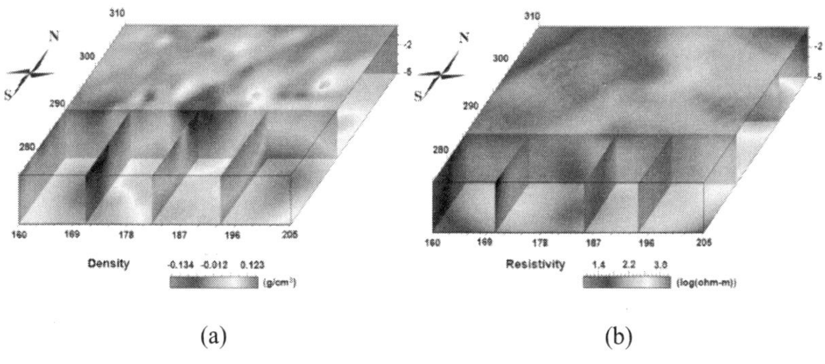

(a) (b)

그림 6-14 동일한 공간에서 추정한 자기지전류 및 중력 모델의 3차원 역산 자료 (박계순 외, 2011)

자료는 충분히 객관적 산물이라고 생각할 수 있다. 그러므로 과학자들의 과학적 관찰은 관점적이라 하겠다.

Giere(2006) 또한 ≪Scientific Perspectivism≫이라는 책에서 뇌와 관련된 영상에 대한 예를 들며 '다양한 뇌 이미지 기술에 의해 만들어진 이미지들은 관점주의적이다'라고 말하고자 한다. 예를 들어 단층 촬영을 돕는 컴퓨터(CAT: computer assisted tomography)는 뇌의 구조에 대한 관점을 제공한다. 뇌의 구조 외의 많은 요소들은 이러한 관점에 기여하고 있다; 특히 X선의 본성과 여러 종류의 조직과의 상호작용, 검출기의 설계와 작동, 그리고 상대적인 선형적 세기 자료를 2차원의 흑백 이미지로 변환시키는 정교한 컴퓨터 프로그램들. X선을 동일한 정도로 약화시키는 서로 다른 뇌 조직들은 CAT 화면에 동일한 것을 보여준다. 검출기의 분해 능력보다 덜한 X선의 세기의 차이는 결과 화면에서 표현되지 않는다. 요컨대 CAT 스캐너가 만들어낸 이미지가 단순한 뇌 그림이라는 생각은 들지 않는다. 그것들은 단층 촬영을 돕는 컴퓨터 과정에 의해 만들어진 뇌 이미지들이다.

이러한 부분은 MRI의 경우 더욱 강하다. 만들어진 이미지는 양자 역학적 용어로만 이해할 수 있는 복잡한 원자적 상호작용의 결과이다. 검출된 RF(radio frequencies) 신호는 양자 역학적인 현상인 유도된 핵-자기 공명에 의해 생성된다. 측정되는 요소가 T1(종축 완화 시간: the longitudinal relaxation time) 혹은 T2(횡축 완화 시간: the transverse relaxation time), 혹은 몇몇 조합들 중 어떤 것인가에 관한 정확한 선택과 어떻게 그것들을 마지막 이미지를 만들어내는 데 진행시키는가 하는 것은 조직의 구성에서의 차이에 대한 민감성과 자료 획득의 속도 사이의 균형을 고려하는 것에 강하게 영향을 받는다. MRI 이미지를 만들어내는 '옳은' 혹은 '최선의' 방식은 존재하지 않는다. 거기에는 많은 방식이 있고 그 모든 방식들은 다양한 조사 목적에 대해 상대적으로 장점과 단점이 있다. 특히 MRI는 과학적 관찰이 관점주의적일 뿐만 아니라 거기에는 사람들이 선택해야만 하는 다수의 관점과 '객관적'으로 옳은 선택은 없다는 것을 분명하게 밝혀주고 있다.

요약하건데 과학적 관찰은 뇌의 이미지를 단순하게 만들어내지 않는다. 사람들은 CAT 혹은 MRI 혹은 그 밖의 것들에 의해 만들어진 이미지를 가지고 있다. 사람들은 그것이 만들어진 관점과 이미지의 묘사를 분리할 수 없다. 이는 컬러지 8에 복사된 열린 뇌 단면에 대한 컬러 사진에 대해서도 그러하다.

흔히 과학자 혹은 전문가들이 이러한 이미지를 보면서 "이 영상에서 볼 수 있듯이..."라는 표현을 쓰지만 듣는 전문가들도 이미 이러한 영상이 어떻게 만들어졌고 무엇을 말하고 있는지 알고 있다. 대부분의 영역에서 그들은 다양한 영상 기술의 이점과 한계를 알고 있으며 실제로 그렇게 보인다고 생각하지 않는다.

앞서 밝힌 여러 방법들에 있어서 영상에서의 차이는 서로 다른 시각 체계의 성질에서의 차이로 인한 것임에 틀림없다. 동일한 입력에서 서로 다른 영상을 만들어내는 서로 다른 시스템에서의 모순은 아무것도 존재하지 않는다. 이것은 서로 다른 도구들이 갈등을 일으키는 결과를 생산하지 않는다는 것을 말하는 것이 아니다. 민감도가 다른 두 개의 감마선 검출기의 결과가 감마선 에너지 영역에서 겹쳐질 수 있다. 두 결과가 서로 어긋날 경우 과학자 집단은 둘 중 하나는 제 기능을 발휘하지 못하고 있거나 뭔가 문제가 존재한다고 결론을 이끌어내야 하는 상황에 직면하게 된다. 그들은 자연에 대한 단순한 호기심으로 결과를 받아들이지 않는다. 이러한 행동은 마치 자연이 독특한 인과 구조를 가지고 있다 하더라도 절차의 방법론적인 원리에 대해서는 일치한다.

은하수와 관련하여 생각해 볼 때, 17세기 Galileo의 망원경을 통해 수많은 개별적인 별들로 구성되어있음을 알게 된 것은 관점의 변화이지만 객관주의자들의 진리에 대한 단순한 관점으로부터 이동은 하지 않았다. 20세기에 만들어진 커다란 반사 망원경으로부터 만들어진 관점은 수백만 개의 별들로 구성된 뚜렷한 은하를 구별할 수 있게 되었다. 계속해서 감마선 검출기와 같은 도구들로 만들어진 관찰이 이루어졌다.

중복되는 관점의 존재는 단순히 해석적인 중요성만이 아니다. 이것은 실제로 과학적인 조사에서 중요한 역할을 한다. 천문학에서 광학적인 광원의 발견은 전파 신호의 공급원과 정확하게 위치가 맞춰져야 한다. 이는 또한 전파 신호가 단지 전파 망원경 그 자체가 만들어낸 것이 아니라 이는 관점적인 견지에서 잘 이해되어지는 중요한 방법론적인 전략이다.

관찰되는 것은 관찰 수단으로부터 분리되어질 수 없다. 사람들은 자료를 보고할 뿐 결론을 이끌어낼 수 없다고 생각하지만 Giere의 생각은 그렇지 않다. 그가 책에 삽입한 사진들은 연속적이거나 최소한 매우 세밀하다. 그러나 실제 자료는 그렇게 세밀할 수 없다. 자료는 다른 시간과 다양한 물리적 컴퓨터적인 수단들에 의해 작동되는 다양한 검출기로 기록된 개별적인 사건들로 구성된다. 이미지는 그러한 자료들을 사용해서 구성되어졌지만 자료 이상의 것이 된다. 이미지는 자료의 모델이지 자료 그 자체가 아니다.

과학자들은 그들의 도구 넘어서는 결론을 이끌어내지만 이것은 객관적이 될 수 있다. 실제로 그들은 그렇게 한다. 그러나 그들은 폭넓은 이론적인 관점으로의 움직임을 통해서만 그렇게 한다.

3부

해석학과 학교 과학

07
해석학적 과학철학

현대 과학기술사회가 점차 가속화되면서 민주 시민에 필요한 소양으로서 과학의 본성 및 비판적 평가에 대한 요구가 점증되고 있다. 양자 역학 및 상대성 이론에서 볼 수 있는 과학이론과 실세계 사이의 간격은 일반 시민들은 물론 과학자들마저도 당혹하게 하고 있다. 이에 과학의 객관성 및 실재론과 관련된 논의를 하는 것은 적절해 보인다.

과학철학 분야에서도 과학의 본성에 대한 견해는 엇갈린다. 과학을 인간과 독립적으로 존재하는 추상적 지식 체계로 보는 견해와 인간의 관여를 공식적으로 천명하는 견해가 있다. 전자는 소위 '전통적 관점(the received view)'으로서 과학적 지식의 구조, 정합성 및 논리를 강조한다. 과학적 이론은 공리체계로서 경험적 세계와는 대응규칙으로 관련되어있다. 학교에서 과학을 무시간적이고, 확실하고, 문화와 인간과는 독립해 있는 것으로 가르치고 있다면 이는 바로 이러한 과학관의 편에 서있는 것이다. 과학은 수학과 유사한 방식으로 이론의 구조를 형성한다. 이와 같은 과학관이 중등학교 및 대학교에 널리 퍼져 있었다(Matthews, 2004).

후자의 과학관은 과학 활동의 인간적 요소를 도입하여 과학 활동의 철학적 쟁점들을 설명하는 관점이다. 오늘날 대부분의 학교에서는 구성주의적 과학관을 채택하고 있다. 그러나 구성주의 과학관은 과학철학 분야에서는 그리 큰 호응을 얻지 못하고 있다(Giere, 1988). 과학에 대한 해석학적 접근 역시 전통적 과학관에 대한 대안으로서 최신 흐름이다. 그것은 인간을 고려하여 과학을 설명한다는 점에서 맥을 같이 하지만 진리와 실재에 대한 함축에서는 구성주의와 궤를 달리한다.

해석학은 텍스트, 발화 및 자연을 이해하고자 하는 노력이다. 우리가 어떤 것을 이해하고자 할 때 해석학이 개입한다. 과학이 무엇인가?라는 질문에 대한 해석학적 탐구가 진전을 보이고 있다. 인간의 본성과 과학사에 대한 통찰은 믿을만한 하나의 과학론을 제시하고 있다. 이 이론은 여러 분야의 과학 분과들에서 활동하는 과학자들의 실행을 기술하고 통합한다. 그것은 과학자들의 믿음들과 상통한다. 과학은 국제적이며 문화적 장벽을 허물고, 과학적 이론은 단지 견해의 문제 이상이다. 그것은 구성주의적 과학관의 불충분성(극단적인 반실재론)을 극복하고 있다. 그것은 바로 해석학적 과학철학이다.

해석학적 과학철학은 과학자들의 이해 및 사회적 상황을 함께 고려해 넣는다. 그것은 또한 인간을 통한 과학적 전통의 전수가 중요한 양상이라는 것 역시 계산해 넣는다. 과학이 무엇이든지 간에 그것은 기존의 과학자들과 공통적인 이해 안으로 들어서는 학생들에게 의존한다. 각각의 세대는 텍스트를 통하여 과학의 진리 안으로 가입한다. 따라서 학교 교육은 과학에서 필수적 부분이다. 전통의 전수와 관련된 이러한 관찰은 과학의 본성에 대한 중요한 국면을 포함하고 있다. 여기서의 쟁점은 바로, '과학자들이 생각하는 공통의 이해라는 것이 무엇인가?'이다.

과학과 진리

과학철학은 물리학을 그 전범으로 삼는다. 물리학은 진리를 추구한다. 하이데거에 의하면 진리란 두 가지 개념을 가진다. 먼저는 대응이고 다음은 탈은폐이다. 대응은 마음과 실재 혹은 언어적 표상들 사이의 대응이다. 예를 들어 '하늘은 푸르다'에서 '하늘'과 '푸름'이 대응하고 있고 '2+2 = 4'는 추상적 개념들 사이의 대응이다. 이러한 전통적 진리관이 고대 및 스콜라 철학의 진리관이다

(Heidegger, 1962, p.257). 하이데거에 의하면 이러한 진리관은 의심할 바 없이 의미 있는 것으로서 라틴어의 아다이쿠오티오(adaequatio, 정신과 존재의 합치)에서 유래한다.

아다이쿠오티오는 우리가 옳고 그름을 말할 때 관련되는 진리 개념이다. 이러한 진리의 형성은 학교 평가의 근간을 이루고 있다. 교사가 학생들의 점수를 매길 때 그는 진리 대응론에 의존한다. 대응의 개념은 학교 규칙의 준수에도 적용이 된다('너는 규칙을 어겼다'라고 말할 때처럼). 과학에서 대응 진리론의 예는 '경험적 확증'에서 잘 볼 수 있다. 아다이쿠오티오는 판의 운동이 우리와 독립적으로 존재한다고 주장한다.

인간에게 탈은폐되는 것으로서의 '알레데이아'는 하이데거의 고유한 진리 개념이다. 그것은 존재의 드러남에 있어서의 고유한 진리이다. 이 진리 안에 거주하는 것이 인간의 존재 방식이다. 우리가 의미 있다고 발견하는 존재와 함께 거하는 현존재는 이러한 진리의 형식을 필연적으로 포함한다. 알레데이아는 인간 탈은폐의 시원적 현상이 의존해 있고 현대과학의 물리적 실체를 포함하는 존재를 포함하여 모든 종류의 탈은폐에 고유한 과정이다. 탈은폐로서의 진리는 존재론적 진리이며 관련된 현존재와 탈은폐되는 존재의 복합체 안에서 생기한다.

가장 시원적인 진리 현상은 먼저 실존론적－존재론적 탈은폐의 근거에 의해 보여진다. 현존재와 더불어 또 그것을 통하여 탈은폐는 존재한다: 그리하여 현존재의 탈은폐와 더불어서만 진리의 시원적 현상은 획득된다. '거기'의 실존론적 구성과 관련하여 또 '거기'의 일상적 존재와 관련하여 이전에 우리가 지적한 것은 진리의 가장 시원적인 현상에 관한 것이다. 다른 것이 아니다(Heidegger, 1962).

따라서 아다이쿠오티오(adaequatio, 판단의 진리)는 궁극적으로 알레데이아를 전제한다. 일차적으로 진리는 현존재를 포함한 존재의 개시이다. 따라서 하이데거에 의하면 현존재는 '진리 안에(in the truth)' 있다. 따라서 새로운 천문학적 대상을 보는 것과 그것에 대해 읽는 것 사이에는 차이가 있다. 전자에서는 우리는 진리를 탈은폐로 경험하는 반면, 후자에서는 말(words)과 그들 사이의 대응관계와 관련된다.

진리가 어떤 식으로 과학에 관련되어있는지는 분명치 않다 하더라도 과학은 두 가지 진리와 모두 관련되어있을 것임은 분명하다. 진리는 인간과 독립적이지만 또한 그것은 또한 인간의 사건이다.

해석학적 과학철학: 칸트로부터 히렌에 이르기까지

해석학적 과학철학은 칸트로부터 시작하여 하이데거와 히렌에 이르는 지적 전통을 가지고 있다. 리쾨르, 가다머 및 하버마스 사이의 논쟁은 진리에 대한 본질적인 역할을 주장하는 전통에는 주변으로 머물러 있다. 이 전통의 모든 필수적 요소들은 칸트에게는 복잡한 문제들이었다. 하이데거는 탐구를 진행시킬 수 있는 구조를 제공하여 인간에 대한 탐구와 더불어 작업을 시작하였고 히렌은, 봄(vision)과 수학의 현상학에 대한 통찰력을 바탕으로 현대과학의 존재론적 탐구를 구체화하였다. 이는 케플러, 갈릴레오 및 뉴턴에 의한 현대과학에 대하여 이러한 지적 전통은 해명할 수 있는 길을 열어 갔던 것이다.

칸트는 자연과학의 철학에 많은 수고를 한 사람이었다. 그는 현상에 대한 가설을 성정하는 데 있어서 신의 개입을 거부하고 해석학적 과학철학을 향한 길을 마련하였다. 이는 다음과 같은 질문을 가져왔다: 질서는 왜 존재하는가? 수학과 물리적 대상들 사이의 관계는 무엇인가? 물질이 궁극적으로 단순한 기본적 실체들(물리적 모나드)로 구성된다면, 그리고 이러한 실체들이 공간에 존재한다면, 어떻게 그들의 존재와 공간의 무한한 기하학적 분할을 화해시킬 수 있는가?

칸트의 이러한 생각은 모나드가 점과 같은 중심들(point-like centers)이라는 라이프니츠의 생각에 기반하고 있다. 참된 실체들은 형이상학적 점들이다. 이들은 실재적이고 정확하다. 수학적 점들은 정확하지만 실재하지 않는다. 물리적 점들은 실재하지만 정확하지는 않다.

과학의 기본 개념들을 분석하고 탐구 방법을 주로 연구하는 경험주의 철학에 반해서 칸트는 과학을 가능하게 하는 선험적 조건에 관심을 가지고 있었다.

이것은 바로 해석학적 과학철학의 태동이었다. 칸트는 인간의 경험이 물리 법칙의 토대라는 것을 관찰하고, 경험과 법칙들은 그들을 종합할 수 있는 규칙적이고 판별될 수 있는 구조 및 틀 위에 세워져야 한다고 주장했다.

칸트의 각각의 물리학의 설명은 이러한 토대적 구조의 본성에 대한 내용에서 차이가 난다. ≪자연과학의 형이상학적 토대(Metaphysical Foundation of the Natural Science, 1786)≫에서 칸트는 경험적 표상과 선험적 조건(특히 시간과 공간을 포함하는 조건들)을 체계적으로 관련시키는 도식을 주장한다. 모든 지식에 앞서서 독립적으로 우리가 아는 선험적 지식은 우리가 분별하고자 하는 구조를 가지고 있다. 과학은 경험적 지식의 토대를 이루고 선험적 지식에 기반한 순수한 부분을 필요로 한다는 것이다. 이러한 결론은 초자연적 실재를 탐구하는 고전적 형이상학을 벗어났기 때문에 가능한 것이었다.

하이데거에 의하면 현재 과학자들은 자기-비판을 결여하고 있다고 한다. 과거의 과학자들, 예를 들어 갈릴레오나 뉴턴의 경우처럼 철학적 반성을 하지 않는다는 것이다. 이는 과학교육적 함의를 가지고 있는 부분이다.

과학의 본성에 대한 이론은 하이데거를 고려하지 않고 있다. 이와 같은 상황은 소위 논리 실증주의 및 논리 경험주의를 포함하는 전통적 관점(the received view)으로부터 과학철학이 본격적으로 태동했다는 것과 관련이 있을 것이다. 이 철학적 조류에 의하면 과학철학의 가장 중심적인 문제는 과학이론의 구조 및 본성이 된다. 왜냐하면 이론은 과학적 지식의 담지자일 뿐만 아니라 과학적 기획의 대부분의 활동과 맞닿아있기 때문이다. 하이데거는 이론의 본성에 관심을 가지기보다는 과학적 기획의 인간과 제도 연관을 강조함으로써 과학의 본성을 존재론적으로 접근하여 해석학적 과학철학을 위한 터를 마련한 선구적 인물이라 할 수 있다(Heelen, 1983; 1997; 1998; 2012). 칸트가 현대 과학의 토대로서 작동하는 도식을 찾았던 것과 같이 하이데거 역시 인간의 이해가 지각된 현상을 해석하도록 하는 도식을 말하고 있다.

하이데거에 의하면 칸트의 범주들은 이해의 고립된 개념들로 보아서는 안 된다는 것이다. 왜냐하면, 그들은 모두가 본질적으로 시간과 관련되어있기 때문이다. 범주들은 본질적으로 시간과 관련된 상상적 순수 종합의 본래적 전체에 속한다. 개념의 고립된 분석을 정립하고 후속되는 부분에서 그들의 사용을 탐구해 들어가기 위하여 이를 행하지 않는다. 문제는 다음과 같은 것이다: 무엇이 순수 종합 자체에 속하고 그것의 구체적 변이들은 자연의 분과적 원리들이 될 수 있는가? 구체적 변이들(분과 존재론, 과학들, 교수 이론)은 근본적인 존재론에 기반해 있다. 그것은 하이데거의 형이상학을 통일하는 근본적 존재론이다. 해석학적 과학철학은 이러한 하이데거의 존재에 대한 통찰과 범주로부터 근본적인 존재론을 고려하여 출발해야 할 것을 요구한다.

존재 물음은 그러므로 존재 이해와 함께 작동하는 과학의 가능성뿐만 아니라 존재적 과학들에 선행하고 존재론 자체의 가능성에 대한 선험적 조건을 확인하는 것을 목표로 한다. 기본적으로, 모든 존재론은 그것이 아무리 풍성하고 견고한 범주적 체계를 가지고 있다 하더라도 존재의 의미를 분명히 하지 않는다면 맹목적이고 궤도를 어긋나는 것이 되고 만다.

학교에서 가르치고 있는 과목들의 학문적 성격을 가능하게 하는 선험적 근본 구조가 무엇인가? 즉, 무엇이 이해의 선-이론적 토대와 현대 과학을 특징짓는 이해의 형식을 연결시키는가? 하이데거의 도식은 칸트의 프로젝트를 완성시키고자 하는 시도로서 현사실성의 해석과 관련된다. 이러한 도식은 물리학과 인간의 근본적 존재론 사이의 관계를 보여준다. 그것은 언제나 능동적으로 경험하고 수동적으로 경험되어지는 사실적 삶의 경험의 중심적 현상을 해명하는 데 도움이 된다.

예를 들어, 물리학자가 물리학에 관여할 때마다 물리학인 해석학적 상황을 도모하게 된다. 따라서 물리학자는 물리학의 특별한 자세를 취하기 위해서 일상성 태도를 넘어서 대상을 응시의 대상으로서 보아야 한다. 수리물리학적 자세는 특별한 해석학적 기투의 결과로서 알레데이아로서의 진리에 일련의 포용관계를 통하여 인간에 의해 수행된다.

히렌(Heelan)은 예수회의 멤버로서 해석학적 과학의 주요 인물이다. 그는 탐구 방법을 '현상학적이고도 해석학적'으로 파악하고 있다. 그는 과학적 사태를 과학적 관찰의 과정에서 시험을 하는 과학자에게 주어진다고 주장하고 있다. 하이데거는 공적인 실재로서 알레데이아을 포함하는 지각의 근본적인 형식을 칸트의 포착이라는 개념을 사용하여 표현하고 있다.

그러나 포착의 진리는 현대 과학의 모든 것이 될 수는 없다. 과학은 또한 아다이쿠오티오를 포함한다. 이는 알레데이아의 진리 사건이 일어나고 있는 상황을 구조화한다. 학생들은 알레데이아의 진리에 관여해야 할 뿐만 아니라 아다이쿠오티오의 이해를 추구해야 하는 과제를 안고 있다.

하이데거의 해석학적 과학철학은 해석학, 진리, 지각 및 실재에 대해서 분명한 자세를 취한다. 이러한 쟁점들에 대한 아이디어들의 통합은 뉴턴으로부터 칸트를 거쳐 하이데거에 이르기까지의 전통에서 나온다. 그리고 이 전통은 히렌의 과학에 대한 결론의 토대가 된다. 하이데거의 해석학적 과학철학에 대한 가까운 대안이 있다면 가다머, 하버바스, 리쾨르, 에거 등일 것이다. 이들은 진리 문제에는 별로 관심을 두지 않고 있다.

08

해석학의 과학교육에 대한 함축성[1)]

해석학적 과학철학은 과학교사와 교육과정 개발자들에게 많은 시사점을 줄 수 있다. 과학자와 교사들에게 공히 많은 것을 만족시켜준다. 그것은 인간에 의한 탐구를 제한적이지만 점진적인 탐구를 허용하는 방식으로 실재를 생각하고 있다.

과학교육에 대한 시사점을 하이데거가 말하고 있는 현대 과학의 3가지 특징들을 살펴봄으로써 이끌어내는 것이 좋을 것이다. 첫째, 과학은 매우 특별한 종류의 존재에 탐구를 제한한다. 둘째, 과학은 감추어져 있는 실재를 스스로 어떤 것을 드러내도록 조작한다. 셋째, 보다 많은 실재가 우리에게 드러남에 따라 전문화를 지향한다.

과학교육에서 의미의 문제

교육에서 의미의 문제만큼 중요한 문제는 없다. 이 문제는 과학과 관련해서 여러 가지 형태들이 있다. 대폭발 이론과 관련하여 모든 관찰과 계산 및 모델

1) Eger, M.(2006). Science, understanding, and justice: the philosophical essays of Martin Eger. ed. by A. Shimony, Chicago, La Salle, Illinois: Open Court. 편역함.

링이 끝난 후에 결국 남는 것은 의미가 없다는(pointless) 것이다(Weinberg, 1977). 딜타이 이래로 철학자들은 인문학과 자연과학을 구분하는 전통을 가지고 있다. 전자는 '의미의 이해'를 추구하고, 후자는 인과적 설명에 기반해 있다는 것이다. 교육 연구에서는 '유의미 학습'이 이미 오래전에 중심적인 주제가 되고 있다.

과학교육에서는 물론 문제풀이에는 능숙하더라도 중요한 과학적 아이디어들의 의미를 이해하지 못하는 학생들이 많다는 것이다. 이러한 현상은 초보자뿐만 아니라 공대생의 경우도 마찬가지라는 것이다. 이러한 맥락에서 유의미학습에 대한 연구들이 일반적 수준에서 적절하고 잘 정향되어있다 하더라도 의미의 문제를 볼 수 있는 보다 포괄적인 시야를 확보하는 것이 필요하지 않는가 하는 요구가 있다. 이러한 시야를 확보함으로써 개별적이고 부분적인 문제들에서는 잘 알려지지 않는 인과적 관계가 초점 안으로 들어올 가능성이 높아진다.

이러한 문제 맥락에서 다음과 같은 질문이 중요해 보인다. 학생, 교사, 사회의 관점에서 보았을 때 과학교육은 어떤 종류의 것이 되어야 하는가? 과학자, 철학자, 교사 및 학생은 똑같은 '의미 문제'에 직면해 있는가? 그러나 이러한 질문은 보다 근본적인 문제를 제기한다. 어떤 사유 방식을 가지고 의미의 문제에 접근할 것인가? 이렇게 해서 의미의 이해가 이루어지는 과정을 반성하는 해석학적 접근이 수면 위에 떠오른다. 따라서 과학교육을 보다 넓은 구도 속에서 쟁점화하는 것이다. 궁극적 목표는 현재 진행하고 있는 개혁 움직임을 포함하면서 보다 넓은 이론적 공간을 확보하는 것이다. 해석학적 접근은 인간 현존재의 존재론적 성찰을 교육 및 다른 영역에서 구체적 실행의 쟁점에 연결시킬 수 있다는 장점을 가지게 됨을 볼 것이다. 우선 해석학과 과학의 관련성을 개관해 보자.

해 석

해석학적 사고는 고전을 해석하고자 하는 계속적인 노력의 산물로써 출현하였는데, 물론 철학적 관심으로서는 별로 매력적이지는 못하지만 그 근본적인 문제는 인식론적인 것이었다. 낯선 언어로 쓰였고, 그의 관심이 자신의 것과는 전혀 다른 사람에게 속하는 파편적 텍스트는 개별적 단어의 의미가 보통 텍스트 전체의 의미에 의존한다. 그러나 전체의 의미는 개별적 단어에 의존한다. 여기서 '해석학적 순환'의 문제가 나타난다. 명백히, 선판단(편견)이 개입하게 되고 뒤이어 수정이 가해진다. 텍스트의 부분을 출발점으로 하여 전체로서의 의미를 기투하게 된다. 이런 식으로, 선이해(암묵적이든, 명시적이든)를 가지고 순환으로 뛰어들어서 부분에게 최초의 의미를 부여한다. 그리고 다음으로 부분들이 서로 정합적으로 전체를 지지하는지를 보게 된다. 보다 많은 텍스트를 읽어 감에 따라 불일치가 나타나고 두 번째 수정된 선판단으로 이끌고, 또 다른 판단 등으로 나아간다. 해석은 부분과 전체 사이를 왔다 갔다 하면서 상호적 조정을 거치면서 수정이 잦아든다.

이러한 과정은 외국의 문화를 이해하려고 하는 인류학, 법률, 예술을 포함하여 낯선 어떤 것을 이해하려고 하는 상황에서는 언제나 존재한다. 가다머에 의하면 이러한 과정이 인간의 익숙한 경험전체를 통하여 계속적으로 반복된다고 하여 해석학 개념을 보편화하였다. 그에 의하면 세계에 대한 인간의 경험 모두가 해석학적이다(Gadamer, 1976). 이러한 해석학적 틀을 과학에 적용하기 전에 하나의 중요한 특징을 논의해야 한다. 어느 정도까지는 특히 선이해가 암묵적일 때 그것이 이해를 방해할 수 있다는 의미에서 그야말로 편견이다. 해석학적 의식을 가진 사람은 이러한 가능성을 의식하고 처음부터 그것을 최소화해야 할 뿐만 아니라 해석의 순환 과정에서 그것을 더욱 줄여 나가도록 해야 한다. 처음에는 모든 사람들이 편견이 대수롭지 않을 때 진정한 해석이 접근될 수 있다고 생각했다. 그러나 하이데거에 의하면 대부분의 경우에 '참된' 해석은 도달하기 어려운 것으로 나타난다. 하나의 언어가 우리와 다른 방식으로 세계를 분절할 때, 우리가 경험하지 못했거나 할 수 없는 경험을 말할 때 그때는 선이해가 필수적인 부분이 된다는 것이다. 이러한 선이해는 직관적 기투로서 미지의 땅을 밝히고 길을 열어 준다. 왜냐하면 찾고자 하는 종류의 것들에 대한 아이디어를 미리 가지고 있지 않으면 순환에 있어서 어떠한 진전도 있을 수 없기 때문이다. 따라서 편견은 긍정적 역할을 한다.

해석자가 가지는 개념적 정향은 그가 취하는 접근을 통하여 기여를 하는 것이다. 따라서 해석은 재구성(re-construction)라기 보다는 구성(con-struction)이다. 출발점이 더 이상 결과에 무관하지 않다. 이는 서로 다른 해석이 충돌할 때 결정적인 선택이 없을 수 있다는 말이다. 이는 해석학에서 결정 가능성의 문제를 제기한다. 나아가 자연과학과 인문학의 차별에 대한 논쟁에도 맞닿아있다.

언어로서의 과학

이제 과학에 해석학적 접근이 가능한가 하는 문제가 대두된다. 이에 대한 긍정적 대답이 주어질 수 있다. 과학을 '자연의 책'을 읽는 것이라는 생각은 근대 과학의 시작부터 있어왔다. 오늘날 과학자들은 많은 연구 영역에서 해석학적 순환과 같은 과정인 자기－일관적인 계산이 있다는 것을 인정한다. 과학철학에서도 텍스트의 해석에서 변화된 관점과 맥을 같이 하는 변화를 볼 수 있다. 암묵지, 관찰의 이론 의존성, 진리에 대한 관점 등이 그것이다.

이러한 모든 사실들을 고려하여 소수의 이론가들은 자연과학 역시 해석학적 활동이라고 분석한다. 그럼에도 불구하고 많은 사람들은 다르게 생각하는데, 거기에는 몇 가지 이유가 있다.

먼저, 가장 두드러진 이유로는 해석학이 인문학과 자연과학을 구분하기 위하여 제안되었다는 것이다. 해석학은 의미에 주의를 하고 인문학에 인문성을 강조함으로써 인간적 조망을 제거하는 것을 원칙으로 하는 학문들과는 거리를 둔다. 이와 관련하여 결정 가능성의 쟁점이 발생한다. 자연과학은 경쟁해석들 간의 합리적인 선택을 통해서 진보한다. 반면 해석학은 결정 불가능한 현상과 관련이 있다. 그러나 가장 중요한 차이는 인문학과 자연과학의 사상(事象)에 있어서의 구조적 차이가 인문학으로 하여금 해석학에 적합하도록 한다는 것이다.

다음으로는, 해석학적 관점에서 과학과 인문학의 차이를 말하고자 할 때 그 근거를 언어에 두고 있는 경우이다. 인문학과 사회과학에서 탐구자가 다루는 현상은 인간에 의해 그리고 인간을 위해 만들어진 상징체계와 관련이 있다. 상징체계의 의미가 탐구를 통해 이해되어야 한다. 반면, 자연과학자는 자연 상징이 아니라 자연 자체를 다룬다. 따라서 이러한 행위는 해석이라 할 수 없다.

과학에 대해서 해석학적 접근은 이러한 종류의 반대에 대답을 해야 할 것이다. 그러나 여기서는 잠정적으로 과학자들의 탐구 활동과 분리하여 지식으로서의 과학에 관심을 집중시켜 언어의 문제를 생각해 봄으로써 과학을 해석학의 맥락에서 파악할 수 있는 발판을 마련하는 것이 가능하다. 인간과 자연과의 관계를 고려하기보다는 특별한 과학과 인간의 관계를 고려해보는 입장을 취할 수 있다. 이 경우 우리가 마주하는 것은 먼저 존재하고 있는 언어로서의 과학이다. 이 언어는 그것이 배워지기까지는 모든 사람에게 소원하게 느껴진다. 왜냐하면 그것은 일상의 생활세계의 자연 언어와는 다른 방식으로 실재 세계를 분절하고 있기 때문이다.

이러한 초점의 변화는, 즉 자연의 탐구로부터 과학의 탐구로의 변화는 물론 교육적 상황의 변화를 요구한다. 이렇게 함으로써 일단 자연과학 탐구가 해석학적인지 독백적인지(Monological, Habermas, 1988) 하는 어려운 해석학적 문제를 피할 수 있다. 학생이든 과학자든 소원한 언어를 대면하게 되면 그들은 해석의 필요를 가지게 된다. 과학을 가르치고 학습한 경험이 있는 사람이라면 누구나 자연 그 자체와 대면하기 보다는 여러 가지 형태의 텍스트와 마주하게 된다.

따라서 과학 교과의 학습을 과학 언어의 해석으로서 볼 수 있다는 것이다. 교사는 주요 해석자로서 간주할 수 있다. 이러한 조망을 확보하고서 과학교육을 들여다 볼 수 있다.

과학을 언어로 이해하는 관점은 철학에서 이미 행해져 오고 있다. 과학의 이론적 용어들(예를 들어 전자, 유전자, 운동량 등)에 대한 의미론은 논리 실증주의 이래로 많은 관심을 끌어왔다. 통사론 역시 학생을 포함하여 일반 시민들에게는 만만찮은 문제를 불러일으킨다. 이 문제는 과학적 개념들의 존재론적 문제와도 맞닿아있다.

학생들은 존재론적 내용을 이해하는 데 어려움을 겪는다. ‘에너지’나 ‘운동량'처럼 상태를 정의하기 위하여 사용되는 실체로서 관계를 나타내는 '힘'과는 존재론적으로 차이가 있다. 이러한 차이를 이해하는 데 놓여있는 어려움은 적절한 언어가 이미 존재한다는 사실에 의해 보다 용이해진다. 그러나 이러한 언어를 이해하기 위하여 이러한 용어의 정의를 학습하는 것으로 충분치 못하고 그들을 적용하여 사용하는 방법을 배워야 한다는 것이 과학 학습 이론의 주요 골자이다. 실세계에 대한 경험을 강조하고 있는 것이다.

그러나 이러한 여러 가지 개혁적인 조치에도 불구하고 과학교육이 여전히 학생들의 삶과 유관하지 않다는 것이 일반적인 시각이다. 여기서 해석학은 학생들의 실존 양식으로서의 해석의 실패를 암시한다. 하이데거로부터 시작하여 가다머와 리쾨르로 이어지는 해석 이론을 바탕으로 해서 이러한 교육적 상황을 바라볼 때 과학의 인식론적 국면에 더하여 존재론적 관점으로의 전환을 요구한다. 교육에서 우리가 느끼는 낯설음은 일종의 이중의 소격화를 포함하는데, 과학과 대상 사이의 거리에 더하여 학습자와 과학과의 거리가 존재한다. 교실 상황과 관련하여 처음의 소격화는 어느 정도는 피할 수 없는 부분이 있지만 둘째의 소격화는 변증법적 과정을 통하여 극복할 수 있다. 이 문제와 관련하여 위의 철학적 해석학 전통은 텍스트와 우리의 관계 양식에 대해서 의문을 제기한다. 학생, 교사, 텍스트 저자가 텍스트와 맺는 관계양식이 문제가 된다. 과학교육이 존재론적 해석학의 국면을 소홀히 하지 않을 때 과학교육의 여러 쟁점들에 대한 시야를 확보할 수 있을 것이다. 여기서는 과학의 합리성과 소위 학생들의 선개념과 관련하여 논의하고자 한다.

오개념과 선개념

과학교육에서 해석학적 사유가 이미 있어온 가장 명백한 증거는 '오개념'이라는 탐구 영역이다. 작금의 과학교육에서 의미 구성의 문제가 중요하다는 판단 아래 학습자들이 기존에 가지고 있는 개념 구조 안에서 새로운 의미가 어떻게 구성되는가를 분석하고자 하는 연구의 영역이다. 이러한 연구는 심층 면접 등의 질적 방법들을 이용하여 학생들이 정규 교육을 받기 전에 그들이 가지고 있는 자연에 대한 아이디어를 탐구했다. 이러한 연구들에 의하면 학생들의 아이디어들은 과학적 개념과 대치되는 것들로서 과학수업을 통해서 잘 바뀌지 않는다는 것이다. 이러한 오개념들은 학생들이 문제해결을 하는 과정에서 항상 부정적으로 작용하지는 않는다. 그러나 그들이 새로운 언어의 문법 구조의 요소들을 배우지만 사태들에 대한 그들의 선이해는 그대로 변하지 않고 남아있다는 것이 해석학과 관련하여 매우 중요한 의미를 가지고 있다.

그러나 이러한 문제에 대한 인식이 확산되어있다 하더라도 이러한 오개념의 기원과 특징에 대한 이해가 불충분하기 때문에 깊이 있는 논의가 이루어지지 않는 경우가 가끔 있다. 가장 빈번하게 처방되는 것이 학생들의 믿음의 내적 모순 및 비일관성을 보도록 대화를 조장하는 것이다. 바로 여기서, 인식론적 의미에 있어서이긴 하지만, 해석학적 범주들 및 아이디어들이 가치 있는 것으로 드러난다.

이러한 논의들은 모든 선개념들을 잘못된 오개념들로 간주하고 그것들의 잘못을 드러내고 과학이 이미 구성한 개념들을 구성하도록 하는 것에 초점을 맞추고 있다. 예를 들어 계절 변화의 원인을 태양과의 거리로 설명하는 학생들이 있다. 이들에게는 남반부와 북반구의 계절이 반대라는 사실을 상기시킴으로써 그들이 가지고 있는 선개념을 드러내고 다른 원인들을 생각해보도록 할 수 있다. 여기까지는 좋다. 그러나 다음의 예는 매우 다른 오개념이다.

공을 위로 던졌을 때 거의 모든 사람들은 가속도가 0이라고 말할 것이다. 여기서는 대화나 추론이 바람직한 결과를 가져오기가 어렵다(Mestre, 1991). 왜 그런가? 해석학적 범주들은 생활세계 경험에서 기인하는 선개념과 다른 종류의 선개념들을 구분하고 있다. 이러한 선개념들은 이미 생활세계의 존재 방식에서 이해된 '선지(fore-having)'로서 과학적 반성에 선행하여 자연적으로 형성된다. 따라서 과학 학습 이전에 이미 가지고 있는 것으로 나중에 과학적 태도를 취함으로써 변양될 것이다. 과학은 이러한 선지(先持)를 이미 전제한 인식 방법이다. 따라서 실제로 일어나는 것은 과학에 의해서 잘못된 아이디어들의 '수정'이 아니다. 그것은 일종의 언어 확장으로서 개념의 확장을 반영하는 것이다. 일상적 삶의 양식에서는 정지된 물체가 가속하지 않는다고 할 때 그것은 틀린 것이 아니다.

물리학은 관찰을 통해서가 아니라 그 자체의 독특한 사유 방식으로 세계에 대해 이야기한다. 물리학을 이해하기 위해서는 극한 개념을 적어도 정성적으로라도 알 필요가 있다. 뉴턴의 제2법칙을 이해하기 위해서는 운동을 그래프로 옮겨 놓고 기울기를 조사한다. 이러한 존재 방식의 변양을 통하여 가속도의 생활 세계적 개념을 확장하여 정지된 물체의 가속도를 말할 수 있도록 한다. 이는 학생들이, 스캐폴딩이 있건 없건, 그들 스스로 이해하지 못하는 이유를 말해 준다. '가속도'의 새로운 확장은 학생들이 아직 파악하지 못한 그 외 물리학 언어의 사용에 전적으로 의존해 있다. 이것은 전적으로 해석자의 일이다. 학생들이 수동적이어서 구성을 하지 않는 것이 아니라 지평 융합이 일어나지 않고 있기 때문이다. 교사－해석자는 물리학의 지평과 생활세계의 지평을 잇대어서 선개념 자체를 출발점으로 사용하여 반성의 길을 열어 가도록 해야 할 것이다.

학생들의 지평에서 학생 개념은 잘못된 오개념이 아니라 단지 선개념이다. 물리학자들은 어렵사리 그리고 좋은 추론을 통하여 우리가 이미 가지고 있는 '선지'의 가속도 개념을 사용하여 새로운 가속도 개념을 확장하였다. 짧은 대화를 통하여 가속도 개념을 새롭게 구성하도록 하는 것은 어려운 일이다. 학생들의 개념적 지평에서는 정지 상태의 가속도의 의미를 수용할 만큼 충분히 확장되어있지 못하다. 학생들이 부분(물체의 운동)과 전체(극한, 운동의 법칙 등의 과학 언어)의 해석적 순환을 통하여 그들이 지평을 넓혀가고 차츰 텍스트의 지평과 합병되어 가도록 해야 한다. 이러한 지평 융합의 활동이 바로 가다머가 말한 이해의 과정이다.

과학교육에서의 해석학

과학 언어에 대한 해석학적 접근은 과학과 교육을 넘어 실행에 대해서도 구체적 의미를 가질 수 있다. 선개념을 논의하는 중점도 여기에 있다. 그 전에 자연과학에 해석학을 가져 오는 것에 반대하는 논의를 살펴보자. 이는 하버마스 및 가다머의 견해를 살펴보는 것이 될 것이다.

자연과학과 인문학을 구분하려는 의도는 한편으로는 (인문학을 수호하려는 입장) 과학주의에 대한 경계와 다른 한편으로는 (과학을 수호하려는 입장) 객관성의 결여에 대한 우려를 대표한다. 한편에서는 과학적 방법이 은연 중에 인간적 고려와 대조된다. 다른 한편에서는 모호성과 결정 불가능성이 과학 정신에 위배된다. 먼저 인간적 고려의 문제부터 생각해보자. 인문 사회과학에서 해석학이 특별히 인간적 조망을 촉진시키는 것이 사실이라면, 그리고 과학교육에서 의미의 문제가 어느 정도 이러한 조망의 결여 때문에 생긴다면 과학교육에서 해석에 관심을 가지는 것은 당연하지 않겠는가? 의미의 상실은 우리 시대의 일반적인 문화적 현상이다. 객관적이고 생이 결여되어있고 소외되어있는 경험의 원천이 바로 과학이라는 것을 당연하게 받아들이고 있다. 그러나 과학 역시 −특히 그것을 자기화하고 공부하는 것을 포함하여−이러한 상황을 만들었다기보다는 오히려 피해자라고 하다면 어떨까? 우리의 공적 생활 및 사적 생활을 점점 망치고 인간의 의미를 고갈시키는 모든 것이 피해자 말이다. 자연과학 자체가 과학주의에 의해 피해를 입는 것이 가능한가?

물론 이러한 물음은 쉽게 대답할 수 있는 것은 아니다. 그러나 인간/객관성의 이분법은 반드시 지양되어야 할 대사인 것은 분명해 보인다. 교육, 과학, 사회 모두를 위해서 바람직하지 않을 것이다. 과학을 자기화하는 데 있어서 인간적 요소를 고려하지 않는 것은 교사와 학생들을 위해서도 바람직하지 않을 것이다. 이 문제를 어떻게 다룰 것인가 하는 것은 분명 숙제로 남아있다.

마지막으로 적어도 과학자들에게 가장 큰 걸림돌로 남아있는 것이 있다면 해석의 결정 불가능성일 것이다. 정상과학을 교육과정으로 하는 과학교육에서 이러한 문제는 정답과 오답이 있다는 것으로 들어오게 된다. 그러나 여기에 대해서 적어도 해석학적 입장을 옹호할 수 있는 한 가지 반응을 생각해볼 수 있다.

예를 들어, 해석학적 학문의 대표격이라 할 수 있는 역사를 생각해볼 수 있다. 역사에서 많은 사실들과 하나의 유일한 대답이 존재하는 많은 물음들이 있을 수 있다. 그러나 홀로코스트를 부인하는 2차 세계대전 재해석이 있을 수도 있다. 적어도 이는 적어도 변함없는 사실인데도 불구하고 말이다. 그러나 이러한 상황은 과학에 대한 이론에 대해서도 마찬가지이다. 요지는 사실과 유일한 답 어느 것도 자연과학의 구분할 수 있는 표지가 못 된다는 것이다.

이와 관련하여 유일한 답을 지향하는 교육적 환경에 많은 문제점이 있다는 것을 공감하는 목소리가 높다. 과학교육이 과학주의에 점유되어있는 것이 아닌가 하는 문제는 심각하게 고려해봐야 할 사안이다.

물론 이와 같은 고려는 해석의 다중성이라는 보다 광범위한 문제는 아직 남겨 둔 채로 있다. 정상과학을 생각하여 해석의 다중성이 없다고 하는 사람들에게는 당분간 철학적 논의를 거두어 들여 놓자. 대신 해석학에서 말하고 있는 음악의 연주와 연극 공연 유비를 가져오자. 이들의 경우 대본과 악보는 변하지 않는다. 그러나 해석은 악보 및 대본 못지않게 해석에 의존한다. 뉴턴의 2법칙은 모든 교과서에서 같아야 한다. 그러나 그것은 이해와 해석의 처음이지 끝은 아니다. 정상과학에서는 여러 해석이 충돌하지 않는다는 것은 사실이다. 분명히 인문학 분야와는 상황이 다른 면이 있다. 그러나 그렇다고 해서 해석이 서로 충돌하는 경우만이 문제가 된다고 생각하는 것은 철학적 해석학의 전체 요점을 고려하지 않고 있는 것이다.

지금까지 논의한 해석학과 관련된 과학교육적 국면을 스케치 한 수준이라 할 수 있다. 과학을 이해하는 문제에 대한 이러한 해석학적 고려는 과학 그 자체에 대해서도 의미를 가정한다. 행위로서의 과학과 이해로서의 과학을 이분하는 것 역시 문제가 될 것이기 때문이다.

09
과학에 대한 해석학적 접근[1)]

해석학이 어느 정도로 자연과학과 그 연구에 있어서 유관한가? 소수의 철학자 및 과학자들을 제외하고는 과학에 해석학을 가져오는 것을 부정적으로 생각하는 것 같다. 역사적으로 보면, 해석학은 자연과학과 인문학을 구분하기 위하여 도입되었다. 인문학 및 사회과학은 언어-정향적, 해석적 접근이 필요하지만 자연과학은 그렇지 않다는 것이다. 해석학은 언어를 다루기 때문에 해석들 사이의 '결정 불가능'의 상황이 생길 수 있지만 자연과학에서는 의미가 순전히 언어 사용에 있지 않기 때문에 심지어 주요 패러다임이 충돌할 경우조차 결정이 가능하다는 것이다. 과학교육에서는 학생들로 하여금 논증 상황에서 모델 간의 선택을 합리적으로 할 수 있도록 해야 하는 일반적 목표를 가지고 있다.

그럼에도 불구하고 해석학이 자연과학을 자기화하는데, 즉 특별한 과학이 우리에게 말하는 것을 제시하고, 공부하고 이해하는 과정에서 역할을 할 수 있다는 것을 논의할 수 있다. 이러한 논의는 3가지 점에 근거해 행해질 수 있다: 먼저, 역사-문학적 해석학과 과학철학은 그들의 발달 과정에서 중요한 점에서 상호 간에 서로 닮아있는 점이 많아서 과학 역시 해석학의 성격을 가지고 있다

---

1) Eger, M.(2006). Science, understanding, and justice: the philosophical essays of Martin Eger. ed. by A. Shimony, Chicago, La Salle, Illinois: Open Court. 편역함.

는 것이다; 둘째로, 존재론적으로 정향된 해석학은 구성주의와 맥을 같이하여 과학을 논의하는 데 있어서 적절하다는 것이다; 마지막으로, 해석학이 과학적 탐구와 어떤 관련성을 갖든지 간에 문화-교육적 영역에서는, 즉 지식으로서의 과학에 관한 한 해석학은 매우 강한 유관성을 갖는다고 할 수 있다. 왜냐하면 교육에서는 우선 자연 그 자체보다는 지식으로서의 언어와 마주하기 때문이다.

여기서는 처음의 두 관점을 중심으로 논의해본다. 해석학이 본질적으로 넓은 범위에 걸쳐있는 철학적 정향성을 가지고 있다 하더라도 과학 및 교육에 대한 여러 쟁점들에 대하여 시사점을 던져 줄 수 있다. 구성주의는 과학철학에 들어오는 것과 같은 방식으로 해석학에 들어온다. 이러한 대응 관계를 논의할 때 떠오르는 한 가지 사실은 구성주의 과학철학의 극단적 형태를 비판할 수 있는 가능성이다. 해석학적 관점이 매우 광범위하기 때문에 구성주의 과학철학은 수용될 수 있는 여지가 있는가 하면 또한 제한적일 수도 있다는 것을 보여줄 수 있다. 페미니스트 비판은 과학의 객관성에 의문을 품고 있기 때문에 철학적 해석학과 관련을 가지고 있다. 오개념 연구는 해석학의 중심 요소인 선개념과 관련을 맺고 있다. 오늘날 과학의 상품화는 과학의 실행과 교육에 큰 영향을 미치고 있어서 하나의 문제로 떠오르고 있다. 이러한 맥락에서 볼 때 해석학은 여러 쟁점들을 아우를 수 있는 일반적 이론적 틀을 제안하도록 하는 것이 가능하다.

그러나 이러한 이론적 틀은 위험성이 내포되어있다. 의미와 이해에 따라서 대화에 주로 관심을 가지게 됨으로써 해석학은 '실재와의 조우', '과학적 방법'을 등한시 할 수 있다. 오늘날 '해체', '스토롱 프로그램', '지식의 고고학' 등의 이름으로 상대주의 내지는 허무주의가 학습 현장을 침투해 있는 실정이다. 자연과학과 관련해서는 이러한 무드는 쿤의 과학과 연관되어있다.

그러나 극단적인 상대주의는 과학 및 과학교육에 해롭다. 법칙과 이론이 자연에 의존해 있기 보다는 과학자에게 의존해 있다는 것을 암시함으로써 우주에 대한 흥미 및 동기 유발을 저해한다(Toulmin, 1982; Eger, 1989). 과학적 진술들이 다만 그것들을 사용하는 인간의 구성물 이상의 것이 아니라면 우리 모두에게 공통적인 '그 세계(the world)'는 사라지고 말 것이다. 과학의 객관성,

토대주의 철학에 대한 비판들은 과학의 기술적 적용의 성공과 인간과 세계에 대한 의미를 떼어 놓고 생각함으로써 자연과학을 평가절하 해왔다. 소외된 객관주의의 서구적 형이상학을 우리에게 떠넘기고 있다는 것이다. 그 배후에는 지배의 야욕이 도사리고 있다는 것이다.

이러한 비판은 교육에도 점차 파고 들어와 교사와 학생들의 과학 및 과학의 본성에 대한 이해 및 과학에 대한 태도에 영향을 미치고 있다. 이러한 영향은 과학을 도구화하여 과학의 의미를 사용의 차원에서만 바라보게 한 측면이 있다. 자연을 예측하고 조작하는 데 과학적 지식을 사용하는 것에 의미를 두는 것이다. 이렇게 되면 과학을 전공으로 하지 않는 학생들에게 과학이 무슨 흥미가 있겠는가? 심지어 과학을 전공하고자 하는 학생들에게도 흥미는 반감될 것이다. 그러므로 과학 지식의 상대화 및 도구화를 향한 압력이 존재하는 만큼 과학교육은 또 하나의 문제에 직면하게 된다.

해석학이 위와 같은 부정적 분위기를 품고 있기 때문에 과학 및 과학교육에 위험을 초래할 수도 있다고 생각할 수도 있다. 그러나 사실은 해석학이 다른 한편으로는 그 자체로서 견제의 역할을 할 수 있다. 해석학적 견지에서 과학이 또 하나의 '문학 장르(Rorty, 1980;1987)'에 불과하다는 주장은 반드시 그렇지는 않다. 해석학적 접근을 무시하게 되면 소박한 실재론에서 기원하는 무분별한 주장들을 완화시킬 수 있다. 과학이 실재에 뿌리박혀 있다는 주장을 소박한 실재론은 방어하기가 더욱 힘들기 때문이다. 여기에는 깊고 신비적이고 특히 인간적인 어떤 것도 발견할 수 없고, 인간적 판단을 요구하는 어떤 활동도 끼어들 여지가 없게 된다. 과학이 재미없고 세계에 대한 어떤 통찰력도 제공하지 않는다면 그것의 가치는 전문가를 제외하고는 거의 흥미를 유발하지 못할 것이다. 이러한 문제에 직면하여 해석학은 과학을 위험하게 하기 보다는 오히려 과학의 인지적 국면을 지지할 수 있는 여지가 있음을 보여줄 수 있다. 과학 학습에 고유한 해석적 자유의 유형을 해명함으로써, 과학은 인간적인 활동일 뿐만 아니라 우리가 사는 세계에 대한 앎이라는 것을 보여줄 수 있다.

해석학의 과거와 오늘

과학을 문예적 과업으로 보고자 하는 관점은 책-은유(book-metaphor)에 잘 나타나 있다. 갈릴레오가 이 책의 언어는 수학이라고 했을 때 그는 이 은유를 사용하고 있는 것이다. 물론 그 이전에도 이 은유는 익숙한 것이었다. 그러나 현재에 이러한 은유가 널리 사용되지 않고 있는 이유는 다음과 같이 이해할 수 있다. 즉, 가설-연역적 방법론 및 모든 종류의 후-실증주의 철학은 자연을 읽는 것 보다는 자연에 옷을 입히는 것(dressing her up: Husserl, 1970; Gregory 1988, 186)에서 과학의 행위를 규정하고 있기 때문이다. 실험을 가설 연역적 방법론에서부터 생각함으로써 자연에 대한 알리데이아로서의 진리를 간과하고 있다.

이 은유의 쇠퇴와 부활은 '읽기'가 어떻게 이해되어 지는가와 관련이 있다. 읽기를 수동적으로 생각한다면 현대 과학과는 물론이고 과학사 및 과학철학적 연구 결과와도 조화되지 않는다. 그러나 읽기를 구성주의적 의미로 읽는다면 해석적 읽기는 수동적인 것 이상을 의미한다. 구성주의적 맥락에서 읽기를 고려하면 자연과학에서 해석학을 가져올 수 있는 여지가 마련된다. 자연의 책을 읽는 것은 하나의 읽기 행위(act)로 이해하게 되면 어느 정도의 자유가 있게 된다.

19세기 해석학은 텍스트를 해석하는 기술로서 철학적으로는 복잡한 것이 아니었다. 고대 문헌을 이해하기 위해서는 현재는 사용되고 있지 않은 표현의 의미를 회복해야 할 뿐만 아니라 행위, 상황, 관습, 제도 등의 사실상 전 생활양식의 의미를 알아야 한다. 물론 텍스트는 하나의 의미를 가지고 있는 것으로 전제되었다. 그 하나의 의미는 저자의 의도일 수도 있고 텍스트의 의미일 수도 있다. 그러나 이러한 의미가 해석자와 독립적으로 존재한다는 것을 의심하지 않았다. 참된 해석을 찾기 위해서 해석자는 자신의 문화적 편견을 버리고 텍스트 자체의 문화로 들어갈 필요가 있다. 능숙한 해석자는 텍스트 자체가 말하고 있는 것에 가까이 접근하는 자이다.

모든 해석에는 해석학적 순환이 개입되어있다. 이러한 순환에 개입되어있는 인식론적 국면들을 살펴봄으로써 해석학과 자연과학을 관련시킬 수 있는 근거를 마련할 수 있을 것이다.

어려운 책을 읽을 때 우리는 한 문장의 의미는 문단, 텍스트 전체 및 맥락에 의존해 있다는 것을 안다. 그러나 텍스트를 이해하기 위해서는 또한 개별 문장을 이해해야 한다. 이 모든 경우에 방법은 '계속적인 근사(successive approximation)'의 방법을 사용한다. 즉, 텍스트 전체에 대한 최초의 기투(projection) 혹은 선이해를 가지고 출발한다. 선이해는 명시적로 혹은 암묵적으로 개입된다. 이러한 기투는 이전의 독서로부터 온 추측, 선입견 등이 될 것이다. 그리고 이러한 기투를 사용하여 텍스트의 부분들을 이해한다. 그리고 이러한 부분들의 의미를 종합하면서 애초의 기투가 일관되게 의미구성을 유지하는지를 살핀다. 이렇게 해석된 부분들이 정합적으로 구성되지 않을 경우 문제가 발생한다. 이 때는 원래의 기투를 수정해 가면서 부분과 전체 사이의 반복적인 움직임을 계속한다(Gadamer, 1975).

이러한 절차를 통하여 아이디어를 수렴(convergence)해 간다. 순환을 반복해 감으로써 수정의 정도가 잦아드는 것을 볼 수 있다. 19세기 해석학적 관점에서는, 이러한 순환의 사이클을 거듭함으로써 우리의 모든 주관적 요소들을 제거하면서 텍스트의 참된 의미에 접근할 수 있다고 보았다. 사실상 그 과정은 끝이 없을 수 있지만 매 사이클마다 목표에 더욱 가까워진다. 중요한 것은 하나의 참된 목표지점을 향하여 수렴해 간다는 것이다. 이상적인 목표로서의 수렴은 2가지로 이해될 수 있다: 해석학적 순환이 한 점으로 모여드는 상황과 한 가지 이상의 기투가 있을 경우 그들이 한 점으로 수렴하는 경우가 있을 수 있을 것이다. 두 번째의 경우는 해석이 객관적이라고 말할 수 있을 것이다. 능숙한 해석자의 경우 편견은 장애물이지만 그러나 마지막 결과에 영향을 주는 결정적 요소는 아니다. 텍스트가 그 결과를 결정한다.

바로 이러한 쟁점에 대해서 20세기 해석학은 견해를 달리한다. 변화는 3단계로 일어났다. 해석을 인식론적 관점에서 존재론적 관점으로 바라봄으로써 구성주의적 관점으로 방향을 잡게 된다. 이와 함께 해석학의 범위가 넓어진다. 19세기 역사 및 신학 연구에 국한되었던 해석학이 낯설고 새로운 어떤 것들을 이해하는 모든 경우에 해당하는 것으로 그 외연을 확대하게 된다. 가다머는 세계에 대한 인간의 모든 경험을 포함하는 것으로 말하고 있다.

이러한 경험을 해석학적이라고 하는 이유는 우리가 기술하고 있는 과정이 우리의 익숙한 경험을 통하여 계속적으로 반복되기 때문이다. 우리의 기대를 인도했던 것은 파해지고 그 폐허에 재조직을 수행하면서, 경험이 그 안으로 진입해 들어가는 아마 해석되고 아마 그 기본적 관계들이 조직된 하나의 세계가 언제나 존재한다(Gadamer, 1976).

이것이 바로 가다머로부터 시작하여 가다머가 발전시킨 소위 철학적 해석학이라는 것이다. 이 해석학은 소위 자연화된 과학철학의 발달과 많은 면에서 닮아있다. 이 두 영역을 비교함으로써 텍스트를 읽는 것과 자연을 읽는 것 사이의 유사점과 차이점을 발견할 수 있을 것이다.

선입견이 본질적으로 극복될 수 있다는 것을 부인함으로써 해석학은 이제 새로운 국면을 맞이한다. 왜냐하면 텍스트의 의미가 해석자와 독립하여 객관적으로 하나 존재하고 그것을 향해 수렴한다는 해석학적 상황은 생각할 수 없게 되었기 때문이다. 해석은 저자의 의도나 텍스트의 의도를 재구성하는 것이 아니라 구성하는 것이 된다. 이렇게 되면 해석자의 선입견은 없애버려야 할 대상이 아니라 그 자체 탐구의 초점이 되어야 한다. 이들 선입견들이 해석에 있어서 선구조(fore-structure)로서 텍스트와 변증법 관계에서 하나의 축으로 작용한다.

이 선구조에는 우리의 생활세계의 존재방식으로부터 연유하는 선지(fore-having: vorhabe)가 속해 있다. 우리는 반성 이전에 이미 평상시 경험의 일부로 용재자로서 교섭한다. 이러한 선지는 지식의 가장 일차적 층위를 구성한다. 두 번째 층위는 의식에 보다 근접한 것으로서 선시(fore-sight: vorsicht)에가 속한다. 우리의 구체적 상황에 고유한 조망을 포함한다. 이는 경험에서 이미 교섭하고 있는 것을 보는 방식을 제공한다. 여기서는 언어가 기본적 요소로서 떠오르고(다만 의사소통의 도구가 아니라) 하나의 집단적 장(collective field)으로서 그 안에서 우리가 보는 것들을 볼 수 있는 하나의 전통(tradition)으로 이해된다. 철학적 해석학에서는 언어가 중심적 역할을 한다. 마지막 층위는 '맹아적 아이디어(incipient ideas: vorgriff)'이다. 이를 통하여 이미 물리적으로 다루고 있는 것을 인지적으로 파악하도록 허용한다. 이 층위에서 의식적으로 개념적으로 파악되고 소통되고, 수정된다.

해석 과정을 먼저 인간 실존의 전과학적 세계에, 그리고 전수된 언어에 관련시킴으로써 철학적 해석학은 절대적 의미에서의 객관성을 이미 봉쇄하고 있는 셈이 된다. 해석학적 사유는 선입견을 의식하고 그것을 고려하기 때문에 사태 자체, 즉 진리에 이르는 길은 이제 보다 복잡한 문제가 된다. 그것은 선구조 내에서 행해져야 하고 그 선구조가 인도하는 이행의 '순환' 내에서 이루어져야 한다. 선개념은 더 이상 부정적인 것으로 간주되지 않는다. 왜냐하면 그것 없이는 사실상 보는(해석하는) 도구가 없기 때문이다.

위의 해석학의 발달 과정은 객관주의로부터 멀어지는 과학철학의 역사와 비슷한 경로를 밟고 있다는 것을 알 수 있다. 그 유사성은 일반적 추세뿐만 아니라 중요한 세부 상황에까지 이르고 있다. 19세기에 걸쳐서 과학은 유일한 진리를 목표로 하고 있었다. 지금 우리가 알고 있는 가설이라는 것은 과학혁명의 초기부터 의심을 받았다. 그러나 시간이 지남에 따라 가설은 과학적 방법의 과정 중 한 단계로서 생각되기에 이른다. 포퍼의 반증주의 철학은 이러한 선입견을 과학과정의 하나의 중요한 계기로서 파악하고 있다.

이상현상(anomaly)은 패러다임이 제공하는 배경지식에 대해서만 나타난다. 패러다임이 보다 정밀하고 범위가 넓으면 넓을수록 이상현상에 대해, 나아가 패러다임 변화를 위한 더욱 더 민감한 계기를 마련해준다(Kuhn, 1970)

중요한 것은 자신의 선입견을 의식하는 것이다. 그리하여 텍스트는 그것의 모든 새로움 안에서 말하고 그리하여 선의미에 대해서 그 자신의 진리를 주장할 수 있게 된다(Gadamer, 1975).

두 영역에서 공히 선판단이 중요하며 그것이 대상을 느끼도록 허용하는 하나의 탐색으로서 나타나고 있다. 두 경우 모두 이것이 '순환'을 인도하여 탐색을 변화시키고 또 하나의 서클을 가져오게 한다. 예를 들어, 쿨롱은 자신의 실험 장치를 설계하기 위하여 전기 이론을 적용하였다. 바로 이러한 측정의 결과가 이론을 정교화시켰다(Kuhn, 1970). 마찬가지로 책을 읽을 때도 해석자는 먼저 기투를 하고 의미를 구성해 나감에 따라 드러나는 것들로부터 계속해서 그것을 수정해 나간다(Gadamer, 1975).

앞의 설명에서 기투하고, 수정하면서 의미를 구성해 가는 과정은 하나의 목표를 향해 가는 것을 함축하고 있다. 그러나 이러한 사실은 새로운 빛 가운데서 이해해야 한다. 위의 기술이 전부가 아니다. 선개념은 모든 탐구의 단계에 깊숙이 개입되어있다. 포퍼 식의 명시적인 추측 및 선입견뿐만 아니라 보다 깊숙하게 자리 잡은 원시적인 암묵지가 문제가 된다.

폴라니와 쿤에 있어서 '선지'에 해당하는 것은 '암묵지'이다. 이는 패러다임 중에서도 가장 견고하게 자리 잡고 있는 부분으로서 실험실 절차들에서, 혹은 분류하고, 분석하고 측정하고 기록하는 방식에 있어서 물리적으로나 정신적으로 자료들을 다루는 방법을 포함한다. 여기에 더하여 '선지'에 해당하는 패러다임의 언어는 문제를 보는 방식 및 보여지는 것을 말하는 방식을 이미 구조화시켜 놓고 있다(Kuhn, 1970; Polanyi, 1958, 1969). 말하는 방식을 구조화시키는 예로는 아인슈타인 이전에는, 좌표계를 언급함이 없는 '동시성'이라는 말이다. 최근의 오개념 연구에서 보여주듯이 운동은 힘을 필요로 한다는 등의 예에서 볼 수 있다. 이러한 개념들은 과학혁명 이전에 널리 통용되어 오던 것들로서 이들은 생활세계의 '선지'의 결과라고 볼 수 있다.

이러한 암묵적 선개념들은 깊이 뿌리박혀 있을 뿐만 아니라 과학 활동에 있어서 없어서는 안 될 요소라는 것을 분명히 함으로써 폴라니와 쿤은 해석학에서 하이데거가 이들에 부여한 역할에 비교될 수 있다. 한편으로, 우리는 이러한 편견을 완전히 초월할 수 없다; 다른 한편으로는 그 적극적 역할 때문에 그렇게 하기를 원할 수 없다는 것 역시 명백하다.

이는 과학에서 뿐만 아니라 텍스트 해석에서도 현대 급진적 관점이 끼어들 수 있는 여지를 제공한다. 해석에서의 선개념을 고려하면 '결정 불가능성'의 테제에 이르게 된다(Conolly & Keutner, 1988). 선지, 선시 혹은 언어에서 포함된 지식이 무엇이든 대부분의 경우 그것은 하찮은 것으로 수정되지 않을 것이기 때문이다. 해석학적 순환은 서로 다른 해석자들의 해석이 일점으로 환원되지 않을 것이기 때문이다. 계속적인 기투는 다르게 되고 이것은 해석 결과에 직접적으로 영향을 미칠 것이기 때문이다. 결과적으로 여러 해석이 공존하고 또 어떤 테스트도 그들 대안 해석들 사이를 결정할 수가 없다. 해석자 자신이 해석의 부분이 된다.

보다 급진적 후실증주의 과학철학은 '개념의 불가공약성'에 대해서 말하고 있다. 두 패러다임 간에는 의미가 서로 불가공약적이기 때문에 정치적 혁명에 비유할 수 있는 혁명을 통해서 과학이 진보한다고 본다. 그 진보는 양적 결과에 있어서 진보이지 개념의 의미에 있어서는 본질적으로 다르다는 것이다. 이러한 관점에 의하면, 상대성 이론은 단순히 고전 역학을 수정하고 보다 넓은 영역에서 그것을 설명하는 것이 아니다. 예를 들어, '동시성', '질량'의 의미, 즉 언어 자체가 변했다는 것이다(Kuhn 1970). 계산적 수렴과 개념적 수렴은 같이 가지 않는다는 것이다. 프톨레마이오스로부터 뉴턴을 거쳐 아인슈타인에 이르는 변화는 계산적 차원에서는 진보이지만, 유일한 진리로 가는 수렴점에 접근하는 길은 아니다(Kuhn 1970; Laudan 1981).

그러나 과학에서 객관성을 옹호하는 입장을 또한 무시할 수 없다(예로서 Scheffler, 1967을 들 수 있다). 여기에는 학문적 논의만 관련되어있는 것만이 아니다. 전문적 이론들 이상의 것이 개입되어있다. 객관성은 과학의 모럴리티이다. 도덕적 삶과의 관련성은 일반적으로 초월에 대한 요구에 의존해 있다. 우리가 가지고 있는 많은 편협성을 극복하는 것, 그것이 진리에 도달하고자 하는 노력이다. 그것은 초인간적 중립성으로부터 오는 것도 아니요, 느낌이나 가치들을 무시하는 것으로부터 오는 것도 아니요, 바로 인간의 비극적 상황에서 공통 기반을 필요로 하는 것으로부터 온다. 쉐플러 및 포퍼가 객관성을 '책임있는 믿음'으로서 요구할 때, 그것은 대부분의 크고 작은 불의는 그들의 토대에 이런 저런 비진리를 가지고 있다는 인식을 반영한다.

바로 이 점은 과학을 인간화하고자 하는 사람들이 명심해야 할 대목이다. 이들은 객관화가 이익이 되기보다는 해악이 많다고 본다. 이들은 과학의 방법에서 지배 이데올로기를 보며 서구의 '가치중립적', 환원적 앎의 방식을 전체적, 비결정성 및 인간적 요소로 대체하려고 하는 사람들은 명심해야 한다(예, 폴라니, 가다머, 하딩, 봄). 이러한 비판자들은 해석학적 철학을 하는 사람들 사이에서 주로 주창된다.

이러한 두 가지 노선 방향에 여러 가지 길이 있을 수 있다. 과학철학이 주관성 및 상대주의로 흐르는 것은 매우 심하게 비판받아왔고 결코 일반적 수준에서 수용되지 않고 있다(Lakatos & Musgrave, 1970; Gutting, 1980). 반면, 해석학에서 존재론적 전향은 해석을 일반적으로 인정되고 있는 것보다 훨씬 덜 주관적임을 보여주고 있다. 이와 같은 분석은 해석하는 자와 해석되는 대상의 존재 양식을 살펴봄으로써 분석해볼 수 있다. 이 분석에 의하면 해석학은 주관/객관의 이분법을 넘어서 움직이고 있다.

지금까지 3가지의 독립적이지만 서로 관련이 있는 국면들을 논의했다. 첫째, 앞으로의 여러 가지 논의를 위한 배경지식으로서 해석학과 과학철학의 유사한 발달 과정을 보여주고자 하였다. 둘째, 과학적 탐구와 텍스트의 탐구를 나란히 놓고 생각해봄으로써, '과학을 이해함에 있어서 해석의 역할은 무엇인가?'와 같은 물음을 물을 수 있는 틀을 제공하였다. 마지막으로, 이 두 영역에서 점증하는 구성주의와 상대주의의 추세를 따라가 봄으로써 과학철학에 대해서 이것이 제기하는 잘 알려진 문제들은 과학을 학습하는데도 역시 반영된다고 하는 것을 논의하고자 하였다. 나아가 해석학 그 자체 안에 이러한 문제에 대한 답이 놓여있다는 것을 논의해보고자 한다.

10
해석학의 본성과 교육이론[1)]

교육과 해석 사이의 관계는 오래된 것이었다. 예를 들어 고대 그리스의 교육적 실행에 있어서 시 해석은 중심적 위치를 점하고 있었다. 시의 교육적 가치는 시작하는 데 있는 것이 아니라 시로부터 지혜를 얻는 데 있다. 다시 말해 해석의 과정에 교육적 가치는 의존해 있다는 것이다. 예를 들면, 플라톤에 의하면 시는 해석을 필요로 할 뿐 아니라 시인 자신도 신들의 해석자가 됨으로써만 교육적 가치를 제공해줄 수 있다고 한다.

근대 텍스트 해석학의 발달 초기에 교육과 해석 사이의 관계는 불분명한 면이 있지만 완전히 없어지지는 않았다. Martin Chladenius(1710~1759)는 다음과 같이 말하고 있다. "해석은 연설이나 쓰인 작품을 완전히 이해하기 위하여 배울 필요가 있는 개념들을 누군가에게 가르치는 것 이외의 것이 아니다."

19세기 낭만주의 해석학이 발달한 이래로, 교육과 해석 사이의 관계는 모호해지기 시작했다. 슈라이어마하는 해석학 영역에서 해명(explication)의 정확성을 배제하고 이해의 정확성만을 포함시켰다. 해석과 교수(teaching)의 동일성을 주장하는 Chladenius와는 달리, 설명을 해석학의 규칙에 포함시키는 것과는 대조적으로 슈라이어마하는 "해석학은 이해의 기술만을 다루고 이해되어진 것을

1) Gallagher, S.(1992). Hermeneutics and education. Albany: State University of New York Press.를 편역함.

프리젠트 하는 것이 아니다"라고 말하고 있다. 심지어 하이데거는 해석을 이해의 가능성을 발달시키고 교육하는 것이라고 할 때도 그는 해석의 교육적 차원을 더 이상 논의하지 않고 있다. 가다머 역시 해석학의 교육적 의의를 언급은 하고 있지만 해석학 이론의 다른 국면들에 가려져서 빛을 보지 못하고 있다.

여기서는 해석학과 교육의 관련성을 역사적으로 추적하고자 하는 데 있지 않다. 역사적으로 분석해봐야 그들 간의 본질적 관계를 보여주기에 충분치 않을 것이다. 이 관계는 교수-학습에 보다 포괄적으로 관련되어있다. 여기서 우리는 현대 해석학적 구도 속에서 해석과 교육 사이의 본질적 관계를 짚어보고자 한다.

이러한 관련성을 명백하게 보는 데 우선 필요한 것으로서 해석학의 작업적 개념을 정리해보는 것이다. 이는 해석학에 익숙하지 않는 사람에게뿐만 아니라 현대 해석 이론에 이미 정통한 사람에게도 공히 필요한 수순이라 하겠다. 나아가 현대 해석학 이론의 구도를 정의하는 여러 가지 아포리아들을 고려해 봄은 해석학과 교육이 관련성을 정의하는 데 도움이 될 것이다.

해석학의 작업적 정의

교육 이론의 표준적 어휘는 아니지만, 해석학(hermeneutics)이라는 용어는 철학, 신학, 법률, 문학 및 사회과학적 맥락에서는 익숙한 용어이다. 그러나 해석학이라는 개념은 오래되고 복잡한 역사를 가지고 있다. 게다가 이 용어는 여러 가지 의미로 사용되고 있다. 따라서 여러 맥락에서 해석학은 '이론, 철학, 방법론, 접근, 소망, 약속, 이데올로기,' 혹은 '슬로건, 연구 영역' 등의 단어와 함께 쓰이고 있다. 우리의 첫 과제는 이러한 의미들 중 몇몇을 가려내어서 최종적이고 충분한 정의는 아니라 하더라도 작업적 정의에 도달하는 것이다. 여러 문헌으로부터 수집한 다음의 정의들은 해석학의 공통된 특징들은 물론 여러 다른 개념들 역시 보여준다(Gallagher, 1992).

첫째, 슈라이어마하는 해석학을 이해의 기술로서 정의하고 있다. 해석학의 기술은 성서, 고전 및 법률 텍스트의 읽기에 실행된다.

둘째, 팔머(Palmer)에 의하면 해석학은 이해, 특히 텍스트의 이해를 목적으로 한다. 해석학은 이해와 해석이 무엇인지에 대한 질문에 대한 답을 추구한다.

셋째, 리쾨르에 의하면 해석학은 특정한 텍스트의 해석에 적용되는 명시적이거나 암묵적인 규칙이나 방법을 포함한다.

넷째, 딜타이에 있어서 해석학은 정신과학을 위한 적절한 방법과 관련된다. 해석학은 인문과학의 방법론의 근거를 형성하는 역사적 이성의 비판이다. 하나의 방법으로서 그것은 영구적으로 고정된 삶의 표현을 이해하는 기술이다.

다섯째, 하이데거는 이해가 인간의 실존적－존재론적 특징인 한에 있어서 해석을 이해의 완성으로 보고 있다.

여섯째, 가다머는 하이데거의 존재론적 관심을 따라서 이해의 가능성의 조건을 조명하는 이론으로서 해석학을 발전시키고 있다. 그에 의하면 문화적 혹은 역사적 소격화가 다시 말하도록 하는 것이다.

일곱째, Bleicher에 의하면 해석학은 의미 해석 이론 및 철학으로 정의한다.

여덟째, 하버마스는 언어적으로 소통 가능한 의미를 이해하고 왜곡된 소통 구조의 경우에는 그것을 이해할 수 있도록 하는 기술로 정의하고 있다.

해석학의 정의가 이렇게 다양하다는 것은－이들이 또 전부가 아니다－그만큼 해석학에 대해서 모든 것이 다 해결된 것은 아니라는 것을 말해준다. 이러한 정의들의 각각 뒤에는 복잡한 이론이 놓여있다. 그러나 여기서는 해석학과 교육적 경험 사이의 관계를 탐색하기 위하여 해석학에 대한 작업적 개념 정리를 하고자 한다. 이를 위하여 위의 정의들은 출발점이 된다. 이들 대부분은 이해 및 해석을 언어와 텍스트와 관련되어있는 것으로 본다. 만약 우리가 해석학(hermeneutics)을 해석(interpretation) 이론으로 특징짓는다면 텍스트 해석의 전형이 해석학적 연구의 주가 될 것이다.

문어적 텍스트의 해석은 자주 우리가 이해를 얻게 되는 방식의 모델로서 제공된다. 한 텍스트의 의미에 도달하는 과정은 여러 요인들에 의해 조건화되어 있다. 즉, 읽기 행위 자체에 내재해 있는 요인들, 독자의 상황 및 텍스트의 구조에 연루되어있는 조건들이 있다. 이러한 요인들은 독자가 텍스트를 해석하는 데 제한을 가한다. 예를 들어, 독자는 그의 역사, 그가 속해 있는 사회 및 문화, 교육적 배경, 언어적 능력, 주제와의 친밀성, 목적 및 실천적 이해 등에 의해 정의된다. 텍스트는 그것이 쓰인 시대의 문화, 언어, 저자의 의도 등에 의해 조건화되어있다. 텍스트의 의미는 텍스트 내에서만 존재하는 것도 아니고 저자의 마음에 전적으로 있는 것도 아니다. 그리고 독자의 마음에 이상적으로 거하는 것도 아니다. 해석의 과정에는 독자, 텍스트, 의미 등의 요소들 중에서 어느 하나 그 자체로 고립해서 존재하는 것이 아니다. 하나의 텍스트를 이해한다는 것은 독자와 텍스트, 텍스트와 저자, 현재와 미래, 한 사회와 다른 사회 사이에 복잡한 시리즈의 다리를 놓는 것을 포함한다. 이러한 다리들의 건축은 해석을 조건 짓는 요인들의 제한 아래서 기투되는 것이다. 해석(hermeneutics)의 과업은 해석(interpretation)을 조건 짓는 인식론적, 사회적, 문화적, 언어적 요인들을 확인하는 것이다. 예를 들면, 20세기 독자와 12세기 텍스트 사이의 거리에 놓여있는 다른 요인들을 연구할 수 있다. 즉, 문제가 되고 있는 텍스트의 이해를 가능하게 하는 요인들은 물론 이해하지 못하게 하는 요인들을 연구할 수 있다.

언어는 해석 과정에 중요한 만큼 해석학의 중심적인 관심이 된다. 많은 정의들이 이러한 관심을 강조하고 있다. 이해는 추상적인 심적 활동이 아니다. 이해는 언어적 사건이다. 언어는 세계를 이해하는 데 있어서 중심적인 역할을 한다. 이와 관련하여 팔머(Palmer)는 다음과 같이 말하고 있다.

> 언어는 사람이 보는 것과 생각하는 것을 형성해준다. 그 자신과 그의 세계(이 둘은 딱히 구분되는 것은 아니다)인 실세계에 대한 그의 봄(vision)은 언어에 의해 형성된다. 우리가 생각하는 것 이상으로 사람들은 언어를 통하여 그의 삶의 여러 국면들－예배하기, 사랑하기, 사회적 행위, 추상적 사고－을 열어 간다. 즉, 감정의 형상마저도 언어에 종속되어있다(Palmer, 1969, p.9).

그러나 해석학은 언어학이 아니다. 하버마스는 여기서 분명한 선을 긋는다.

언어학은 "자연 언어에 대해서 문법적으로 정확하고 의미론적으로 의미 있는 모든 요소들을 생성하는 규칙 체계를 재구성하는 것을 목표로 하는 반면, 철학적 해석학은 소통할 수 있는 화자들의 기본적 경험을 반성하는 것이다."라고 하고 있다. 달리 말해 해석학은 언어를 대상적 실체로서 연구하는 것이 아니다; 그것은 독자가 텍스트를 해석할 때 언어가 작동하는 방식에 대한 연구이다. 텍스트는 단지 어떤 통사론적 규칙에 따라 정돈된 문법적으로 구성된 문장의 집합이 아니다. 그것은 문법적 통사론적 정열을 초월한 의미의 가능성을 그 자체 내에 가지고 있는 전체성의 특징을 가지고 있다. 저자가 사용하는 언어, 텍스트에 퇴적되어있는 언어, 해석의 사건에서 사용되는 언어는 가능한 의미들을 향하게 한다.

해석학은 해석의 과정, 텍스트를 통한 의미의 소통, 대화에서의 언어적 역량(linguistic competence) 등을 탐구한다. 텍스트의 현상과 그 텍스트를 이해하는 데 있어서 해석, 의미, 언어의 상호작용은 텍스트 해석학에 복잡한 문제들이다. 그러나 해석학은 문어나 구어에 대한 관심을 넘어서 보다 보편적 개념으로 나아가고 있다. 이러한 움직임은 앞서 제시한 네 번째에서 여덟 번째에 이르는 정의에 나타나 있다. 이러한 정의들은 해석학이 비텍스트적인 현상, 즉 사회적 과정, 인간 존재, 존재 그 자체와 같은 것들을 다루고 있다. 그러나 해석학은 언어의 매개를 통하여 사태를 다룬다. 사태가 말하도록 해야 한다는 가다머의 제안은 말의 거울을 통하여 진리에 이른다고 하는 플라톤의 생각을 대변하고 있다고 보아 무방하다. "존재하는 모든 것은 언어의 거울을 통하여 자신을 반사한다." 인간은 세계 안에 있는 모든 것을 언어를 통하여 만난다.

텍스트 해석학을 넘어서 철학적 해석학으로의 움직임은 그럼에도 텍스트 개념의 확장에 기반해 있다. 어떤 의미에서, 세계가 인간에게 의미가 있는 한에서, 세계는 해석을 요하는 텍스트와 같다. 예를 들어 리쾨르(1970)는 이를 분명히 하고 있다: 개념은 유비적으로 사용될 수 있다. '자연의 책(the book of nature)'이라는 중세의 은유는 자연을 해석한다는 의미를 가지게 된다. 이 은유는 주석의 개념을 넓게 보도록 한다. 문어 텍스트의 이해와 관련된 과정은 공히 세계에 대한 이해에 공히 적용된다는 것이다. 따라서 가다머의 정의는 해석을 보다 넓게 정의할 것을 요구한다. 해석학은 인간의 이해 일반을 다룬다. 모든 해석학은 언어적이다. 지식을 추구하는 모든 활동은 해석학의 영역을 벗어날 수 없다.

이렇게 해석학을 넓게 정의하게 되면, 해석학에 대한 텍스트 모델이 모든 경우에 적절한가 하는 문제가 제기된다. 텍스트 해석학은 오랜 역사를 가지고 있다. 20세기 전까지만 해도 그것이 해석학의 전부였다. 슈라이허마하의 해석학은 모든 종류의 텍스트－특히 성서, 법률, 고전－해석을 지배하는 일반적 규칙을 발달시키는 것이었다. 그러나 딜타이는 이해에 토대를 둔 정신과학의 해석학적 기준을 마련하려고 했다. 이것은 해석학적 관심을 텍스트를 넘어서게 했다. 그러나 딜타이는 슈라이허마하가 제시하고 있는 텍스트 해석학의 기준들에 여전히 의존하고 있다. 하이데거는 해석이 인간 경험의 보편적인 특징인 한에서 해석학(hermeneutics)은 모든 형태의 해석과 관련되어있다. 이러한 보편적, 철학적 해석학을 발달시키면서 하이데거는 인간의 이해를 기술하는 현상학적－실존론적 원리들을 논의하고 있다. 하이데거에 의하면 해석학의 적절한 그리고 본질적인 주제는 텍스트가 아니라 해석이라고 말할 수 있다. 그럼에도 대부분의 철학적 해석학의 논의는 대부분 텍스트를 패러다임으로 삼아 이루어지고 있다.

소위 로티(Rorty)가 말하는 텍스트주의(textualism)는 철학에서 다음과 같은 일반적 정향성을 가지고 있는 것으로 특징지어질 수 있다. 오직 텍스트만이 있으며 하나의 텍스트는 또 하나의 다른 텍스트만을 언급할 수 있을 뿐이다. 로티가 말하고 있는 것은 데리다와 푸코와 같은 포스트구조주의자들을 염두에 두고 있는 것이다. 포스트구조주의자들의 텍스트주의는 분명히 텍스트의 의미를 확대 해석하고 있다. 그러나 여기서는 텍스트주의를 보다 구체적으로 사용하고자 한다. 해석학의 맥락에서 텍스트주의의 문제는 다음과 같이 말할 수 있다. 해석을 텍스트의 확장된 개념 위에서 설정하면 해석학은 모든 형식의 해석을 하나의 형식으로 환원하는 것이다. 이렇게 되면 해석은, 그것이 자연계의 과학적 연구이든 대화를 통해 타인을 이해하고자 하든, 언제나 읽기의 형식이 된다. 이러한 환원이 텍스트 읽기가 아닌 종류의 해석을 왜곡하는가? 텍스트 해석학 이론에서는 텍스트 해석이 패러다임이 아니라 주제 그 자체이다. 그러나 비텍스트적인 해석학에서는 텍스트가 패러다임이 되는 한에서 해석학은 특별한 종류의 텍스트주의를 포함한다. 이러한 해석학적 텍스트주의는 텍스트만이 존재한다고 말하지 않는다. 다만 "존재하는 모든 것은 텍스트와 유사하다" 혹은 "모든 해석은 텍스트 해석과 유사하다"라고 말할 수 있다.

그러나 텍스트주의는 철학적 해석학을 논의하는 기반으로 삼기에는 문제가 있다. 모든 해석학적 문제들을 해결하고자 할 때 패러다임으로서 텍스트를 사용하는 것은 비생산적임을 알 수 있을 것이다. 게다가, 텍스트주의의 문제는 교육과 해석학 사이의 보다 일반적 관계를 모호하게 할 수 있다는 것을 논의하고자 한다. 본 논의의 목적은 텍스트에 기반한 해석학 대신에, 교육적 경험이라는 보다 포괄적인 모델을 사용하여 비텍스트적인 철학적 해석학이 가능하다는 것을 보여주는 것이다.

텍스트주의를 넘어 교육적 경험에 해석학적 접근을 취함으로써 여러 아포리아를 명확하게 할 수 있다. 해석학의 영역에서 이러한 아포리아를 조사하기 전에 먼저 이러한 영역에서 서로 다른 해석학적 접근을 구별해보는 것은 유익하다.

해석학적 접근의 다의성

보수적 해석학은 슈라이마하와 딜타이 식으로 정의한 해석학적 전통이다. 이 전통에 의하면 정확한 방법을 적용하여 작가의 의도를 이해하는 것이 해석의 목적이다.

온건한 해석학은 가다머와 리쾨르 등이 발전시킨 해석학이다. 이들에 의하면 독자는 역사적인 존재로서 선입견에서 벗어날 수 없기 때문에 방법이 절대적으로 객관적인 해석을 보장하지 못한다. 이러한 선입견은, 그러나 단순히 시간과 장소의 문제가 아니다; 오히려 그것은 언어에 이미 체화되어있다. 그것은 단순히 지나가 버린 것이 아니라 모든 독자와 모든 텍스트에서 작용하고 있어 살아있으면서 변화하고 있는 여러 전통들의 편견들이다. 언어는 해석 과정에서 두 가지를 한다. 첫째, 그것은 우리의 해석력을 제한하며 텍스트의 의미를 절대적으로 파악할 수 없게 한다. 심지어 우리 자신의 텍스트의 의미마저도 마찬가지이다. 이 점에서 저자 자신도 예외가 아니다. 둘째, 그것은 텍스트의 의미에 어떠어떠한 접근을 가능하게 한다. 그것은 독자와 텍스트 사이의 지평 융합, 즉 대화적 소통이다. 이러한 소통은 해석의 적극적 기반이다. 그러나 해석자로서 우리는 우리 자신의 언어와 우리 자신의 역사적 상황에 제한을 받으면서 해석적 대화에 연루되기 때문에 완전하거나 객관적인 해석을 획득할 수 없다. 이 점에서 앞의 보수적 해석학과는 차이가 있다. 객관주의 입장에서는 온건한 해석학이 함축하고 있는 주관주의를 우려스럽게 바라본다. 그러나 온건주의자들은 해석학이 대화에 기반하고 있기 때문에 전적으로 주관적이지는 않다고 한다. 텍스트 자체도 우리의 해석을 제한하고 있다.

온건한 해석학은 어느 정도 해석을 낙관적으로 보고 있다. 해석은 창조를 포함하고 있고 단순히 재생(reproduction)이 아니다; 의미를 구성함에 있어서 혹은 미적 체험을 하는 데 있어서 작가와 함께 참여한다.

급진적 해석학은 데리다와 푸코 등의 해체주의자 및 후기구조주의자가 발전시킨 해석학이다. 이들에 의하면 해석은 엄격한 방법의 적용이라기보다는 연극이나 무용의 경우와 비슷하다. 해석은 텍스트 내에서 혹은 텍스트를 넘어서 진리를 찾는 것이 아니라 텍스트의 언어를 가지고 놀이를 하는 것이다. 해체주의적 테크닉을 사용하여 텍스트는 그 자체와 서로 겨루어진다. 온건한 해석학적 관점과는 달리 급진적 관점은 원래의 의미와 소통을 확립하는 창조적 해석에 대해 회의적이다. 원래의 의미는 획득될 수 없으며 가장 최선의 것은 언어의 한계를 확장하여 새로운 통찰을 획득하는 것이다. 데리다에게 언어를 넘어서 본래적 진리 및 존재 혹은 아르케는 존재하지 않는다. 온건주의자는 이 점에 있어서 낙관적이다.

해체는 그것이 해체하고자 하는 언어 내에서만 수행될 수 있다. 그것의 목적은 본래적이거나 아니면 심지어 창조적 해석을 확립하는 것이 아니다. 이러한 해석은 단순히 해체를 필요로 하는 또 하나의 텍스트이다. 급진적 해석학은 한 텍스트의 의미를 해체하는 데 목적이 있다. 그러나 그것은 그것을 분석하거나 다른 의미를 재구성하기 위한 것이 아니다. 그것은 하나의 텍스트를 또 하나의 텍스트로 대신하는 것이 아니라 추방하는 것이다. 세계에 대해서 적절하고 올바른 어떤 다른 관점을 확립하는 것이 아니라 모든 관점들이 우연적이며 상대적이라는 것을 보여주는 것이다.

비판적 해석학은 마르크스, 프로이트, 프랑크푸르트학파와 맥을 같이 하는 하버마스 및 아펠 등이 가지고 있는 관점이다. 비판적 해석학은 급진적 관점과 보수적 관점을 결합한 입장이다. 한편으로는, 사회적 정치적 목적은 '급진적'이라고 불릴 수 있는 하나의 전통을 계속한다는 정도까지 급진적이다. 비판 이론의 목적은 정치권력과 경제적 착취로부터 개인과 사회를 해방시키는 것이다. 해석학은 거짓된 의식에 파고들어서 우리의 신념 체계의 이데올로기적 본성을 발견하고 왜곡이 없는 의사소통을 조장하고 그럼으로써 해방적인 합의를 이룩하는 것이다. 비판적 해석학은 허위의식 안에 살기보다는 그것을 파괴하고자 하는 정도까지 급진적이다. 반면, 그것은 이데올로기가 없는 합의 상황을 성취하고자 하는 정도까지 보수적이라 할 수 있다. 절대적으로 객관적인 관점은 획득될 수 있고 정확한 방법이 주어져 있을 때, 우리는 우리 시대의 역사적 상황의 한계를 초월할 수 있다는 것이다. 해체주의 입장에서 보면 비판 이론은 보수적이고 온건한 입장과 소박한 낙관주의를 공유하고 있을 것이다. 왜냐하면 비판적 해석학은 이상적인 의사소통을 통하여 언어가 언어 그 자체와 다른 어떤 것, 즉 비언어적, 물질적(nonlinguistic, material) 해방을 가져올 수 있다고 믿기 때문이다.

해석학의 적용 및 한계: 3가지 아포리아

위에서 설명한 해석학 이론들의 지형을 지나치게 단순화시킨 감은 있지만 오늘날의 해석학에서 문제가 되고 주요 아포리아를 확인하기 위해서는 좋은 출발점이 된다. 이러한 아포리아들은 해석학의 본성과 범위와 관련된 3가지 쟁점에 의해 정의된다. 이러한 쟁점의 중심에 있는 것이 바로 가다머의 해석학

이론이다. 그는 무엇보다도 또 누구보다도 하이데거가 시작한 보편적 해석학을 발전시키려고 하였다. 그의 '진리와 방법(1960)'은 즉각적인 논쟁을 불러일으켰다. 앞에서 말한 '보수적 관점'을 견지하고 있는 베티(Betti)는 인문학과 사회과학에서 타당하고 객관적인 해석의 방법론과 가능성에 대해서 가다머와 논쟁을 한다. 한편 '비판적 관점'을 견지하고 있는 하버마스는 해석학의 보편성에 대한 가다머의 주장에 이의를 제기하고 해석학적 행위의 가능한 한계를 정의하고 있다. 마지막으로 해체주의자인 데리다는 '급진적 관점'을 가지고 가다머의 이론에서 말하고 있는 대로의 의미 및 진리에 대해 회의적이다.

이러한 논쟁의 세부 사항은 교육적 쟁점과 관련이 있는 정도까지 나중에 기술될 것이다. 여기서는 이러한 논쟁들이 제기하는 해석학적 쟁점을 확인하고 요약하고자 한다. 우리는 해석학 이론에서의 쟁점들이 교육 이론의 쟁점들과 중요한 방식으로 대응되고 있음을 볼 것이다.

아포리아 1: 표상

가다머의 온건한 해석학에 따르면, 해석은 언제나 해석자의 편견에 의해 제한된다. 어떤 해석이고 간에 그것은 편견에 의해 조건 지어져 있다는 것이다. 이러한 편견은 해석과정의 생산적 혹은 비생산적 국면들일 수 있다. 따라서 가다머에 의하면 해석자는 이해의 과정을 인도하고 조건 짓는 편견들을 의식하고, 배타적 본성을 가지고 있는 것들을 중립화하고, 진리적인 이해를 가능케 하는 것들을 보존해야 한다고 말하고 있다. 해석학적 행위는 해석을 생산적인 편견에 기반하도록 하고 비생산적인 것들을 제거하는 것이다. 해석이 이렇게 편견에 기반하게 되면 객관성 및 타당성의 문제가 발생한다. 주관적으로 조건 지어진 해석과 해석 대상 사이의 동의 혹은 일치에 이르는 것에는 아무 문제가 없어 보인다. 그러나 이것이 객관적인 동의인가 달리 말하면 해석이 올바른가? 하는 문제는 여전히 남아있다. 바로 이 점이 베티가 제기하는 문제이며 온건한 입장과 보수적 입장 간의 차이이다.

베티(Betti)에 따르면 해석학의 목적은 인간의 표현 형식들을 성공적으로 이해할 수 있도록 해석의 과정이 어떻게 진행되어야 하는가에 대한 방법을 규정하는 것이다. 성공적인 이해는 해석이 겉으로 보기에 2가지 서로 모순적인 요구를 만족한다면 가능하다. 그것은 객관성을 확보해야 한다(그것은 임의적이어서는 안 된다). 그러나 동시에 객관성의 요구는 해석자의 주관성 안에서 그리고 사태에 적절한 방식으로 이해할 수 있는 그의 능력을 전제조건으로 한다는 사실을 의식하는 한에서 만족되야 한다. 해석은 이러한 요구들 사이의 변증법적 과정이다. 해석학은 이러한 변증법적 과정을 안내하는 규칙을 설정한다. 가다머와는 달리 베티는 해석과 관련하여 상당한 객관성과 타당성의 개념을 주장하고 있다.

베티와 가다머 사이의 논쟁은 객관적 표상의 문제를 놓고 벌어진다. 예를 들어, 역사가는 객관적으로 과거의 사건들의 원래적 의미를 재구성할 수 있는가? 참으로, 객관적 해석은 무엇으로 구성되는가? 여기서 객관성이라는 것은 자연과학에서의 그것과는 다르다. 그러나 베티는 해석이 성공적이려면 역사적 증거와 일치하는 객관성의 형식이 획득될 수 있고 또 그래야만 된다고 주장한다. 역사적 사실은 자율성을 가지고 있어야만 한다. 해석은 그 타자를 고려하는 것이다. 베티는 역사적 해석이 역사적 전망에 의존하고 서로 다른 조망이 가능하다는 것에 동의한다. 베티가 생각하는 객관성의 개념은 절대적이고 궁극적인 진리를 의미하지는 않는다. 해석학적 과업은 사실상 결코 완전하지 않다. 텍스트, 기념물에 포함되어있는 의미는 삶을 통하여 끊임없이 다시 태어나고 그 재탄생 안에서 영원히 변형된다는 것이다. 그럼에도, 그는 역사적 텍스트는 우리에게 임의적으로 말하지 않는다고 주장한다. 즉, 텍스트는 어느 정도의 객관성을 가지고 있다. 주관적 해석자와 객관적 텍스트 사이의 대화로서의 해석은 어느 정도는 객관적인 요소에 의해 결정된다. 객관적인 표상에 이를 수 있고 임의성은 사료편찬, 즉 방법론적인 원리를 따를 경우 피할 수 있다고 말한다.

베티가 볼 때, 가다머는 해석의 주관적 요인들을 지나치게 강조한 나머지 객관성을 놓치고 있다. 베티에게 있어서 해석에 관련되어있는 편견은 주관적인 조건인데, 이것은 방법론적으로 잘 정의된 해석학적 규칙들에 의하여 획득될 수 있는 해석의 객관성을 약화시키도록 허용해서는 안 된다.

이러한 논쟁은 해석의 객관성 및 대상의 자율성에 관련되어있을 뿐만 아니라 해석의 본성 및 적용에도 관계되어있다. 베티에 의하면 해석학은 인문학과 사회과학이 객관성을 확보하기 위하여 사용하는 방법이다. 반면, 가다머에게는 인문학의 방법론적 절차를 기술하고 인도하기 위하여 의도된 규칙들의 체계가 아니다. 가다머의 관심은 철학적인데 있다. 그에게 있어서 인문학의 방법은 쟁점이 아니다. 그의 주된 물음은 "이해가 어떻게 가능한가?"이다. 그의 탐구 목적은 베티가 한 것처럼 해석의 일반 이론 및 방법이 아니라 모든 이해 양식에 공통된 것을 발견하는 것이다. 가다머의 관심은 경험적 기술 혹은 절차들의 규칙들이 아니라 해석학적 원리(hermeneutical principles)이다. 우리가 무엇을 하고 무엇을 해야 하는가에 있는 것이 아니라 우리의 원함이나 행함에 덧붙여서 무엇이 일어나는가에 관심이 있다. 따라서 가다머는 베티가 가지고 있는 관심과는 차이가 있다. 따라서 베티의 가다머 비판은 과녁을 빗나가 있다.

허쉬는 베티를 편들어서 객관성에 관심을 가지고 있다. 허쉬의 관점에서는 가다머가 저자의 의도를 무시하는 정도까지 그는 객관적 의미를 결정할 수 있는 가능성을 이미 배제하고 있는 것이다. 가다머의 원리들 중 어느 것도 텍스트 의미의 비결정성으로부터 벗어날 수 없다. 가다머 자신은 해석의 비결정성이 불안한 니힐리즘으로 귀착될 것이라고 주장하고 있지만 허쉬가 보기에는 가다머는 바로 이 불안한 위치에 머물러 있는 것이다.

리쾨르는 방법론과 타당성을 놓고 벌이는 이러한 논쟁을 해석학의 중심적 아포리아라고 하고 있다. 이러한 논쟁은 교육 이론의 맥락에서도 반복될 것이다. 베티와 가다머의 논쟁은 해석 대상의 원래적 의미를 표상(재생)할 수 있는가 하는 문제이다. 허쉬와 베티는 이러한 표상이 가능할 뿐만 아니라 그것이 해석의 목적이 되어야 한다는 것이다. 교육이론의 맥락에서도 허쉬를 포함한 보수적 관점을 옹호하는 사람들은 교육이 의미의 표상에 기반해야 한다는 것이다. 반면 다른 사람들은 비판적 접근을 하는 사람들은 표상(재생)에 반대하는 규범적 논변을 제공하고 있다. 가다머의 표상(재생)은 새로운 의미의 산출을 포함하고 있기에 엄격한 재생은 불가능하다. 이러한 접근은 보수적인 관점과 비판적 규범적 관점 둘 다를 약화시킨다.

아포리아 2: 권위와 해방

보다 발전되고 보다 복잡한 논쟁이 가다머와 하버마스 간에 벌어졌고 또 계속되고 있다. 하버마스는 가다머를 리뷰하면서 언어, 과학적 지식, 반성, 권위, 전통 그리고 정치, 경제적 권력의 작동에 대해서 여러 가지 물음을 제기하고 있다. 예를 들어, 그는 많은 해석학적인 문제점들이 과학적 의사소통 과정에서 발원한다고 보고 있다. 왜냐하면 과학자들의 공동체 내의 토론은 자연 언어로 일어나야 하기 때문이다. 해석학은 어떤 다른 분야보다도 특히 한 분야, 즉 중요한 과학적 정보를 사회적 생활세계(life world)의 언어로 번역하는 분야에서 특히 요구되고 있다. 이는 또한 사회적 이해관계와 맞닿아있다.

가다머에 따르면, 과학 · 기술적 연구들을 자연 언어의 실천적 지식으로의 번역은 언어의 보편성 자체에 의해 조건 지어져 있다. 사실상, 특수한 과학적 언어는 항상 일상적 언어와 관련을 맺고 있다. 과학의 발견들은 여러 채널을 통하여 그리고 무엇보다도 학교와 교육을 통하여 적어도 사회의식의 일부가 된다. 가다머에 의하면 이러한 번역과 의사소통 과정은 '인간 언어성의 보편성(universality of human linguisticality)' 때문에 가능하다. 이 보편성이 과학의 전 과정과 그 방법론을 포함하여 모든 것을 이해가능 하도록 한다. 실천적 및 정치적 의식과 마찬가지로 과학적 의식은 여러 전통들에 조건 지어져 있으며 인간의 언어성의 보편성에 따라 수행된다.

하버마스는 이러한 보편성의 요구에 의문을 제기한다. 과학적 활동이 대화적 구조를 가지는 자연언어의 의사소통에 의존한다는 사실이 전문적 분야와 생활세계 사이의 번역 문제를 해결하는 것으로 보지 않는다. 간단히 말해서 과학의 전문적 언어와 의사소통의 일상적 언어는 매우 다르다. Giddens(1984)는 이를 이렇게 설명하고 있다. "자연과학의 전문적 언어와 이론적 명제들은 그것이 관심 갖고 있는 세계와 격리되어있다. 왜냐하면 그 세계는 대답이 없기 때문이다. 과학은 모놀로그적 해석을 사용하여 결론에 도달한다. 이 경우 언어적 표현은 그 내용이 의사소통적 상황과는 무관한 절대적 형식으로 나타나기 때문이라고 한다. 이 경우 해석학적 과정은 적용될 수 없다고 말한다. 이는 해석학이 주장하는 보편성에 문제를 제기하는 것이다. 바로 여기서 하버마스는 해석학이 그 자신의 한계를 발견하는 것이라고 말한다.

> 해석학적 의식은 결국 자연 언어 내에서 우리 자신의 움직임을 반성하는 것으로부터 떠오르고, 반면 생활세계를 위한 과학의 해석은 자연 언어와 모놀로그적 언어 시스템 사이의 중재를 필요로 한다. 이러한 번역 과정은 일상적 언어로 구성되어 전해 내려오는 문화적 산물만을 다루는 웅변적－해석학적 기술의 한계를 초월하고 있다(Habermas, 1988).

하버마스와 가다머의 논쟁은 결국 모놀로그적인 과학언어 시스템과 다이얼로그적 자연언어 사이를 연결하는, 언어에 기반한, 보편성이 존재하느냐에 관련되어있다. 가다머가 옳다면 해석학적 원리들은 보편성을 띠게 된다. 반면, 하버마스가 옳다면 해석학은 분명 한계를 가지게 된다.

이러한 논쟁에는 언어에 대한 서로 다른 두 개념이 작용하고 있다. 하버마스에게 있어서 언어는 언제나 언어외적 경험(etralinguistic experience)에 의해 제한되어있다. 게다가 언어체계가 부과하는 제한들을 탈출하는 비판적 반성적 해석은 언제나 가능하다. 반면, 가다머에 의하면 언어외적 경험마저도 그것이 어떤 중요성을 가지기 위해서는 언제나 언어에 의해 매개되어야 한다는 것이다. 모든 해석은 언어적 제한 아래 있는 것이다. 언어적으로 분절되는 의식 안에서 스스로를 표상으로 가져오지 않는, 그 모든 것이 구체적인 힘을 가지는 한에서 사회적 실재는 없다.

하버마스는 또 하나의 중요한 점에서 해석학의 보편성에 의문을 제기한다. 이는 사회적, 정치적 맥락에서 해석의 문제이다. 그에 의하면 가다머의 입장은 정치적으로 매우 소박하다는 것이다. 왜냐하면 가다머는 권력, 강제, 억압에 의해 부과되는 해석의 왜곡 현상을 인식할 수 없기 때문이다. 의미의 해석을 위한 준거틀은 언어와 그에 따른 해석학뿐만 아니라 노동과 계급의 경제적 사실 및 정치적 요인들을 고려해야 한다. 언어가 모든 사회적 관계가 의존해 있는 메타제도(metainstitution)라면 언어 자체는 지배, 조직된 권력, 생산 양식, 과학적－기술적 진보 등에 의존해 있다. 따라서 사회적 행위의 객관적 틀은 언어가다가 아닌 셈이다. 한 사회의 언어적 하부구조는, 아무리 상징적으로 매개된다고 하더라도, 실세계의 제약에 의해 구성되는 복합체의 일부이다. 즉, 경제적, 정치적 및 기술적 관계가 언어의 배후에 있어 그에 따라 우리가 세계를 해석하는 문법적 규칙에 영향을 미친다는 것이다. 언어 외적 요인들이 항상 언어를 왜곡하고 그럼으로써 해석과 의사소통을 왜곡한다는 것이다.

왜곡된 의사소통은 의식적으로 행해지는 허위의 결과－정치적 레토릭 및 선전의 산물－일 수도 있고 무의식적으로 행해지는 결정적 요소들－사회적 그룹들의 통제 밖에 있는 경제적 질서－의 산물일 수도 있다. 하버마스는 사회적으로 수용할 수 없는 행위를 억압하는 것과 관련하여 정신분석학적 각성을 언급함으로써, 이러한 관점을 개인적 정신의 수준까지 확장하고 있다. 정치적－경제적 및 정신분석적 모델에서는 중심적 개념이 권력이다. 철학적 해석학이 해석에 있어서 권력의 차원을 무시하는 한, 메타제도로서의 언어에만 초점이 주어진다면 해석학은 그 과업에 있어서 불충분할 것이다.

해석학을 전폭적으로 믿는 대신에, 하버마스는 이데올로기 비판을 위해서 '심층 해석학(depth hermeneutics)'을 제안하고 있다. 비판적인 혹은 심층 해석학에서 해석학적 반성은 메타해석학적 설명에 의해 보강된다. 비판적 반성을 통하여 심층 해석학은 해방을 위해 이해에서 체계적으로 작동하고 있는 왜곡을 발견하고 중립화시켜 나가야 한다. 가다머는 이러한 언어 외적 요소들을 고려하지 않는 한 제한적일 수밖에 없다.

하버마스의 이러한 비판에 대해서 가다머는 전통의 힘과 과정을 중립화하거나 증발시켜 버리는 비판적 반성의 개념에 명백히 반대한다. 가다머가 반성의 힘을 인식하지 못했다는 하버바스의 비판에 그는 다음과 같이 말하고 있다.

> 이데올로기 비판은 반성과 이성의 힘을 과대평가하고 있다는 데 문제가 있다. 그것이 공공의 의견을 감염시키는 은폐된 이해관계를 꿰뚫어 보고자 하는 한 그것은 어떤 이데올로기로부터도 그것 자체의 자유를 함축하고 있다(Gadamer, 1975b).

이렇게 되면 그것은 그 자체의 규범과 이상을 자명하고 절대적인 것으로 덮

어씌우고 있는 것을 의미한다. 그러나 가다머가 볼 때 비판적 해석학은 계속적인 의견의 교환을 통한 의사소통에서만 성취될 수 있다. 그러나 결코 특권을 누리는 이데올로기적 중립성을 주장할 수는 없다.

언어, 권력, 그리고 해석학의 보편성과 관련된 이러한 아포리아가 해석학 이론의 두 번째 난점이다. 이는 다음과 같이 표현될 수 있다. 해석학은, 그것이 설사 심층적인 경우라 하더라도, 실제로 제약된 의사소통을 넘어서 반성적 해방으로 인도하는가? 아니면 그 비판적 반성 자체가 해석학적 제약에 묶여있는가? 달리 말하면 전통(혹은 여러 가지 권위 및 권력 구조)을 어느 정도까지 이해에 동화시키고 재생하여 지배 권위에 허용할 것인가 혹은 그 전통을 해석학적 경험에 있어서 어느 정도까지 변형시켜야 되는가? 이러한 아포리아는 교육이론에 온건적으로 접근하느냐 아니면 비판적으로 접근하느냐 하는 문제와 맞닿아있다. 전통 및 확립된 권력 구조가 어느 정도까지 교육적 경험에 있어서 재생되어야 하는가 아니면 어느 정도까지 비판적 반성을 통하여 초월되어야 하는가? 교육에 비판적 접근을 하는 사람들은 교육적 과정 및 제도에 내재해 있는 권력 구조를 타파하기 위하여 반성적 힘을 옹호할 것이다. 반면 교육에 온건주의적 접근을 하는 사람들은 권력 및 권위는 필연적으로 교육적 경험에 내재해 있다고 주장할 것이다.

아포리아 3: 대화

데리다는 이제까지의 '해석학'과는 달리 해석에 대해서 해체 작업을 시도하고 있다. 데리다는 텍스트 속에 감추어져 있는 의미 혹은 진리를 해독하는 것으로 전통적 해석학과 변형적 활동(transformative activity)으로서의 급진적 해석과 대조하고 있다. 데리다가 보기에 하이데거는 변형적 해석을 해명한 첫째 사람이었다.

해체의 개념은 하이데거의 초기 작품으로부터 기원한다. 하이데거는 거기에서 서구 형이상학적 전통의 '해체적' 해석을 우리에게 전해내려 온 것을 '변형'하는 것으로 정의한다. 전통을 이처럼 과격하게 다시 읽는 자세는 전통의 지배로부터 벗어나고자 하는 목표를 가지고 있지만 그렇다고 전통을 탈출하여 진공 속에서 사유하고자 하는 것은 아니다. 하이데거에 의하면, "해체는 우리의 귀를 여는 것이며, 전통 안에서 우리에게 말하는 것을 위하여 우리를 자유롭게 하는 것이다." 해체는 듣는 것에 보다 가깝다. 그것은 실세계에 대한 보통의 해석과 다른 의미의 해방을 허용한다.

데리다는 하이데거의 해체 개념 내에서 하나의 긴장 혹은 갈등을 지각한다. 만약 하이데거가 전통적인 형이상학적 사유의 지배를 붕괴시키고자 한다면 그가 말하고 있는 '존재'라고 하는 진리 혹은 기원에 귀를 기울이고자 하는 정도까지 그 형이상학적 사유를 반복하는 것이 될 것이다. 데리다가 보기에 진리, 기원, 존재라는 범주는 전통적 형이상학에 속해 있다. 이에 대해 그는 해체의 다른 개념을 제안한다. 텍스트의 참 의미를 가정하는 해석학적 프로젝트는 이 개념 아래에서는 통하지 않는다. 읽기는 의미나 존재의 진리 지평으로부터 해방되어있다. 하이데거의 읽기는 진리 물음의 해석학적 공간에 자리 잡고 있다.

데리다는 해석을 2가지로 해석하면서 두 가지 해석학을 염두에 두고 있다. 하나는 진리 혹은 기원을 해독하는 것을 추구한다. 이러한 의미에서 해석학은 해명을 요구하는 원 텍스트를 향하여 항상 정향되어있다. 그리하여 숨겨져 있는 진리, 기원, 존재를 향하여 있다. 그것의 역할은 형이상학의 전통과 그 인간 실존의 전통적 해석(휴머니즘) 내에서 주어지고 있다. 반면, 급진적 해체 해석학은 기원으로 정향되어있지 않고 놀이를 긍정하고 인간과 휴머니즘을 넘어가고자 한다. 데리다는 하이데거에게서 두 가지 해석학 모드를 발견한다. 그렇지만 그는 급진적인 반해석학적 접근만을 자기화한다.

가다머와 데리다 간에도 해석학적 접근에서 근본적인 불일치가 존재한다. 하나의 불일치는 언어와 관련하여 나타나고 있다. 가다머에게 언어의 본질적 본성은 대화의 사건에서 발견된다. 그의 담론 스타일은 데리다를 해석학에 대한 대화 안으로 끌어 들이고자 하는 노력을 반영한다. 반면 데리다는 언어를 불확정하고 애매한 의미를 지닌 시니피에(기표)의 놀이로 이해하면서 가다머가 이론화하고 있는 대화의 개념을 붕괴시키고자 한다. 그들 사이의 논쟁은 가다머가 대화의 필요조건으로 제안하고 있는 신뢰의 개념, 즉 '선의'의 개념을 중심으로 이루어지고 있다. '선의'의 개념을 불신하면서 데리다는 그것의 형이상학적 뿌리를 칸트에서 찾고 있다.

이러한 대결의 상황을 염두에 두면서 우리는 데리다의 해석학 비판을 명료화하기 위하여 리쾨르가 말하고 있는 '신뢰의 해석학'과 '의심의 해석학' 사이의 구분을 이용할 수 있다. 리쾨르에 의하면 신뢰의 해석학은 의미의 회복을 포함한다. 해석학적 회상 혹은 의미의 복원은 텍스트의 언어에 대한 신뢰를 요구한다. 이러한 신뢰는 해석을 통하여 의미가 텍스트에서 발견될 수 있다는 믿음이다. 언어에 신뢰를 가지는 만큼 해석학은 보다 보수적이 된다.

해석학의 다른 극단에 리쾨르는 '회의(suspicion)'를 두고 있다. 프로이트, 마르크스 및 니체가 이 무리에 속한다. 이들은 모두가 진리라고 하는 것을 불신한다. 그들이 공통으로 가지고 있는 의도로 되돌아가면 우리의 전 의식을 주로 '거짓 (허위)' 의식으로 보고자 하는 결정이 있음을 알 수 있다. 보수적 해석학이, 의식적으로 통제되는 방법론이 달성하는 것에 신뢰를 표명한다면, 회의하는 쪽에서는 해체적 의심을 표명한다. 의식과 언어에 대해서 급진적으로 불신한다. 회의의 해석학이 의식, 자본주의 그리고 기독교 형이상학이 우연성과 상대성에 기반하고 있다는 것을 보여주기 위하여 이러한 시스템들의 '진리' 혹은 '실재'를 해독하는 것이다. 리쾨르에 의하면 회의하는 사람들은 형이상학적 이원론을 해체하고자 하는 데 목적이 있다. 이들의 해석학은 도덕, 사회적 제도, 의식적인 생을 의심의 눈으로 보면서 해체하는 것으로서 베티와 허쉬의 해석학과는 뚜렷이 대조된다.

해석학이 일반적으로 대화를 모델로 하여 해석을 통한 의미, 컨센서스, 진리를 추구하는 것으로 생각된다면, 이는 낙관적인 관점을 반영한다. 보수적 해석학은 온건한 해석학과 진리의 본성에 대해서는 불일치할 수 있지만, 둘 다 해석의 과정에서 발견되는 어떤 진리의 종류가 있다. 비판적 해석학은 앞에서 보았듯이 보통 진리로 간주되는 것이 이데올로기적으로 왜곡되어있다고 지적한다. 그리하여 마르크스와 프로이트를 따라서 참되고 왜곡되지 않은 컨센서스에 도달하기 위하여 회의의 해석학, 심층 해석학을 필요로 한다. 그러나 이러한 비판적 접근조차도 결국은 이상적인 컨센서스를 향하여 나아가고 있고 허위의

식으로부터 해방될 것이라는 낙관적인 자세를 취한다. 회의하는 사람들 중에는 데리다가 니체와 동급이다. 그러나 하버바스와 같은 비판적 이론가들처럼 마르크스와 프로이트는 데리다만큼 회의적이지는 않다. 그들은 해석학적 상황에 어떤 해결이 있을 수 있다고 생각한다. 공산주의, 정신분석학적 치료, 이상적인 컨센서스 등이 그 예가 될 수 있다. 이들 모두는 허위의식으로부터 해방을 약속한다. 그럼으로써 진리를 해방한다.

반면, 급진적이고 해체적인 해석학은, 니체를 따라서 유일한 진리가 있다면 그것은 비진리이고 모든 해석은 거짓이고, 허위의식으로부터 궁극적인 탈출은 없으며, 모든 형이상학적 진리 개념은 해체를 필요로 한다. 전통적인 의미의 해석학에 반대하여 데리다는, 사태 자체의 제시로서의 진리의 탈은폐 대신에 끊임없는 해독으로 대치하는 니체식의 '적극적 해석'을 제안하고 있다.

가다머에 의하면, 니체식의 급진적 감행을 따르는 하이데거와 데리다는 언어의 제일차적 국면인 대화로부터 벗어나 있다. 가다머가 볼 때 해체의 개념은 원래 형이상학이 생활세계적 경험으로부터 소외되어있기 때문에 살아있는 대화적 의미를 복원하고자 하는 것이었다. 해체는 원래 하이데거가 이러한 소외된 말들과의 대화 안으로 들어가 그 말들로 하여금 말하도록 하고 존재의 경험을 재발견하도록 하기 위하여 설계되었다. 가다머는 그의 철학적 해석학을 바로 이러한 종류의 해체를 따라가기 위한 노력으로 이해한다. 데리다는 형이상학의 분쇄를 의도하고 있으며 대화의 파괴를 포함한다.

데리다가 보기에 가다머는 대화를 너무 신뢰한다. 가다머가 대화에서 근본적으로 두 파트너가 서로를 이해하려고 하는 선의를 가져야만 한다고 말할 때 데리다는 이때 선의를 주체성의 근대 칸트적 형이상학을 포함하는 것으로 해석하고 있다. 이는 대화하는 주체들이 대화의 말들을 어느 정도 통제한다는 사실을 함축하고 있다. 데리다는 정신분석학적 상황에서처럼, 회의(suspicion)를 요구하는 왜곡된 의사소통의 경우들에 있어서 신뢰나 선의에 무엇이 일어나는가를 알고 싶어 한다.

가다머와 데리다 사이의 대화는 해석학 이론에서 세 번째 아포리아를 구체화하고 있다: 믿음과 회의 사이에 놓여있는 대화 그 자체의 아포리아. 이러한 아포리아는 진리, 대화, 변형의 가능성 및 불가능성과 관련되어있다. 이러한 난국은 해체를 목표로 하는 변형적 활동(하이데거)과 전통의 보존을 포함하는 변형(가다머) 사이의 차이이다.

앞서 논의한 아포리아는 교육적 맥락에서도 그대로 반복되어 나타나고 있다. 교육은 어떤 종류의 변형적 활동으로서만 가능하다고 말하는 사람들이 있다. 교육의 본성은 이러한 변형의 본성에 의존한다. 변형이, 원칙상, 재생을 넘어 그리고 보수적 이론과 결별한다면 이것이 곧 바로 변형이 모든 대화를 회의하는 급진적 관점으로 귀결되어야 하는가? 아니면 교육이 소위 교육의 은유이면서 모델인 '인류의 대화'라고 하는 보다 큰 틀에서 변형인가?

11

해석학과 교육 경험의 관련성[1)]

해석학적 이론의 아포리아에서 제기된 것과 같은 쟁점들이 교육 이론에서 다시 제기된다. 재생, 권위 그리고 대화의 쟁점 혹은 객관성, 왜곡 그리고 변형의 쟁점으로 표현된다. 이러한 쟁점들은 해석학과 교육이 공히 다루는 것들이다. 교육이 이해와 해석을 포함한다면, 형식적 교육적 실행이 텍스트와 주해, 읽기 및 쓰기를 사용하여 이루어진다면, 언어적 이해 및 의사소통이 교육 제도에 본질적이라면, 교육적 경험이 생의 고정된 표현과 전통의 전이와 비판을 포함하는 시간적 과정이라면, 결과적으로 교육이 인간의 기획이라면, 그렇다면 해석학은 교육의 과정을 깊이 이해할 수 있는 가능성을 열어 준다. 왜냐하면 해석학은 사실상 이러한 것들을 주제로 삼고 있기 때문이다.

교육 현상을 해석하는 이론적 틀로서 해석학

해석학의 여러 접근들, 그리고 그들을 구분해 주는 아포리아들은 그 안에서 해석학이 교육적 이론 및 실천에 대해 가지는 유관성을 식별할 수 있는 틀을

1) Gallagher, S.(1992). Hermeneutics and education. Albany: State University of New York Press.를 편역함.

구성한다. 사실상 해석학 이론의 각 접근은 교육 이론의 접근들과 연관되어있다. 게다가 교육적 장을 정의하는 유사한 아포리아를 가지고 있다. 대부분의 경우 발견하지 못하는 것은 교육 이론의 해석학적 배경을 해명하려는 시도이다.

예를 들어, 허쉬는 교육적 이상으로서 '문화적 소양'의 개념을 제안하고 있다. 이 개념은 전통적 가치와 문화적 정보를 재생하는 것에 기반해 있는 한에서 보수적 해석학을 따르고 있다. 허쉬가 교육적 이상으로서 "비판적 사고"의 어떤 국면들을 문화적 소양과 대조해 보이긴 하지만 이러한 비판적 사고 또한 해석학의 보수적 원리들을 반영하고 있다는 것을 볼 수 있다. 그러나 거의 모든 경우에 교육적 이상에 관련되어있는 해석학적 원리들은 교육 이론에 해명되지 않는 채로 남아있다.

해석학적 교육적 스펙트럼의 다른 끝에 비판적 그리고 급진적 해석학적 접근에 대응하는 교육적 이론들이 있다. 하버마스의 비판 이론 및 그와 관련되어 있는 신마르크스적 접근은 비판적 교육 이론의 발달을 가져왔다. Apple, Giroux, Bowles, Passeron 등이 여기에 속한다. 이러한 교육적 접근과 비판 이론 사이의 관련성에도 불구하고 비판 이론의 해석학적 차원은 저 멀리 배경으로만 남아있다. 비판적 교육 이론을 비판적 해석학으로 정당화하는 것은 별로 행해지고 있지 않다. 교육의 과정에 비추어 보아 비판적 해석학적 원리에 대해 문제를 제기하는 경우는 더욱 드물다.

교육에 대한 급진적 관점들은 데리다와 푸코를 포함하여 많은 이론가들에 의하여 발전되었다. 이들은 급진적 해석학적 이론들(사실상 반해석학적 이론들)과 그것이 함축하는 교육 개혁과의 관계를 탐구하고 있다. 그러나 이들 이론이 가지는 반해석학적 본성을 견지하는 정도까지 해석학과 교육 사이의 관계를 해명하는 데 그들은 직접적으로 도움이 안 된다.

이전의 접근들과 비교하여, 온건한 해석학에 대응하는 교육 이론의 영역에는 명시적으로는 거의 논의되고 있지 않은 실정이다. 이러한 갭을 메울 필요가 있으며 나아가 온건한 해석학적 배경을 가지는 것으로 해석할 수 있는 교육철학들이 있다는 것을 지적하고자 한다. 교육 이론과 온건한 해석학 사이의 명시적인 대응에 대해서 구체적 인도를 줄 만큼 논의가 이루어지고 있지 않음은 사실이다.

해석학과 교육의 이러한 관련성은 그 둘의 아포리아를 대응시켜 봄으로써 명확해질 수 있다. 앞서 베티와 가다머의 논쟁에서 나타났듯이, 재생과 관련된 아포리아는 문화적 재생산을 포함하는 교육 이론과 직접 맞닿아있다. 해석과 교육적 실행은 문화적 재생을 위한 도구로서 보아야만 하는가? 재생산은 바람직하고 또 이것이 가능한가? 교육이 재생하고자 하는 전통이 비판적 사고의 전통을 포함한다면 보수적 이론이 의미의 저자 의도 이론을 주장하고 교사의 권위 및 전문 지식 및 객관적 사실의 기억과 강의식 교수-학습을 수용하도록 고무하는 것이 합리적인가?

가다머와 하버마스의 논쟁에서 중심적인 쟁점인 권위와 해방에 관련된 아포리아는 또한 교육 이론에서 제기되는 물음에 대응한다. 교육적인 실행과 제도가 전통적 사회 구조의 권위와 이데올로기에 의한 지배를 조장하는가 아니면 억제하는가? 이러한 아포리아는 Graham Oliver가 말하고 있는 권위와 자율의 패러독스와 일맥상통한다.

> 간단히 말해, 한 아이가 발달의 과정에서 타자들의 권위에 대한 복종이 없다면 합리적으로 자율적인 인간으로 성장하는 것은 불가능하다. 그러나 그러한 복종은 개인적인 합리적 자율성과는 배치된다(Oliver, 1985, p.25).

마지막으로, 급진적 해석학과 온건한 해석학 사이의 갈등의 초점이기도 한 해석에서 신뢰(trust)와 의심(suspicion)의 문제, 대화의 실행에 관련된 아포리아는 교육의 맥락에서, '인류의 대화'라는 모델 위에서 이해되는 변형으로서의 교육이 해체되어야 하는지 혹은 해체될 수 있는지 하는 물음과 대응된다. 교육의 대화가 서구 사고의 형이상학적 틀을 재생하고 타율적인 권위 관계를 지속시키고 있다고 생각되기 때문에 급진적 교육 이론은 교육을 위한 은유로서 그 적절성을 의심한다.

해석학 분야를 정의하는 3가지 아포리아는 교육 분야에도 공히 나타나기 때문에 이러한 아포리아의 해결이 어느 하나의 분야에서 이루어진다면, 다른 하나의 분야에서의 해결 역시 진전이 있을 것이다. 교육적 경험의 맥락에서 이러한 아포리아를 바라봄으로써 이 셋은 서로 밀접하게 연관되어있으며 어떤 의미에서는 하나의 중심적 쟁점, 즉 교육적 경험과 해석에 있어서 변형의 쟁점의 3 국면들이다. 따라서 해석학이 교육의 이론적 문제에 유관성을 가지고 있다고 제안함으로써 그 역 방향을 배제한다는 말이 아니다. 교육적 경험의 해석학적 탐구가 교육 이론에서 중심적 쟁점들을 해결할 수 있다고 한다면 해석학은 그 과정에서 그 자신의 아포리아를 해결하는 데에도 도움을 얻을 것이다.

앞으로 논의할 것은 해석학이 교육 이론과 유관성을 가지고 있을 뿐만 아니라 교육적 경험의 분석 역시 해석학적 이론에 중요하다는 것이다. 해석학적 원리들은 교육적 경험에 단순히 기계적인 방식으로 적용되지는 않는다. 교육적 경험에 적용될 때, 해석학적 원리들은 그 자체 세밀한 조사와 수정에 열려있어야 한다. 교육적 경험의 해석학적 분석은 교육의 본성을 이해하는 데 기반을 제공할 뿐만 아니라 해석학 이론의 난점들을 명료하게 하는 데 도움을 줄 수 있다. 특수한 해석학보다는 교육적 경험의 분석을 해석의 전범적 분석으로 삼을 수 있다. 이는 현대 해석학을 이끌어온 텍스트의 패러다임보다 훨씬 더 많은 것을 시사할 수 있을 것이다.

앞으로의 논의는 다음 2가지 목적을 가지고 행해진다. 우선, 해석학과 교육과의 관계를 탐구함으로써 이 양자를 정의하는 아포리아를 보다 잘 이해할 수 있을 것이다. 이러한 이해에는, 특히 해석적 성격과 관련하여 교육의 본성을 명료하게 하고 특히 보편적 해석학의 가능성과 제한점과 관련하여 해석의 본성을 명료화할 수 있을 것이다. 다음으로, 보수적, 비판적 그리고 급진적 이론들이 교육에 제기하고 있는 문제들에 답할 수 있는 온건한 해석학적 접근을 논의할 것이다. 이러한 온건적 접근은 가다머의 철학적 해석학과 세부적인 점에서 같지는 않을 것이다. 그러나 일반적 수준에서 그것과 근사할 것이다.

교육 경험의 선개념

교육 경험에 대한 온전한 이해를 목표로 하지만 우선 그에 대한 선이해가 앞으로의 논의에서 가이드로서 기능할 것이다. 그리고 그것을 해명하는 것은 교육에 대한 우리의 전제와 선입견을 명료하게 하고자하는 우리의 시도를 구성하게 될 것이다.

이 주제의 출처는 두 곳이다. 하나는 교육에 대한 우리 자신의 경험으로부터이고, 다른 하나는 교육의 본성을 정의하는 일단의 전통으로부터이다. 이러한 전통 중 몇몇은 이미 우리의 접근과 경험에 작동하고 있음은 의심의 여지가 없다. 여기서는 이론보다는 경험에 더 가까이 접근해서 출발하고자 한다. 물론 이론적 전제 없이 경험을 그 자체로 발견할 수 있다고 주장하는 것은 아니다. 이런 맥락에서 교육 경험의 선개념을 2 단계로 해명하고자 한다. 첫째, 우리에게 익숙한 경험에 기반한 교육적 경험을 잠정적으로 특징짓고자 한다. 둘째, 이러한 특징이 주어졌을 때 이 연구 전체를 이끌어 가는 교육적 경험에 대한 가설을 정식화할 것이다.

우리는 여러 다양한 교육 경험에 익숙하다. 교육적 경험은 형식적 그리고 비형식적 환경에서 발견된다. 교사와 학생의 역할을 잘 정의하고 있는 교실 상황의 형식적 구조로부터 놀이에 열중하고 있는 아이의 비형식 자기－발견에 이르기까지 다양하다. 3가지 형식의 교육 경험이 우리 모두에게 익숙해 있다. 교실 경험, 읽기 경험과 놀이 경험. 학생 혹은 교사로서 교실 상황에서 학습할 수 있다. 놀이 활동이나 텍스트를 읽음으로써 학습할 수 있다.

전통적인 해석학의 관점에서 보면 읽기와 텍스트 해석에 포함된 학습 경험이 해석학과 교육 경험 사이의 관계를 보기 위하여 시작할 수 있는 가장 좋은 장소가 될 것이다. 그러나 그럴 경우 선결문제의 오류가 발생한다. 만약 텍스트 해석이 교육적 모델로서 나설 경우, 다시 말해 학습을 지식을 이해하거나 얻기 위하여 읽기의 과정으로서 본다면 텍스트 해석 과정에 대한 연구가 또한 학습에 대한 연구가 될 것이라는 것은 분명하다. 물론 이것을 부인하고자 하는 것은 아니다. 텍스트 해석은 학습하는 중요한 방법이다. 이러한 사실은 그 자체로 교육과 해석학의 유관성을 확립하는 직접적 방식이다. 그러나 학습 자체가 바로 우리가 초점을 두고자 하는 경험이다. 학습이 텍스트의 해석에서 일어날 수 있지만 모든 학습이 다 텍스트 해석에서 일어나지 않음은 분명하다. 사실 학생은 읽기와 텍스트를 해석하는 방법을 학습해야 하기 때문에 텍스트 해석에 의한 학습과는 다른 어떤 종류의 학습에 우선순위가 주어져야 한다. 텍스트 해석을 모든 학습의 패러다임으로 취하는 것은 텍스트에 의존하지 않는 학습 과정을 왜곡하는 것이 될 것이다. 이러한 이유로 해서 여기서는 교육 경험 중 다른 2가지 모델에, 즉 교실 경험과 놀이 경험에 초점을 두어 논의할 것이다.

교실 모델에는 여러 가지가 있다. 보다 전통적인 모델에서 교육 경험의 개념은 형식적인 구조를 포함한다. 교사가 특별한 주제를 학생들에게 제시한다. 교육자와 학생은 이러한 모델의 많은 요소들에 익숙해 있다: 교사, 교수법, 교육자료, 교실 환경, 학생, 학생들의 배경 및 준비도 등등. 이 모든 것이 교실에서의 교육적 경험을 조건 짓는다. 예를 들어, 교실의 외양과 배치는 물론 학생들의 심리적 성향은 학습과정을 조장하거나 방해하거나 왜곡시킬 것이다. 그러나 우리의 관심은 교육 경험 그 자체의 본성에 대해 묻는 것이다. 그리고 이것은 교사—학생 관계에 주목하도록 한다. 왜냐하면 교사와 학생 사이의 상호 관계에서 학습이 일어나기도하고 실패할 수도 있다. 물론 어떤 이는 학습을 학생의 책임하에 두고자 하는 사람도 있다. 교사는 가르치고 학습하는 것은 전적으로 학생에게 달려있는 것이다. 교수활동이 곧 학습을 보장하지는 않는다. 게다가, 개인은 교사 없이 경험과 읽기를 통하여 고립된 채로 배울 수는 없다. 그러나 교실 상황에서 학습이 학생 내부에서 일어난다고 말하는 것은 잘못된 것이다. 우리가 이러한 환경에서 학습이 일어나는 '장소'를 찾는다면 그것이 상황에서, 학생 자신과 타인들, 다시 말해 교사나 다른 학생들 사이의 상호 작용에서 일어난다고 할 수 있다.

여기에 교육 경험을 대략적으로 예비적으로 특징짓고 있음을 기억하라. 이러한 예비적 특징은 교육 경험의 선개념을 해명하기 위하여 중요하다.

전통적인 교실 모델에서 학습은 상호작용을 포함한다. 이것을 교육 경험의 한 중요한 특징이라고 생각하면 두 가지 질문이 생긴다. 먼저, 우리는 이러한 상호작용을 보다 분명하게 해명할 수 있을까? 둘째, 이러한 상호작용이 교육 경험 일반을 특징지을 수 있을까, 아니면 교실 상황에만 국한되는 것일까? 보다 구체적으로 말하면 고립된 학습(isolated learning) 및 비형식 학습 역시 상호작용으로 이해될 수 있는 것인가?

교실상황에서 학습의 상호작용을 해명함으로써 교육적 경험을 분석하는 것이 해석학적이라는 가설에 이를 것이다: 교실 상황에서 학습의 상호작용은 해석의 상호 교환이다. 교실 경험의 전통적 모델에서 이러한 해석이 무엇인지 생각해보라. 교사는 학생에게 소통할 지식을 가지고 있다. 학생은 제시되는 지식을 파악하고자 한다. 물론 이는 지나치게 단순화한 것이다. 교사는 팀 동료에게 공을 패스하듯이 지식을 전달하지는 않는다. 사태는 보다 복잡하다. 교사가 어떤 지식을 가지고 있다고 말할 때 우리는 그 교사는 어떤 특별한 주제를 해석하고 있다는 것을 의미한다. 이를 교사의 '이해'라고 하자. 교사는 주제를 어떤 식으로 이해하고 또한 학생에게 이러한 이해를 소통하기를 원한다. 이를 '교육적 프레젠테이션(pedagogical presentation)'이라 하자. 이는 해명 및 해설에 해당한다.

학생들에게 소통할 때 교사는 주제에 대한 그 자신의 이해를 제시하지 않고 학생들이 스스로 이해에 도달하도록 방법을 모색한다. 교사의 이해와 교육적 제시는 보통 다르다. 교사는 주제에 익숙한 인사이드의 위치에 있다. 그는 그 분야에서 어떤 특별한 지식을 가지고 있지 않는 아웃사이드를 위해 번역 내지는 해석해야 한다. 교사의 이해와 그의 교육적 제시는 보통 일치하지 않는다. 여기에는 충분한 이유가 있다. Chladenius(1988)는 해석과 교수를 동일시하면서 다음과 같이 말하고 있다. 해석을 구성할 때, 사람들은 학생들의 통찰을 고려하고 이런 저런 해석을 그 학생들의 지식의 수준에 맞게 사용해야 한다. 모든 독자에게 맞는 하나의 해석은 없기 때문에 지식과 통찰에 따라 나누어진 집단만큼 많은 해석이 있을 수 있다. 정확하게 말하면 모든 사람은 특별한 해석을 필요로 한다.

물론, 교사의 이해와 교육적 제시는 사실상 일치한다고 할 수도 있다. 우수한 학생들로 구성되는 보다 고급반에서는 교사는 교육적 제시에서 그 자신의 이해를 표명하고자 하고 성공할 수도 있다. 해석의 수준에서 보면 그 일치는 단 하나의 해석이 있다는 것을 의미한다. 교사의 이해와 교육적 제시 사이의 이러한 완전한 의사소통이 가능한지는 나중에 다루게 될 토픽이다. 여기서는 다만 교사 자신이 교수 활동을 통하여 어떤 것을 배우고자 한다면 그의 이해와 교육적 제시 사이에 모종의 상호작용이 있어야 한다는 것을 지적하고자 한다. 이러한 상호작용에서 교사의 이해는 자신의 제시를 지배하게 되고 혹은 교육적 지시는 새로운 이해로 인도할 수도 있고 적어도 현재의 이해에 대해서 의문을 열어줄 수 있다. 교사 편에서 이러한 학습의 상호작용에 대한 필요조건은 교사의 이해와 그 교육적 제시 사이의 차이의 정도이다. 데리다(1981)에 의하면 제시는 엑스트라 텍스트이다(extra text). 이것은 하나의 해석이 하나의 해석을 수정하면서 원래의 이해를 복잡하게 한다.

교실 상황에서 보다 본질적이라고 할 수 있는 또 하나의 상호작용이 있다. 학생들은 교사의 교육적 제시를 다루어 가야 한다. 여기에는 많은 선택이 놓여 있다. 학생들은 교사 자신의 이해로 이끌려질 수 있으며, 원하지 않았던 방향으로 나아갈 수도 있으며, 제시에 의문을 제기할 수도 있으며 오도될 수도 있다. 어쨌든 학생들은 항상 교육적 제시를 해석하는 데 연루된다. 교사가 제시하는 것은 학생의 편에서는 이해해야만 하는 주제이다. 주제의 해석이 바로 학습 과정이다. 다시 이러한 해석은 학생의 이해(comprehension)가 교사가 원하는 것일 수도 있고, 완전히 오해일 수도 있고 혹은 그 중간일 수도 있다. 의미는 그것이 실재로 의도되지 않았지만 경험될 수도 있다. 여기서 중요한 것은 교사의 교육적 제시 사이에 다양한 정도의 불일치가 존재한다는 사실이다. 이러한 불일치야 말로 학생과 교사 간에 단순한 정보의 흐름으로 환원할 수 없는 상호작용을 가져온다.

이러한 해석의 상호작용은 한 해석과 다른 해석 사이의 주고받는 변증법적 과정이다. 이것이 바로 학습의 과정을 특징짓는다. 상호작용은 계속적인 운동으로서 학생들은 교사가 제시를 수정하고, 개작하고, 구성해 감에 따라 그의 이해를 수정하고 확장시켜 나간다. 피아제(1970)의 말을 빌면 교사와 학생 양편에서 '조절'과 '동화'의 과정을 거친다. 학생들은 교육적 제시를 그들 자신의 이해에 동화하거나 교육적 제시에 그의 이해가 자체 조절할 수 있도록 한다. 이와 유사한 과정이 교사의 편에서도 일어난다. 학생들이 주제를 어떤 식으로 이해하고 있는지를 해석하고 그것에 기반하여 교사는 학생들의 이해에 그의 제시를 조절해 나간다.

학생들의 수준에 대한 교사의 인식에 기반한 교육적 제시의 이러한 조절은 쟁점을 복잡하게 하고 여전히 추상적이고 지나치게 단순한 모델을 가지고 덤빈다는 인상을 준다. 교육적 제시를 조절한다는 것은 교사가 행하는 또 하나의 해석에 근거한다. 즉, 학생의 이해 및 수준이 그것이다. 제시되는 주제에 대해 교육적 제시를 안내하는 '자료적 관심(material interest)'과 교사의 의사소통적 관심에 대해서 제시를 안내하는 '형식적 관심(formal interest)'을 구분할 수 있다. 나아가, 학생들의 수준을 확인하는 과정에서 교사가 학생들로 하여금 그의 이해를 해명하라고 한다면 그 해명이라는 것이 학생이 실제로 가지고 있는 이해라기보다는 교사가 듣기를 원하는 것이 무엇인지를 해석한 결과일 수 있다. 교실상황이 해석적으로 보다 복잡하다는 것을 보이기 위하여 여기서 언급하지 않은 종류의 해석이 있다는 것을 주목할 수 있다. 그것은 교사가 자신의 역할을 어떻게 해석하는지 혹은 학생이 교사의 역할을 어떻게 해석하고 또 자신의 역할을 어떻게 해석하는지와 관련되어있다. 또한 쉽게 특징지을 수 없는 해석의 복합체를 포함하는 '잠재적 교육과정' 역시 언급하지 않았다. 교실 모델의 특징은 해석의 상호작용의 복합체라는 것이 밝혀졌다. 하나의 해석은 다른 해석에 의해 영향을 주고받는다.

교실 경험을 이렇게 특징짓게 되면 우리는 하나의 가설로 인도된다. 교육 경험은 항상 해석학적 경험이다. 다른 말로 하면, 학습은 해석을 포함한다. 이 명제는 간단하게 들릴지 모르지만 그것이 함축하고 있는 사항은 결코 간단치 않다. 이 명제의 의미를 탐구함으로써 우리는 현대 교육 이론에서 명확하지 않는 채로 남아있거나 동의할 수 없는 부분들을 발견하게 될 것이다.

이 가설을 테스트하기 위해서는 비형식적 교육 경험을 볼 필요가 있다. 아마 교육을 해석의 교환으로 보는 것은 형식적 교실 모델에만 적용될 것이다. 그러나 놀이의 개념을 가지고 비형식 교육적 경험을 살펴보기 전에 우리의 가설에서 작동하고 있는 해석의 개념을 분명히 할 필요가 있다.

해석의 범위

교육 경험을 해석학적으로 분석한다고 할 때, 해석의 개념은 인지적 및 인식론적인 맥락을 넘어선다. 해석은 모든 인간 활동의 보편적 특징이다. 보편성이라는 것은 데카르트 이전 서구 철학적 전통에서 합리적이라는 용어와 관련되어있었다. 예를 들어, 아리스토텔레스 전통에서 인간은 '합리적 동물'로 여겨졌는데, 단순히 인간이 정신적 능력을 사용하는 정도까지만이 아니라 전체적으로 합리적이라고 생각했다. 아퀴나스는 인간의 영혼은 인간의 몸이 합리적인 정도까지만 합리적이라고 주장했다. 인간은 지성은 물론이고 손을 가지고 합리적으로 사물을 파악한다. 모든 인간 활동은 합리적 차원이 스며들어있으며 이러한 합리성이 이러한 활동을 인간적으로 만든다. 이러한 생각을 밑에 깔고, 또 인간의 합리성이 유한하다면 모든 활동은 해석을 포함한다는 생각을 할 수 있다. 인간의 합리성은 해석적 합리성이다.

이렇게 넓은 의미의 해석은 해석학 역사에서 발달해왔다. 이러한 의미는 낭만주의, 딜타이, 후설, 하이데거, 가다머를 가로지르며 발달해왔다. 이 과정에서 이해라는 용어는 차차 인식론적 전통에서 말하는 것보다 훨씬 넓은 의미를 가지게 되었다. 인식론에서 이해라는 말은 마음(의식, 영혼)에서 일어나는 정신적 과정을 보통 의미했다. 그것은 어떤 것에 대해 지식을 획득하는 지적인 과정이다. 이것은 주체와 대상 사이의 직접적이고, 선형적이고, 이원적인 관계로 설명된다. 인식론에서는 이해가 표상, 즉 주체와 대상 사이를 매개하는 정신적 이미지에 의존해 있다.

인식론적 모델과는 달리, 낭만주의 해석학에서는 해석과 이해가 텍스트 읽기의 맥락에서 혹은 사람 사이의 의사소통에서 주로 문제가 되었다. 인식론이 대상으로서의 사물을 아는 방법에 정향되어있다면, 해석학은 타자로서의 사람과 그들의 표현을 아는 방법에 정향되어있었다. 이때 해석은 정해진 규칙들에 의해 이루어져야 한다는 것이다. 역사주의 학자들(도르센, 랑케 등)은 이러한 문제들을 역사적 방법에 대한 일련의 질문들로 확장시켰다. 그리고 딜타이는 그것을 정신과학 일반의 방법론으로서의 이해를 보다 일반화시켰다.

딜타이에게 해석과 이해는 인문학과 사회과학의 방법론적 절차로서 특별한 지위를 가지는 개념이다. 후설은 딜타이를 비판하면서 해석을 단순히 방법으로 취급해 가지고는 해석의 문제들을 피할 수 없다고 했다. 달리 말하면, 다른 사람, 다른 문화, 다른 역사적 시기 등을 이해하는 것이 문제가 된다면 딜타이의 해법은 논점 회피가 된다. '이해'라고 하는 특별한 방법으로 우리는 이해한다. 딜타이의 이해 개념 이후에도, 해석이 문제가 되는 이유는 가장 근본적인 의식 행위인 지각 자체가 해석을 포함하기 때문이다. 해석을 특별한 종류의 지각으로 정의하고자 하는 어떤 시도도 그 본래적 본성을 설명할 수 없다. 왜냐하면 그것은 지각 그 자체를 해석으로서 설명하지 않기 때문이다. 이것이 후설의 생각이다.

지각 자체가 해석적이다. 후설(1970)은 지각에 의한 의미 구성을 그 안에서 의식의 정보활동(informing act of consciousness)을 통하여 구성되는 도식(scheme)으로 설명한다. 의식의 정보활동은 의식의 감각 내용(sense data)을 '해석'한다. 나아가, 지각 그 자체는 모든 다른 의식 양상들이 지각적 토대 위에서 구성된다는 의미에서 일차적 지위를 가진다. 기억, 상상, 판단 및 표현뿐만 아니라 감성과 의지적 활동 역시 지각 활동 위에서 세워진다. 이러한 사실은 모든 인간의 의식은, 논리적 인식으로부터 사랑과 미움에 이르기까지 해석을 포함한다는 것을 의미한다.

지각뿐만 아니라 모든 형태의 의식이 해석을 포함한다는 후설의 통찰은 하이데거에 의해 인지되고 발달의 계기를 맞이한다. 신칸트주의 철학에 영향을 받은 하이데거는 주체가 지식의 대상을 형성한다는 칸트 인식론을 수용하는 동시에 그것이 근거하고 있는 이원론적 형이상학은 거부한다. 지식보다는 경험이 하이데거의 출발점이다. 그리고 그의 분석은 인식론적이기 보다는 해석적-존재론적이다. 이해는 근본적으로 정신적 혹은 지적인 작용이 아니다. 또한 후설에서처럼 의식의 현상학에서도 적절히 해명될 수 없다. 하이데거에 의하면, 이해는 본질적으로 존재 방식이며 인간 실존에 속하는 존재 방식이다.

하이데거는 이해의 개념을 확장하고 깊이를 더하였다. 지적인 이해(comprehension)가 이해(understanding)의 한 종류이긴 해도, 이해(understanding) 그 자체는 여러 가지 방식으로 표현을 찾는 인간 실존의 실존적 특징이다. 이해는 인간에게 속하는 '세계'의 의미의 탈은폐이자 개방이다. 이해의 실존 구조에 의한 인간의 실존은 '세계－내－존재'이다. 실존적 이해를 통하여 개방된 세계는 인식론적으로 주체와 대면해 있는 객관적 대상이 아니다. 인간 실존은 세계－내－존재이기 때문에 세계와 인간의 구분은 딱 잘라서 이루어지지 않는다.

하이데거에 의하면, 인간 존재의 본질적 국면이 세계－내－존재이다. 세계－내－존재는 물론 인지적인 것을 포함하긴 하지만 주체와 대상 사이의 인지적 관계가 일차적인 것은 아니다. 인간의 실존은 세계를 개방할 뿐만 아니라, 의식적인 혹은 무의식적인 모든 수준의 행위에서 기능하는 이해의 방식에 의하여 세계－내－존재한다. 따라서 이해는 인간 실존 그 자체를 결정한다. 이해를 이렇게 실존적으로 이해할 때 그것은 포괄성을 가진다. 지적인 것을 포함하여 모든 인간 행위에서 인간 실존은 의미와의 해석적 관계와 관련되어있다. 예를 들어, 목수와 망치를 생각해보자. 망치의 근본적인 의미는 그것이 사용될 때 목수에게 개방되고 무의식적으로 목수의 행위 매트릭스 속으로 통합된다. 목수는 망치에 대해 생각할 필요가 없다. 망치에 대해 생각하지 않고 망치질한다. 목수는 망치를 대상으로서 정신적 인지라기보다는 손으로 혹은 망치질하는 과정에서 망치를 이해한다. 해석은 우선 이론적 진술에서 수행되지 않고 행위에서 수행된다.

가다머는 이해를 인간의 고립된 활동이 아니고 생 경험의 기본 구조라고 봄으로써 하이데거와 궤를 같이한다. 우리는 늘 어떤 것을 어떤 것으로(something as something) 취한다. 그것은 우리에게 이미 세계가 주어져 있다는 것을 말한다. 우리는 그것을 보다 단순하고 보다 직접적인 어떤 것으로 환원할 수 없다. '로서' 구조는 이해가 언제나 해석적이라는 것을 의미한다. 가다머는 하이데거를 따라 해석을 다음과 같이 설명한다. 인간 실존은 이해하면서 그 가능성을 그 앞에 기투한다. 인간으로서 나는 계획하고, 목표를 추구하고, 꿈꾸고, 결과를 예측하는 등의 활동을 한다. 왜냐하면 한 인간으로서 나는 본질적으로 아직 내가 아닌 것을 향하여 정향되어있기 때문이다. 실존적 이해는, 언제나 미래를 향하고 있는데, 과거의 존재에 기반하여 의미를 기투하고, 나 자신의 가능성을 기투하고, 그리고 세계 안으로 나 자신을 기투하는 것이다. 인간 존재의 유한성을 감안해 본다면, 즉 인간은 아직은 아닌 가능성을 향하여 끊임없이 기투하고, 초월한다는 의미에서 이해는 절대적이 아니다. 세계에 대한 신적인 절대적인 직관은 인간의 이해를 넘어선다. 우리는 사태 자체를 직관하지 않는다. 우리는 그것을 어떤 것으로 해석한다. 인간의 이해는 언제나 해석적이다.

'실천적 관심(practical interests)'이라는 개념은 해석학과 교육이론 모두에 중요하며 해석적 경험의 본성을 지시한다. 우리의 일상은 많은 실천적 관심에 의해 인도된다. 우리는 실천적 목표를 정하고, 여러 종류의 필요에 의해 동기유발 된다. 우리는 우선순위에 따라 우리의 활동을 구조화하기도 한다. 이러한 관심들이 의식적이든 무의식적이든 어느 정도는 주위 세계를 이해하는 방식을 결정하는 경향이 있다(Nicholson, 1984). 우리가 가지고 있는 관심의 방향이 어느 정도 우리가 보는 것을 결정한다. 원칙적으로, 관심이 없는 지각이나 해석은 존재할 수 없다. 지각 그 자체는 실로 해석적이다.

듀이는 교육과 관련하여 이와 비슷한 생각을 하고 있다. 우리는 내가 속해 있는 집단의 관심을 채택하여 세계와 타자를 해석하는 경향이 있다. 그 집단의 이해 혹은 관심에 따라 어떤 대상은 매우 가치 있는 것이 되고 어떤 것은 혐오의 대상이 된다. 우리 집단 혹은 계층이 일을 하는 방식이 관심의 대상을 결정하고 관찰과 기억의 방향과 한계를 규정한다(Dewey, 1966). 듀이에 의하면 실천적 관심들(interests)은 비형식 교육 경험, 의사소통, 공동체 생활을 통하여 형성된다. 그들은 전 경험에 침투해 있지만 대부분 무의식으로 남아있다. 이러한 관심 및 이해가 해석을 조건 짓고 편견의 원천이 된다는 것이 해석학의 포인트이다.

해석은 의미의 배열이다. 우리의 인지적 판단(apprehension)이 현장에 도착하는 즈음에 현장은 무의식적 관심에 의해 이미 배열되어 구조화된다. 하이데거에 의하면 해석은 이미 그것을 잉태하는 뚜렷한 방식을 가지고 들어간다. 예를 들면, 내가 왜 매일 아침 거의 자동적으로, 무의식적으로 샤워를 하는가를 인지적으로 생각해본다면 이해할 수 있을 것이다. 내가 자라면서 가지게 된 위생관념, 이러한 실행으로부터 얻을 수 있는 심리적인 이점을 나는 설명할 수 있다. 나의 샤워 습관을 의미 있는 행위로 만드는 이러한 의미 있는 맥락은 인지적 반성의 순간에 갑자기 작동하는 어떤 것이 아니다. 그것은 나의 실존의 수준에서 이미 작동하고 있는 맥락이다. 나는 해명되지 않은 맥락에서 보통 살아가고 있다. 내가 인지적 반성을 하기 전에 샤워하는 행위 안으로 하나의 의미가 이미 들어가 있다. 나는 나의 샤워하기를 이해하고 있다. 나는 그것 안으로 의미를 기투한다. 그것은 나의 일상적 실행을 정의하는 맥락 안으로 들어간다. 이 모두 것은 지적인 결정보다 앞서 있지만 그러나 동물의 맹목적 본성과는 다르다.

하이데거와 가다머의 해석 개념은 교육 경험과 관련하여 직접적으로 중요한 3가지 특징을 가지고 있다. 첫째, 해석은 실존적으로 포괄적이다. 해석은 인지행위에 국한되어있는 어떤 것이 아니다. 인간의 모든 활동은 해석을 포함한다. 둘째, 해석은 언제나 제한적이다. 세계에 대한 전제 없는 혹은 절대적인 해석은 없다. 의미는 언제나 실제적인 관심에 의해 조건 지어져서 그리고 인간 유한성 제한하에서 어떤 관점의 안내를 받아서 구성된다. 셋째, 해석은 우리가 이미 그 안에서 이미 우리 자신을 발견하는 과정이다. 그것은 주관성보다는 훨씬 큰 과정이다. 어느 정도는 우리가 완전히 통제할 수 없는 과정이다.

인간은 그 자신이 이미 그 안에서 발견하는 세계를 이해한다. 로크, 흄, 칸트의 인지적 주체처럼 객관적 대상을 마주하고 있는 인식론적 자아가 아니다. 해석은 인식론적 자아가 행하는 어떤 것이 아니다. 그것은 내가 그것 안에 연루되어있는 어떤 것이다. 인간의 합리성의 경우에서처럼 나는 내가 합리적으로 행위하기를 결정하기 때문에 합리적인 것이 아니다. 내가 합리적으로 행위하는 것은 나를 초월해 있고 내가 선택할 수 없는 합리성 안에 연루되기 때문이다.

4부

자연주의와 학교 과학 탐구

12
자연주의로의 전회

최근 들어 과학철학은 자연화되어 가고 있다. 여기서 자연화되어(naturalized) 간다는 말은 과학철학이 더 이상 철학의 독자적 영역을 주장하지 않고, 과학의 방법과 이론을 '과학의 현상(phenomena of science)'에 적용하는 하나의 과학이라는 것이다. 현행 과학의 경험적인 성과가 철학적 이론에 정보를 줄 뿐만 아니라 그것을 제약한다고 주장하는 사람들은 자연주의자라고 부를 수 있다(Giere, 1988). 이것은 특히 인공지능과 신경과학의 연구 성과를 과학철학에 도입하는 것으로 주로 기어리(Giere)의 인지적 접근 방법론과 타가드(Thagard)의 계산주의적 과학철학을 가리킨다.

그런데 '자연주의 과학철학'으로 지칭되는 대상의 범위에 대해서는 다른 견해가 가능하다. 자연주의를 그 종류에 관계없이 경험적 데이터를 토대로 과학을 설명하려는 입장이라고 넓게 해석하면, 쿤의 역사주의, 콜린스의 사회학주의, 라우든의 메타방법론까지 이에 포함할 수 있다. 하지만 자연주의적 입장이 무엇보다도 인식론에 경험과학을 도입하는 일, 선험적인 인식론적 원리의 거부, 진화론적 관점 등으로 특징지어질 수 있다면, 인지 과학적 접근 방법이야말로 자연주의 입장을 대표한다고 보인다. 또한 역사적 방법을 택하는 점에 있어서 쿤에게 동의하는 사람들(Lakatos, Toulmin, Laudan, Saphere 등)은 넓은 의미의 자연주의라고 지칭할 수 있다(정병훈, 1995).

자연주의의 배경

과학철학이 자연화된다는 말은 자연과학의 방법과 이론을 과학의 현상(phenomena of science)에 적용하여 설명하려는 시도 또는 이론의 변화, 이론 평가, 과학이론의 본성, 과학적 발견의 맥락 등의 과학의 본성적 문제에 접근으로 보기도 한다.

자연주의 과학철학은 과학자를 세계에 대한 표상을 발전시키고 세계와 그의 표상에 대해서 판단을 내리는 인지적 행위자로서 파악할 수 있으며, 과학적 모델을 특수한 유형의 표상이라 생각할 수 있고, 모델에 대한 과학자의 판단을 사람들의 일상적인 판단의 한 사례로 취급할 수 있다는 신념에서 비롯되었다.

과학철학에서는 쿤이 이미 자연주의를 암시하고 있다. 과학적 탐구에 대한 (과학적) 이론으로서 역사의 역할을 확립하려고 시도한 바 있다. 이처럼 자연주의가 태동하는 배경에는 1960년대에 접어들기까지 논리경험주의는 과학을 지나치게 이상화하며 과학을 명제의 체계로 보고 그 명제의 체계에 논리적 인식론적 토대(foundation)를 제공하는 것으로 보았던 풍조에서 찾아볼 수 있다. 따라서 이 시대에는 과학을 설명하는 것이 아니라 정당화하는 데 관심이 있으며 정당화 작업은 논리에 따른 선험적 작업이 된다. 이러한 분석과정에서 나타나는 과학자의 역할이란 무한한 메모리를 가진 논리적 시스템으로서 각기 고립된 채 행동하는 존재로, 실제 과학 탐구활동에 종사하는 과학자의 수행 모습과는 괴리감이 있었다.

한편 쿤, 핸슨, 파이어아벤트, 폴라니, 라우든, 라카토스의 역사주의, 즉 과학사 연구에서 주어지는 경험적 자료를 토대로 과학의 실제 모습과 부합하는 과학상을 제시하려고 노력하였다. 예를 들어 패러다임, 연구프로그램, 연구전통 등이 제안되었다. 어떤 특정한 연구전통을 넘어서 보편적으로 통용되는 과학의 논리나 방법론적 표준이 존재하지 않는다. 또한 불일치를 설명할 수 있으나 합의 메커니즘을 제시하지 못한다는 비판을 받는다. 상대주의의 경우 관찰의 이론 의존성, 공약 불가능성, 자료에 의한 이론의 미결정성, 반규범적 행동의 사례 등이 그 예이다.

과학사회학에서는 이론의 개념적 내용 및 그것의 발견, 그것에 대한 수락과 반박을 사회적 혹은 경제적 요인으로 설명하고자 한 구성주의(예, 에든버러학파, 울가, 라투어)가 활동하였다. 또한 논리경험주의자들이 과학의 합리성의 원리를 말한 대목에서 과학사회학자들은 직업적 이해관계의 충돌을 이야기한다. 이는 불일치를 잘 설명하게 되었다. 그러나 과학에서의 의견의 일치를 설명할 수 없을 뿐만 아니라 과학(기술)의 성공을 설명하지 못한다는 한계에 맞닥뜨린다. 1980년대 후반에 접어들면서 과학철학자자들은 논리주의적 과학철학의 과학에 대한 지나친 이상화와 규범화를 피하고 역사주의적 과학철학의 상대주의화를 극복하는 새로운 접근법을 과학철학의 자연화에서 찾으려 하였다. 이것은 인지과학의 성공에 기인한다.

과학철학자들의 과학상은 인간의 심리적 구조에 관해서 우리가 알고 있는 바에 비추어서 일반화될 수 없고, 사회학자들은 인간과 자연과의 상호작용을 빠뜨리고 있다는 반성이 일어난다. 결국 자연주의자들의 공통된 기반은 선험적 인식론적 원리를 거부하고 인식론적 원리에 심리학을 도입하는 것이다. 그리고 실제 과학의 모습과 일치하는 과학상을 제시하고자 한다. 과학의 본성을 이해하기 위해서는 현행의 경험과학의 방법과 성과에 관심을 가져야 한다. 동시에 상대주의를 경계하고 의견일치의 기반을 추구한다.

규범적 자연주의(라우든)는 지식에 대한 철학적 문제들에 대한 해결은 역사적인 혹은 현대의 인물들이 실제로 그들의 탐구적 프로젝트를 실행하는 방식으로 고찰함으로써 만족스럽게 주어진다는 메타인식론과 연계된다.

진보적 자연주의(기어리)는 과학철학에서 규범적인 성격을 배제 과학에 대한 인지과학, 과학에 대한 과학으로 풀어내었으며, 과학의 모델-기반 이해 및 분산인지(distributed cognition)로 연계된다. 계산주의(타가드)는 인공지능(AI)을 통한 발견의 맥락을 설명하게 된다.

과학철학의 자연화

쿤은 '자연화된 과학철학'이라는 표현을 사용하지 않았지만, 이미 자연화된 과학철학을 주창하고 나왔다(Giere, 1988) 그는 과학 지식의 이론을 위한 자료로서의 역사의 역할을 강조하고 있다. 그리고 과학이론이라는 것을 과학 그 자체에 있어서의 이론에 상응하는 것으로 보고 있다. 예를 들어 그는 '발견'과 '정당화' 사이의 구분과 같은 철학적 구분에 대해서 이렇게 말한다.

> 이것들은 그자체로서 과학 지식의 분석에 앞서는 기초적인 논리적, 방법론적 구분이 아니라 오히려 지금까지 전개되어 온 바로 그 질문들에 대한 실체적인 답변들로서 제시되어야 한다. 그러한 순환성이 그것을 무효화하는 것이 아니다. 그러나 이는 그것들을 한 이론의 일부로 만드는 것이며, 그렇게 함으로써 다른 영역들의 이론에 규칙적으로 적용되는 동일한 조사를 받게 한다. 만일 그것들이 그 내용으로서 순수한 추상적인 개념 이상의 것을 가지려면, 그 내용은 규명해야할 데이터를 적용하여 그것들을 관찰함으로써 발견되어야 한다. 어떻게 과학사가 인식론들이 정당하게 적용되도록 요구되는 그 현상들의 근원이 되지 않을 수 있는가?(Kuhn, 1962, p.9)

쿤의 과학철학의 자연화된 접근에 많은 비판이 있어왔다. 예를 들어 형태변화(gestalt switch) 및 설득(persuation) 등과 같은 심리학적 관점이 비판의 대상이 되었다. 그러나 과학론의 자연화된 일반적 접근 자체에 대해서는 비판이 거의 없었다. 이는 오히려 과학철학에 대한 자연화된 접근이 있을 수 없다는 가정에 기반하고 있었다.

물론 몇몇 인식론자(예를 들어, Quine)들은 이러한 부류에서 벗어나 있다. 왜냐하면 이들은 자연화된 인식론적 자세를 취하고 있으며 과학철학을 자연화된 인식론의 한 분야로 보기 때문이다. 또한 진화론적 인식론적(evolutionary epistemology) 접근을 모색하고 있는 이들 역시 이 부류에서 제외되어있지만 소수에 불과하다.

과학철학에서 있어서 자연화된 접근은 일반적으로 논리 경험주의 및 역사적 방법을 택하는 대부분의 사람들에게 받아들여지지 않았다. 라카토스(1970), 툴민(1972), 라우든(1977), 샤피어(1984) 등에 의하면. 과학은 역사적일 뿐만 아니라 합리적이다. 합리성은 과학을 자연화시켜 이해하고자 할 때 나타날 수 없는 개념이기 때문이다. 자연화된 과학철학을 반대하는 2가지 접근, 즉 카르납, 라이헨바하, 포퍼 등을 필두로 하는 토대주의와 라카토스, 라우든을 선두로 하는 메타방법론의 결점을 살펴보고 그 대안으로 '진화적 조망'을 살펴보기로 한다. 마지막으로 자연화된 과학철학에서 과학사의 역할을 논의한다.

자연화된 과학철학을 반대하는 일반적 형식의 논리와 대처 방법

순환논증, 규범 논증, 상대주의

과학적 방법을 탐구하기 위하여 과학의 방법을 사용하는 것은 순환적이다. 과학적 방법으로 탐구할 경우 적어도 과학자들의 몇몇 방법들을 전제하고 들어가야 한다. 따라서 모든 방법들을 발견할 수는 없다. 따라서 적어도 다른 방법으로 발견되어야 한다.

과학을 자연화해서 연구할 때 기껏해야 과학자가 사용하는 방법을 기술하는 것이 될 것이다. 그때 과학철학의 목적은 단지 기술(descriptive)이 아니라 규범(prescriptive)이어야 한다.

상대주의 논증은 규범논증으로부터 도출될 수 있다. 자연화된 과학철학은 좋은 과학(예, 진화론)과 나쁜 과학(예, 창조론)을 구분할 수 없다. 이러한 과학철학은 가치가 없고 유해하다.

자연화된 과학철학을 반대하기 위한 순환논증, 규범논증, 상대주의에 대처하는 방법으로는 방법론적 토대주의, 메타방법론, 진화적 조망이 제시될 수 있다.

방법론적 토대주의

순환논증에 대처하기 위한 방법으로서 방법론적 토대주의는 적절해 보인다. 즉, 아프리오리하게 정당화된 토대를 마련하는 것이다. 쿤 이전에 카르납, 라이헨바하, 포프 등의 토대주의가 주류를 이루고 있었다. 카르납은 원래 러셀의 토대주의에 매력을 느껴서 수학적 토대 맥락에서 발전시킨 논리적 구성 방법을 논의한다. 소급(regress)은 논리의 토대에서 끝난다. 뿐만 아니라 과학적 추론에 규범적 요소를 제공할 뿐만 아니라 상대주의에 대한 요새가 된다.

그러나 카르납을 위시한 초기의 논리 경험주의자들은 러셀의 방법론적 토대주의의 엄격성을 완화한다. 이는 기술적인 이유보다는 경험적 이유에서다. 왜냐하면 이들은 수리물리학의 법칙들을 철학적으로 배격할 수 없었기 때문이다. 그러나 이들은 여전히 논리가 과학적 방법의 토대구실을 한다는 것에는 변함이 없었다. 포프는 논리경험주의에 대해 비판적이었지만 논리적 규칙(modus tollens) 위에서 그의 방법론적 토대를 두고 있다. 포프의 방법론에 대한 비판은 주로 경험적 측면에서 주어지는데, 그의 말대로라면 남아있는 이론이 하나도 없게 된다. 라이헨바하는 방법론적 토대를 프래그머틱한 행동규칙에서 찾았다고 하는 점에서 특이하다. 그는 과학의 목적이 무한대의 사례(infinite sequence)에서 극한 상대빈도를 결정하는 것으로 보고, 그의 귀납규칙이 이러한 목적을 달성한다고 하는 선험적(a priori) 논증을 하고 있다. 불행하게도 그의 귀납 규칙(straight rule)과 똑같은 정도의 정당화를 가지는 여러 사이비 규칙들이 있을 수 있다. 나아가 해킹(Hacking, 1968)에 의하면 귀납 규칙만을 정당화하기에 충분한 정도의 오랜 정당화하는 문제가 되고 있는 계열이 무작위(random)하다는 경험적 가설을 요구한다. 이는 그가 극구 피하고자 했던 무한소급의 문제로 다시 돌아간다. 뿐만 아니라 그의 프로그램은 경험적 토대의 취약함을 지적할 수 있다. 과학은 사실 상대적 빈도의 극한값 이상의 목표를 갖고 있다.

1940년대 카르납은 연역논리의 형식적 일반화와 맥을 같이하는 귀납논리를 발전시킨다. 이러한 논리는 경험에서 주어지는 데이터와 이론의 논리적 관계를 토대로 하고 있다. 이러한 그의 논리는 소급을 멈추고 상대주의를 공격할 규범을 제공한다. 그러나 그의 귀납논리는 너무 단순하여 실제 과학이론의 평가에 쓸모가 없다는 경험적 근거에서 취약하다. 더군다나 모든 가설의 사전 확률(initial probability)의 측정을 요구하는 그의 프로그램은 기술적 차원에서 문제를 노정하고 있기 때문에 대부분의 사람들은 이를 포기하기에 이른다.

마지막으로 베이지안(Bayesian) 추론에 입각한 토대주의이다. 이 역시 유일한 초기 확률을 부여하는 문제가 있기 때문에 상대주의를 피할 길이 없어진다. 따라서 카르납, 라이헨바하가 부딪치는 문제가 여기서도 발생한다. 즉, 증거가 주어졌을 때 조건화(conditionalizing)하는 논리적으로 가능한 방법이 논리적으로 다수 존재할 수 있기 때문이다. 따라서 유일하게 합리적으로 존재하는 하나의 방법을 선택하는 선험적(a priori) 방법은 없다.

콰인에 의하면, 방법론적 토대주의는 아무런 소득이 없는 프로그램이다. 그에 의하면, 순환적임에도 불구하고 인식론적 자연화가 그 유일한 대안이다. 그러나 자연화된 과학철학을 논의하기 이전에 또 하나의 접근인 역사주의를 살펴보는 것이 순서일 것이다.

메타방법론

라카토스 및 라우든의 메타방법론은 순환을 피하면서 선험적(a priori)인 규범을 제공할 수 있는가? 둘 다 뻔뻔스러울 정도의 순환은 어느 정도 피해갔다고 말할 수 있지만, 과학의 합리성의 규범을 제공하지는 못하고 있다. 기껏해야 그들은 합리적 선택의 상황을 일반적 수준에서 기술하는 정도에 그치고 있다. 과학자들이 이들 방법론에 따라서 행동하는 것이 아니라, 사후에 그들이 이렇게 이론 선택을 했다는 정도의 기술적 해명밖에 못하는 것이다. 그들 과학론의 저변에는 정당화(justification)보다는 해명(explication)에 치우쳐 과학을 기술하고 있다. 따라서 이들의 방법론은 상대주의에 대항하기에는 역부족이다. 라우든의 경우 PIS(preferred pre-analytic intuitions about scientific rationality)가 합리적이라는 것을 당연시하지만 인류학자들의 문화상대주의에 맞서 정교하게 입론을 펼치지 못하고 있다.

진화적 조망

자연화된 과학철학은 어떤 방법으로 추구되어야 하는가? 진화론 및 인지과학, 신경과학이 그 기초를 제공해 줄 수 있다. 인간의 지각 및 인지능력은 몸과 함께 진화해왔다. 인간은 이러한 능력을 다른 영장류, 심지어 하등 포유류와도 공유한다. 예를 들어 언어능력을 담당하는 뇌의 부분은 다른 포유류와 공유하는 그러한 부분들로부터 진화해왔을 것이다. 이러한 능력은 환경에 매우 잘 적응해왔다는 것이다. 진화가 선택하는 능력은 물론 생물학적으로 적응도(fitness)일 것이다. 현대과학을 하는 능력은 지각 및 인지능력의 진화와는 아무런 상관이 없다. 아마 종으로서 생존에 손해가 되었으면 되었지 별로 이로울 것이 없을 것이다. 따라서 자연화된 과학철학이 해결해야 할 문제는 자연적으로 부여받은 능력을 가진 인간이 어떻게 해서 세계의 구조를 그렇게 상세하게 배워왔는가를 설명하는 것이다.

경험주의 철학자들은 지식의 분석에 있어서 즉각적 지각 경험의 역할을 강조한다. 이때 이러한 경험에 매우 높은 정도의 주관적 확실성을 부여할 수 있을 것으로 믿기 때문이다.

진화론적 조망에서 보면 이런 확실성은 세계와의 상호작용을 위해 진화된 능력과 판단의 확실성은 인과적으로 관련되어 있다. 그러나 이러한 능력의 작동은 주로 인간의 의식에 잡히지 않는다.

반면 합리주의 철학자들은 시간(선형구조) 및 공간(3차원)의 직관에 초점을 맞춘다. 이러한 판단은 인간 사고에 기본 사양으로 깔려있다(built-in). 이 역시 인간의 생물학적 적응과 유관한 세계의 양상을 나타내는 것으로 볼 수 있다. 이들 경험주의 및 합리주의는 주관적 경험이나 직관을 넘어서 갈 수 없다. 다만 세계는 우리의 감각경험의 총화 및 관념 이상이 아니다. 따라서 세계는 전적으로 알 수 없는 것이 되어 버린다.

그러나 사실, 인간은 환경의 여러 양상들과의 직접적으로 상호작용을 위해서 기본적으로 설치되어 있는 기제를 또한 소유하고 있다. 지난 300년 동안의 과학의 성과는 어떤 인간도 그들 자신의 주관적인 경험 및 직관만으로는 과학이 그리는 세계로 안내될 수 없다는 것을 보여준다. 세계 안에서 살아가기 위한 능력은 그 세계에 매우 적응된 상태라는 것은 의심할 수 없다. 이러한 일반적 결론을 무시하고 인식론을 논하기는 어려울 것이다.

그렇다면 이러한 진화적 조망이 규범과 상대성의 문제에 적절히 대처할 수 있는가? 진화의 과정에 인간 유기체 및 인간 사회는 서로 공속하는 관계가 되었다. 어느 사회든 사회조직을 필요로 하게 되었으며 이때 규범은 사회의 조직을 유지한다. 규범은 여러 사회적 장치에 의해 강제되었으며 사회적 질서는 바로 이러한 사회적 행위의 산물이다. 자연주의 철학자들이 부인하는 것은 물리적 맥락에서의 사회를 초월하는 규범에 대한 기초는 생각할 수 없다는 것이다. 그러나 이렇게 되면 상대주의에 길을 내어주는 것이 아닌가? 진화적 조망은 지구 상에 살아가는 인간 사회가 얼마나 다른가에 대해 제한을 둔다. 우리와 전적으로 다른 문화를 소유한다는 것은 물리적으로 불가능하다. 인간은 걷고, 말하고, 자고, 생식한다. 따라서 인간은 음식과 집을 필요로 한다. 그러나 이러한 요구를 해소하는 방법은 서로 다를 수 있다. 이런 수준에서 상대주의는 옳다. 그러나 그렇다고 해서 연소설과 플로지스톤설을 같은 수준에서 보아야 하는가? 그렇지는 않을 것이다. 이러한 물음에 대한 답은 보다 적극적으로 과학론을 펼 것을 요구한다.

이에 대해, 퍼트남(Putnam, 1982)은 자연화된 인식론이 가능하지 않다는 여러 논증을 펴고 있다. 그중 한 주장은 자연화된 인식론이 형이상학적 실재론을 전제하고 있기 때문에 정당화될 수 없다고 하는 것이다. 형이상학적 실재론은 유일하게 완전한 진리를 상정하고 있다는 것이다. 둘째로, 자연화된 인식론은 규범적 이성을 배제하고 있다. 이성이라는 것이 본래적(immanent)일 뿐만 아니라 초월적(transcendental)이기 때문에 이를 무시함은 곧 지적인 자살 행위라는 것이다.

퍼트남의 이러한 주장을 해명하는 것만으로 상당한 지면을 할애해야 하기 때문에 여기서는 자연화된 인식론과 불일치하는 점만을 몇 개 택해 그의 비판의 방향이 잘못되었다는 것을 설명하고자 한다. 자연화된 인식론은 유일하고 완전한 실재론을 설정할 필요가 없다. 자연화된 과학철학은 다만 인간의 인지능력이 다른 동물이 가지고 있는 인지능력으로부터 진화해온 것이라는 입장을 취할 뿐이다. 자연주의 인식론자들은 과학활동을 연구하기 위하여 이러한 인지능력을 적용할 뿐이다. 인간의 인지조상이 형이상학적 실재론자라고 비난 받을 필요는 없다. 그들과 우리가 연속선상에 있다면 우리라고 별반 다르게 생각할 필요가 없다. 물론 자연화된 인식론이 이러한 자세를 취할 수 있지만 딱히 필요한 것은 아니다.

퍼트남에 의하면 자연화된 과학철학은 합리성을 진화된 능력(evolved capacities)으로 정의하기 때문에(그의 말을 빌려 말하면, 내적 실재론 internal realism), 이는 거짓 아니면 공허한 내용이라는 것이다. 그러나 자연화된 인식론은 과학의 합리성을 정의할 필요가 없기 때문에 그의 비판으로부터 벗어나 있다. 진화적 조망은 동물과 인간 사이의 뚜렷한 구분이 없고 따라서 합리적, 비합리적 경계도 뚜렷이 없다는 것이다. 모든 동물은 그들의 환경과 효과적으로 상호작용하는데, 이때 과학을 하는 것은 인간이 그들의 환경의 어떤 국면을 다루는 방식 중의 하나이다. 이러한 과정에 관심을 돌리게 되면 여러 국면에서 어떤 이는 다른 이보다 더 효과적인 것을 본다. 이렇게 볼 때 합리와 비합리를 근본적으로 구분하는 것은 과학 및 다른 활동을 이해하는 데 효과적인 방법이 아니다.

아리스토텔레스 이래, 인간을 합리적이라 보고 철학은 합리성의 본질을 발견하는 과업을 수행해 왔다. 생물학에서는 이미 본질을 포기한 지 오래이다. 인식론에서도 포기해야 할 단계이다.

퍼트남은 또한 철학을 자연화시켜서는 안 되는 이유를 이성에서 찾고 있다. 그의 논의에 의하면 이성은 언어를 필요로 하고 언어는 지칭을 요구한다. 이러한 과정은 자연화될 수 없는 과정이다. 게다가 이성과 언어는 언제나 자연화될 수 없는 가치를 가진다. 만약 이러한 주장이 옳다면 창발적 성질(emergent properties, 예를 들면 합리성)이 있어야 한다. 물고기로부터 인간에 이르는 연속선상에서 과학이 설명하지 못하는, 근본적으로 환원이 안 되는 속성이 나타난다는 것이다.

자연화된 과학철학에 의하면 동물과 인간 사이의 본질적인 차이는 그자체로서 설명되어야 할 것이다. 진화과정은 자신의 진화적 기원을 망각하면서 대부분의 역사를 보낸 종을 산출했다. 인간이 자연에서 특별한 위치를 가져야 하는가?

자연화된 과학철학에서 이론 선택

순환논증의 형식에 따르면 자연주의 과학철학은 순환적이다. 이론 선택에 대해서는 뚜렷한 열세에 놓여있을 수밖에 없기 때문에 이론 선택의 이론이 바로 자연주의 과학철학의 주요한 테스트의 대상이 된다. 이론 선택을 논하기 전에 선택의 대상, 즉 이론에 대해 언급해두는 것이 필요하다. 유클리드 이후 이론적 지식을 공리체계로 나타내는 전통이 있어왔다. 프린키피아는 이런 전통에 따르고 있으며 현대 논리학의 기초를 놓은 학자들 역시 마찬가지이다.

20세기 논리학과 수학의 기초로부터 영감을 얻은 철학자들은 대부분 이론을 형식적인 공리체계로 가정했다. 20세기 과학자들이 이론을 공리체계로 제시하고 있지 않는 것은 문제가 되지 않았다. 왜냐하면 철학의 임무는 재구성, 개념 분석 및 정당화이지 기술이 아니기 때문이다.

그러나 기술을 철학의 주 임무로 삼으면 공리체계는 부적절하다. 대부분의 경우 이론과학자들은 공리체계를 전개한다고 생각할 수 없기 때문이다(생물학, 지질학을 생각해보라. 물리학에 있어서도 마찬가지다). 그러면 과학이론을 어떻게 나타내야 하는가? 최신 과학에 우리의 관심을 둔다면, 이론이 무엇인가에 대해 해답을 찾는 것은 비교적 간단해보인다. 과학기술이 과학 이론을 교과서를 통하여 전수하고 또 그들 역시 교과서를 통하여 전수받았다. 따라서 이론이 무엇인가 하는 것을 분석하려면 교과서를 조사하는 방법이 유효할 것이다. 이때 고전역학은 좋은 예를 제공한다.

과학은 역학의 모델이 다르고 또 그의 수학적 기법을 빌려 오곤 한다. 오늘날 많은 과학자 및 엔지니어들은 이론의 첫째 경험으로서 고전역학을 대한다. 뿐만 아니라 고전역학은 이론을 공리체계로 나타내고자 하는 많은 철학자들의 표준적인 예가 되어왔다. 따라서 고전역학은 이론에 대한 이론을 비교, 평가하는 데 직접적 근거가 될 수 있다.

이공계 대학 수준의 물리 교과서를 보자. 가끔 수학적 예비지식에 우선 한 장을 할애한다. 그 다음 장은 대개 뉴턴의 운동법칙을 소개하면서 힘 함수가 필요함을 보여준다. 다음 장들에는 여러 다양한 힘 함수들을 도입함으로써 운동방정식의 사용을 주로 다룬다. 보다 초보적인 교과서라면 한 장을 일정한 힘에 의한 운동을 다루고 그 다음 장에 1차원의 복원력으로부터 단조화 운동을 다룰 것이다. 나아가 학생들은 역자승의 힘을 다루고 2차원적인 궤도운동을 다룬다. 각각의 장에 학생들은 무엇보다도 다음 사항을 발견할 것이다. 특별한 힘 함수를 포함하는 운동방정식의 수학적 해, 그리고 이러한 특별한 운동방정식이 적응되는 실세계의 예들이 나온다. 예를 들어, 학생들은 일차원적 복원력은 사인 곡선을 그리는 운동을 나타내며, 그리고 진자의 수평운동은 근사적인 사인 곡선의 성격을 가진다는 것을 보게 된다.

그러나 학생들이 배우는 가장 중요한 항목 중 하나는 실세계의 그 어떤 계도 그 운동방정식에 정확히 맞아 떨어지지 않는다는 것이다. 예를 들어 진자의 수평복원력은 흔들리는 각이 0에 가까울 때 그 극한치로만 선형운동을 한다. 따라서 운동방정식을 참, 거짓의 판별 대상으로서 직접 대면시키는 것은 교과서의 상황을 잘못 이해하는 것이다. 그렇다면 이 상황을 어떻게 표상해야 할까?

운동방정식을 추상적인 이상화된 계를 특징짓는 것으로 보자는 것이다. 이러한 이상적인 계를 '모델'이라 하면 과학적, 철학적 용법과 잘 맞아떨어진다. 이렇게 되면 실세계의 계에 대해서 다음과 같은 형식의 주장이 가능하다. 실세계는 모델과 유사하다. 예를 들어, 작은 진폭을 가진 진자는 단조화 진동과 유사하다(이 언명을 이론적 가설이라 하면 될 것이다). 이론적 가설에는 유사함의 어떤 점(respect), 어느 정도(degree)에 관한 정보가 함축되어 있다. 따라서 가설에 대한 참, 거짓은 도입할 수 있는 개념이다. 그러나 가설의 참, 거짓은 단순히 모델과 실세계의 유사성을 말하는 것이기 때문에 다만 메타차원의 언어로 표현하는 것 이상의 의미는 없다.

전형적인 고급 교과서는 학생들에게 모델군(family of models)을 소개하면서 실세계를 근사적으로 기술한다. 이렇게 교과서 체제를 이해해 놓고 보면 '이론'이란 모델군과 이 모델들과 관련한 넓은 범위에 걸쳐있는 가설들을 포함하는 것으로 볼 수 있다. 따라서 이론을 모델이나 혹은 가설 어느 하나에 초점을 맞추어 사용하면 실제 과학적 행위를 하는 과학자가 사용하는 의미와 매우 동떨어진 의미를 전달하게 된다.

교과서를 배워나가면서, 학생들은 이론의 부분에 속하지는 않지만 여전히 중요한 많은 것을 배우게 된다. 그들은 '위치', '질량', '속도', '힘' 등의 용어를 해석하도록(interpretation) 배운다. 또한 그들은 주어진 시공에서 위치, 질량, 힘 등을 동정하는(identify) 법을 배운다. 이러한 해석 및 동정이 어떻게 행해지는지를 이해하는 것은 언어학, 특히 인지언어학의 몫이다.

이렇게 이론을 이해하고 보면 형이상학적 실재론의 극단을 나가지 않고 어느 정도 수준에서 실재론을 주장할 수 있다. 이는 최근의 반실재론과 일맥상통한 측면이 있을 수 있다. 그것은 또한 구성적 실재론이라 할 수 있다. 왜냐하면 모델은 인간이 구성한 추상적 실체이기 때문이다. 그것은 실재론이라 할 수 있다. 그것은 형이상학적 실재론과는 거리가 멀다. 모든 점에서 유일하게 옳은 모델은 없다.

대부분의 이론 선택은 진리(혹은 진리 근사)를 가지고 논의한다. 이때 문제가 되는 것은 진리를 체크할 수 있는 독립적인 잣대가 없다는 것이다. 따라서 이론 선택의 철학적 접근은 진리 이외의 인식적 속성에 초점을 맞추어서 행해진다. 이러한 속성에는 다음과 같은 것들이 있어왔다. 단순성, 반증, 설명력, 다산성 등이다. 합리적 선택을 이러한 속성과 진리와의 관련성을 가지고 논할 수 있을 것이다. 그러나 이러한 논의가 쉽지 않기 때문에 합리성을 이러한 속성에만 국한시켜 논하는 것이 보통이다.

후기 실증주의 역시 이러한 일반적 전략을 사용하고 있다. 이들은 보다 큰 이론 단위(패러다임, 연구프로그램, 연구전통)의 속성(예, 진보progressiveness)을 분석하여 합리성을 논하고 있다. 이론 선택은 이러한 보다 큰 단위의 선택에 종속된다. 그러나 이들 합리성 이론은 실제 선택을 하는 현실과학자들을 언급하고 있지 않다. 그것은 전적으로 하향적(top-down)방식으로 논의되고 있다. 자연화된 인식론은 명백히 상향식(bottom-up)이다. 이에 따르면 이론 선택은 다른 선택과 별반 다르지 않다. 그것은 인간이 실제 선택을 어떻게 하는지를 보는 것이다.

의사결정 이론은 2가지 방향에서, 즉 합리성의 수준에서 혹은 기술적 수준

두 방향에서 논의되고 있다. 자연화된 과학철학은 기술적 수준에 기반해서 의사결정을 논의해야 할 것이다. 그것은 신념-욕구 심리학의 특별한 분과로 생각할 수 있다. 의사결정이론은 선택지와 세계의 상태들로서 정의되는 행렬로서 의사결정 문제로부터 시작한다. 욕구(가치)는 선택지-세계상태 쌍의 순위 혹은 효용 척도를 나타낸다. 이러한 가치를 합한 결과는 복잡한 가치행렬이 된다. 선택자의 관념의 역할은 보다 복잡한 양상을 띤다.

합리적 의사결정 모형은 합리적 선택의 규칙에 초점을 맞추어 의사결정 전략을 말한다. 기술적 의사결정 이론은 대신에 실제로 일어나고 있는 전략의 특징에 초점을 맞추어 설명한다. 이 중 과학자들의 행위에 가장 합당하게 적용할 수 있는 것이 만족 전략이다. 만족주의자들은 그들의 최소만족 수준을 가지고 있어야 한다. 그들은 선택지를 살펴서 각각의 가능한 세계의 상태에 대해서 적어도 만족 수준이 존재하는가를 따져보아야 한다. 그러한 선택지가 존재한다면 그것을 선택하고 존재하지 않는다면 만족 수준을 낮추든가 아니면 결정 문제를 바꾸는 것이다.

역사는 과학이론에 어떤 역할을 해야 하는가? 이러한 문제는 증거와 이론의 관계일 테지만 보기보다 꽤 까다롭다(라카토스 및 라우든을 생각해보라). 과학은 시간에 따라 내용뿐만 아니라 방법, 목적까지 변한다. 쿤 역시 이러한 과학사의 국면을 말하고 있다. 그러나 그는 역사 전체를 관통해서 작용하는 일정한 메커니즘(전과학-정상과학-위기-혁명-다시 정상과학으로 순환)을 상정함으로써 시간에 따라 변하는 요소들을 놓치고 있다. 이 점에서 그는 마르크스의 역사 발전 단계이론의 노선을 취하고 있으며, 따라서 그것이 가지고 있는 정도의 이론적 결점을 가지고 있다. 이러한 역사관은 목적과 방법에 있어서 과학이 진화한다는 시실에 비추어 문제가 있는 것으로 보인다. 자연주의의 전략은 다음과 같다.

첫째, 내용뿐만 아니라 방법, 목적에 있어서의 변화 모두를 설명할 수 있는 과학적 진보의 메커니즘을 찾는 전략이다. 이러한 전략은 모호하게 정의된 과학모델을 결과할 수 있다.

둘째, 보다 작은 시간 단위(예, 17세기 등) 에 초점을 맞추어 메커니즘을 찾는 전략이다. 이때는 적용 범위가 제한된 모델을 결과할 것이다.

따라서 세 번째의 전략을 자연주의는 취할 수 있을 것이다.

셋째, 보다 작은 시간 단위의 메커니즘을 연구해서 여러 모델을 연결하고 거기에서 여러 기간 동안에 서로 부분적으로 겹치는 모델군을 찾는 것이다. 이 전략을 채택하는 것은 인지적 접근을 할 때 매우 성공적일 수 있다.

생물학적 환경에서 변이와 선택의 모델이 추상화된 것과 같이 모델 구성 활동과 모델 선택은 과학적 맥락에서 추상화된 것이다. 이러한 행위는 거의 모든 사회 경제적 환경에서 일어날 수 있다. 서로 다른 가치 및 방법의 인식론적 요소는 구체적 가설이 주어지면 그에 따른 의사결정의 구도 속에서 반영된다.

13
자연주의 과학철학의 이해

과학론(science theory)이라고 할 때 '론(theory)'이라는 것은 과학을 과학적으로 연구한다는 것을 함축하고 있다. 아울러 과학은 지식의 생성과 관련된 인지적 행위라고 할 수 있다. 인지적 행위를 과학적으로 연구하는 '인지과학'은 인지과학이라는 제목하에 다소 느슨하게 결합되어 있는 한 무리의 학문을 일컫는다(Giere, 1988). 즉, 논리학, 철학, 신경생리학, 인지심리학, AI(artificial intelligence), 언어학, 인지사회학, 인류학 등을 총망라하는 것이 인지과학인 셈이다. 현대 과학을 이해하는 데 어떤 특정 학문 분야가 유익한지는 선험적으로 제한할 필요는 없다. 이제까지 현대 과학을 이해하기 위한 과학 본성의 탐구는 주로 과학철학자 및 과학사회학자들의 몫이었다. 이들 사이에서도 많은 다양성이 있지만 여기서는 인지과학적 접근에 초점을 맞추어 다른 영역의 학문에 대해서는 단순하게 스케치하고 넘어간다.

합리성, 상대주의, 인지과학

과학에 대한 합리적 접근에 따르면, 일반적으로 과학자들은 이상적으로 합리적인 사람들이다. 실제 과학자들의 행위는 이상적 합리에 의하여 평가된다. 과학의 맥락은 개인적이든, 사회적이든, 혹은 보다 광범위하게 문화적이든, 과학의 본성을 이해하는 데 있어서 무관하다. 반면 최근의 과학사회학은 전적으로 맥락을 우선시한다. 과학적 지식은 전적으로 맥락에 상대적이다. 그것은 불확정적이며(contingent)이며 100% 사회적 구성물이다.

과학에 대한 이러한 두 가지 관점을 좀 더 부연해보면 다음과 같다. 과학을 합리적이라고 하는 관점에서 본다는 것은 곧 데이터와 이론 사이의 관계가 합리적이고, 심지어 논리적 관계가 있다는 것을 함축한다. 주어진 어떤 데이터가 관련된 이론을 어느 정도 지지하는가를 합리적으로 올바르게 결론을 내릴 수 있다는 것이다. 따라서 철학자의 임무는 이론을 평가할 때 직관적으로 사용하는 원리들을 명시적으로 분명히 하고, 이 원리들이 합리적으로 올바르다는 것을 보여주어야 하는 것이다.

그러나 이러한 접근은 철학적으로 매우 어려움에 봉착한다. 합리적 관계가 유일하게 존재한다는 것을 보여주는 데 있어서 이러한 어려움은 많은 노력에도 불구하고 여전히 문제로 남아 있다. 데이터와 이론의 관계에 대한 이러한 관점은 또한 경험적으로도 문제를 노정하고 있다. 만약 과학의 판단이 이러한 원리에 의해 안내된다면, 과학자들 사이의 의견 일치는 실제 존재하는 것보다 훨씬 강할 것이다. 물론 교과서들로부터 과학의 이미지를 획득한 사람이라면 과학자들 사이의 일치가 하나의 질서처럼 여겨질 것이다. 그러나 연구의 최전선에서는 과학자들의 불일치가 오히려 다반사로 일어나고 있다. 만약 과학적 합리성의 원리 같은 것이 존재한다면 이러한 불일치는 외부적 요인의 결과일 것이다. 그렇게 되면 과학은 비합리적이 되어버린다. 그러나 대부분의 철학자들은 과학이 특별히 합리적이라고 생각한다. 그렇다면 뭔가 잘못되어 있다.

반면에 과학적 지식이 사회적으로 구성된다는 사회학자들에 의하면 실험 데이터 역시 사회적으로 협상되는 많은 것들 중 하나에 불과하다. 물론 단순성과 같은 인지적 요소도 협상의 대상이다. 합리적 원리 대신에 서로 경쟁하는 사회적 이해관계의 충돌이 있을 뿐이다.

이러한 접근은 과학적 지식의 상대성을 기꺼이 받아들인다. 사회 환경이 다르면 다른 과학이 정상과학의 위치를 차지할 수 있다. 이러한 과학이론은 과학사에 늘 등장하는 불일치를 잘 설명할 수 있다는 이점이 있다. 그러나 이렇게 되면 과학의 성공을 설명할 수 없게 된다. 과학을 자유민주주의나 삼권분립 등의 성공과 같은 수준으로 보게 되고, 그 성공은 변화하는 사회적 관계로서 설명해야 하기 때문이다.

첨단과학기술은 분명히 효과적인 사회조직을 요구하지만 그것만으로 설명하기에 부족하다. 사회적 관계 이상의 설명요소가 필요하다. 그것은 인간의 합리성보다는 세계와의 인과적 상호작용에서 찾아보는 것도 한 가지 방법일 것이다. 인간은 지각, 기억, 학습, 언어사용을 포함하는 생물학적 기반의 여러 인지능력을 가지고 있다. 이러한 능력들은 일상적으로 세계와의 상호작용에서 사용된다. 사실 과학자들은 이러한 인지능력을 사용하여 세계와의 상호작용을 통하여 현대과학을 구성한다.

과학에서 데이터와 이론이 어떻게 관련되는지에 대해 과학자 개인의 실존 및 그의 탐구적 삶의 수준에서 인지 과학적 연구가 제대로 이루어지지 않았다. 아리스토텔레스 이래로 철학자들은 합리성의 개념을 수호해왔다. 현대과학을 이해하는 데 합리성의 개념이 특별히 유용한 것이 아니라는 것을 심각히 고려하지 않았다. 비슷하게 과학사회학 역시 사회적 요소 이외의 요소에 대해서는 탐구하지 않았다. 여기에 대한 대안으로 인지과학적 접근이 있을 수 있다.

표상과 모델의 판단 및 선택

지난 50년여 동안 과학철학자들은 과학 이론의 본성과 이론 선택의 기준을 해명하고자 하였다. 최근의 과학 사회학자들은 이론의 본성보다는 한 이론이 과학자 사회에서 수용되는 과정에 많은 노력을 경주해왔다. 인지과학은 이러한 쟁점에 즉각적이고 직접적인 해답은 제공하지 않지만 잠정적으로 매우 생산적인 배경을 열어주고 있다. 인지과학의 틀에서는 이론은 일종의 표상이며, 이론 혹은 모델의 선택은 일종의 판단(judgement)으로 볼 수 있다.

과학 이론은 인지과학에서 말하는 표상과 연속선상에 놓을 수 있다. 표상은 외부세계의 심적 지도(internal map)와 같다. 따라서 과학적 이론에 대해 인지

과학적 접근을 할 때 자동으로 실재론자의 입장에 서게 된다. 그러나 이는 철학자들 및 사회학자들이 비판하고 있는 강한 의미의 실재론일 필요는 없다. 모델을 구성하는 도식들(schema)은 일반적으로 참 혹은 거짓으로 평가되고 있다. 다양한 맥락에서 어떤 면(aspect), 어떤 정도(degree)에서 들어맞음(fitting)에 따라 기술할 수 있다. 따라서 형이상학적인 혹은 상식적 실재론과 다르다. 세계는 내적 처리과정, 즉 해석이 없이는 스스로 드러내지 않는 바, 마음은 자연의 거울이 아니다.

한편, 철학자들은 과학자가 이론을 평가할 때 합리적 평가의 원리를 적용한다고 보고, 사회학자들은 사회적 협상의 과정으로 보고 있다. 인지과학자들은 사회과학자들과 크게 다르지 않다. 그들은 개인에 의한 특별한 판단에 보다 초점을 맞추고 사회적 요소는 개인들을 통하여 항상 걸러 나오는 것으로 보고 있다. 인지과학자들은 개인의 차원에서 판단 전략의 효과성을 탐구하긴 하나 '편견' 및 '비효과적'이라는 말이 비합리적이라는 뜻이 아니다. 철학자들이 합리성이라고 말할 때 그것은 일반적으로 범주적(정언적) 합리성을 말한다.

아리스토텔레스는 인간의 본질적 속성을 합리성으로 보았다. 따라서 인간과 다른 동물 사이에 넘을 수 없는 벽이 있다. 그것은 정도의 차이가 아니라 있느냐 없느냐의 문제이다. 다른 한편, 가언적(도구적) 합리성이라는 것은 바람직한 목적에 효과적인 수단을 의미한다. 이는 정도의 차이가 있을 수 있다. 인지과학자들이 말하는 합리성은 이런 맥락에서 말하고 있다. 목적 달성을 위하여 어떤 전략을 사용하는가? 주어진 환경에서 그들이 할 수 있는 한 그들의 목적을 잘 달성하는가? 그렇지 않다면, 왜 그런가? 여기서는 정언적 의미에서의 비합리성은 없다.

자연주의 실재론

이론의 대부분의 요소가 세계를 표상한다고 하는 입장을 실재론이라 한다면, 예를 들어 문제해결력과 같은 비표상적 요소가 이론을 수용하는 근거가 되고 있는 입장을 반실재론이라고 간략하게 정의할 수 있다. 합리주의는 이론을 평가

표 13-1 이론 평가에 대한 합리주의와 자연주의의 입장

판단 \ 표상	실재론 (실재론자)	반실재론 (반실재론자)
합리주의	대부분의 논리경험주의 (포퍼, 카르납)	도구주의 (라우든)
자연주의	구성적 실재론, 상황적 실재론, 역사적 객관주의(모델기반학습의 기어리)	사회적 구성주의 구성적 경험주의 (사회학자)

하는 데 있어서 합리적 원리들이 존재한다는 관점이다. 반면에 자연주의는 이론이 개인의 판단과 사회적 상호작용을 포함하는 자연적인 과정(naturalistic process)을 통하여 수용되거나 거부된다는 입장이다. 이론평가에 대한 합리주의와 자연주의 입장을 가져와서 표로 나타내면 표 13-1과 같다(cf. Giere, 1988).

여기서 과학적 실재론이란 이론의 대부분 요소가 세계를 유사하게 표상한다고 하는 관점이다. 반실재론은 표상을 부인하고, 예를 들면, 문제해결력(problem solving effectiveness: Laudan, 1977), 예측력(Lakatos, 1970), 경험적 적절성(empirical adequacy: van Flassen, 1980)을 주장하는 관점이다.

기어리는 합리주의를 절대적(categorical) 합리주의와 온건한 도구적(instrumental)[혹은 가언적(hypothetical) 합리주의(목표에 대한 효과적 수단을 합리라고 본다]로 나누고 있다. 표 13-1에 따르면, 엄격한 절대적 합리주의는 전통주의 범주에 넣을 수 있고, 라우든 및 샤피어 등의 역사주의는 자연주의 범주에서 속한다고 볼 수 있다. 그들의 이론 선택에 대한 논의에서 가언적으로 합리적 선택의 기준을 논하고 있고, 또 앞에서 그들의 선험성에 대한 거부를 함께 고려하면 자연주의로 구분할 수 있다. 그러나 이 둘은 과학 이론의 표상적 본성에 대해서는 견해를 달리한다. 라우든은 반실재론으로, 샤피어는 실재론을 옹호하고 있다.

철학자들은 실재론에 대해서는 서로 입장을 달리 하지만, 이론 선택에 대해서는 거의 합리주의를 채택하고 있다. 최근의 사회학자들은 거의가 반실재론이면서도 자연주의에 속해 있다. 그들에게 합리주의는 곧 실재론과 동의어이다.

자연주의적 실재론은 모순으로 보이기 때문이다. 그러나 인지과학적 조망으로 과학을 들여다보면, 자연주의적 실재론의 시야가 열린다. 이 영역에서 열리는 새로운 과학상은 관심을 받기에 충분하다.

인지과학이 열어가는 실재론은 오늘날 인지과학의 경험적 성공에 힘입어 잘 지지될 수 있다. AI, 로보틱스, 뇌과학의 성공이 인지과학의 입지를 굳히는 데 큰 역할을 했다. 이는 17세기 물리학이 스콜라 철학을 반박하는 데 성공했다기보다는 그것의 성공이 스콜라철학을 과거의 철학으로 자리매김하도록 했다는 것으로 비유될 수 있다.

한편, 자연주의 과학철학에 반대하는 철학적 논박을 고려하여 자연주의 실재론을 논의할 때 고려할 몇 가지 쟁점을 분명히 해보자.

첫째, 자연주의 과학철학은 합리성을 꼭 정의해야만 하는가? 퍼트남(Putnam, 1967)은 자연주의 과학철학이 정언적 합리성을 규정해야 할 것으로 가정하고 있다. 그러나 자연주의 과학철학은 정언적 합리성을 필요로 하지 않고 다만 가언적 합리성만을 요구하고 있기 때문에 푸트남의 비난으로부터 벗어나 있다. 따라서 그가 말하는 자연주의 과학철학의 오류성 및 공허성은 받아들일 수 없다.

둘째, 가언적 합리성만으로 충분한가? 수단의 합리성만이 아니라 목적의 합리성을 고려해야 되지 않겠는가? 비합리적 목적을 다루기 위한 합리적 행동이라는 것은 이상하지 않는가? 그러나 이러한 '합리성'의 용법은 철학의 맥락에서는 의미가 있지만 합리주의가 말하는 아리스토텔레스적인 '합리성'을 포기한 맥락에서는 의미가 없다. 게다가 과학자들의 목적은 그들의 방법(수단)의 효과성과 마찬가지로, 탐구의 대상이 합리적으로 주어지는 무엇이 아니다. 더군다나 과학의 목적을 평가할 수 있는 선험적 방법이 있다는 것은 철학자들의 신념일 뿐이다.

셋째, 자연주의 과학철학이 순환적 모순을 범하는 것이 아닌가? 자연화된 과학철학은 과학에서 효과적이라고 하는 방법을 사용하여 과학의 성공을 설명하는 방식의 순환적 논증을 하고 있다는 것이다. 이는 합리주의 철학의 주류를 출발시킨 17세기 데카르트의 방법적 회의에 그 연원을 찾을 수 있다. 데카르트의 출발점은 지식이란 어떤 확실한 토대 위에 자리 잡아야 하는 것으로서, 소위 '방법적 회의'라는 방법을 사용하여 발견한 의심할 여지없는 지식의 토대는 바로 우리의 마음구조, 즉 확실한 이성 활동을 통해 인간은 물질적 세계를 인식할 수 있다고 보았다. 그러나 데카르트의 이런 입장은 심각한 문제를 내포한다. 만약 우리가 확실히 아는 것이 인간의 이성적 능력인 명확한 관념이 외부의 대상들을 정확히 표상하는지 어떻게 알 수 있는가? 이 문제를 해결하기 위하여 데카르트는 스스로 만들어낸 곤경에서 빠져나오기 위하여 존재의 완전함을 필연적으로 드러내는 근거로서 완전한 존재의 명석하고 판명한 관념을 갖는 신의 존재를 도입했다. 그 다음 이러한 주장을 정당화하기 위하여 완전한 존재의 사유는 명석 판명한 관념을 통하여 속여지도록 허용하지 않았다는 것이다.

> 내가 앞에서 규칙으로 정한 것, 즉 우리가 명석 판명하게 인식하는 것은 모두 참이라는 명제의 진리성조차, 신이 존재 혹은 현존한다는 것, 그가 완전한 존재라는 것, 또 우리 속에 있는 것은 모두 신으로부터 나온다는 것을 근거로 해서만 보장되기 때문이다.(≪방법서설≫, 193) [르네 데카르트, ≪방법서설, 정신지도를 위한 규칙≫, 이현복 옮김, 문예출판사 2001]

그러나 이 역시 순환 논증의 오류에 해당된다. 데카르트는 우리를 기만하지 않는 신(神)이 우리의 관념과 외부세계와의 연결을 보장해준다는 별 설득력이 없는 대답을 내놓은 것이다. 순환 논증은 '증명되어야 할 것이 이미 그 증명에 전제되어 있는 증명'을 뜻한다. 논증의 기본 순서는 의심할 수 없는 전제로부터 결론으로 나아가는 것이다. 즉, 전제가 결론보다 먼저 알려져 있어야 하기 때문에 전제가 결론에 의존해서는 안 된다. 데카르트는 논증되어야 할 명제(즉, 신의 존재)를 논증의 전제로 사용하는 잘못된 논증 방법을 사용한 셈이다.

데카르트의 순환 논증 오류가 과학을 정당화하는 과정에서도 발생한다. 과학혁명 이전에는 신학을 정당화하는 것이 철학의 목적 중의 하나였다. 뒤 이은 철학자들은 과학이 신학보다 우월하다고 결론을 내리고, 과학적으로 신학을 정당화하려고 했다. 신학의 정당화를 포기하면서 과학의 정당화를 똑같은 방식으로 정당화하려고 한 사실은 아이러니하다. 과학의 전제 하나 없이 과학을 정당화하려는 노력은 지난 300년 동안 뚜렷한 증거 없이 진행되었다. 이러한 프로그램이 적어도 당분간은 가능하지 않다는 인식이 널리 퍼져있다. 대안이 필요하다.

진화론적 자연주의

과학적 기획(enterprise)을 인지과학적으로 설명하기 위해 보다 깊은 차원에서 토대를 찾고자 하면, 그것은 인식론이나 언어철학보다는 진화론에서 찾아야 될 것이다.

인간의 지각 및 다른 인지 능력은 몸과 함께 진화해왔으며, 진화가 선택하는 능력은 생물학적으로 적응도인 것이다. 진화론적 조망에서 보면 세계와 상호작용을 위해 진화된 능력과 판단의 확실성은 인과적으로 관련되어 있으며, 이러한 능력의 작동은 인간의 의식에 잡히지 않는 것이다. 인간은 환경의 여러 양상들과의 직접적 상호작용을 위해서 기본적으로 설치되어 있는 기제들 또한 소유하고 있다. 즉, 진화의 과정에서 인간 유기체 및 인간 사회는 서로 공속하는 관계가 되었으며, 삶의 요구를 해소하는 방법이 서로 다를 수 있다는 점에서 상대적이다. 과학의 발달 과정에서 경쟁 패러다임에 대한 상대적 관점과는 다른 것이다.

17, 8세기 인식론자들이 진화론을 고려하지 않은 것은 있을 수 있다. 그러나 오늘날 진화론을 고려하지 않고 과학의 본성에 대한 이론을 편다면 그것은 문제가 있다. 과학적 세계는 오래전에 생물에서의 본질주의를 포기했다. 유기체의 본질적 성질들은 존재하지 않는다는 것이다. 성질에 있어서의 변이를 가진 개체들의 모집단(population)이 있을 뿐이다. 게다가 이러한 변이는 선택적 메커니즘이 작동할 수 있는 필요조건이다.

따라서 진화론에 입각한 과학철학, 소위 자연화된 인식론은 고전적 인식론의 프로젝트(데카르트든, 흄이든, 칸트든)가 불충분하다는 것을 잘 드러내고 있다. 순환 논리를 두려워할 필요가 없다는 것을 웅변적으로 말해준다.

보다 과감한 주장은 소위 '진화론적 인식론(evolutionary epistemology)'이라는 이름으로 나타난다. 이 조망에 의하면, 과학적 지식은 무작위 변이와 선택의 메커니즘을 통해 진화한다. 이러한 진화 모델이 과학의 진보를 잘 설명하느냐는 경험적 문제이다. 확증의 문제가 남아있긴 하지만 일견하여 과학사를 보는 매우 강력한 조망임에는 분명해보인다.

진화적 자연주의와 과학사회학

진화론적 자연주의는 과학의 본성 연구에 대한 인지과학적 이론에 대한 경험적인 토대를 마련해준다. 그러나 이러한 접근은 과학사회학적 접근과는 궤를 달리한다. 인지적 접근은 과학을 이해하는 데 있어서 사회적 요소의 중요성을 감안하지만 그것이 전부는 아니다. 과학의 본성을 설명하는 데 있어서 인지과정이 본질적이고 본다.

경쟁하는 두 연구 집단을 생각해보자. 이 두 집단의 인지적 능력들은 기본적으로 동일할 것이다. 그리고 그들이 동일한 증거에 접근한다고 가정해보자. 이때 이들의 논쟁은 본성상 사회적인 요소를 포함하게 될 것이다. 이들 인지 능력들을 사용하는 맥락이 서로 다를 수 있다. 사회적 맥락은 이러한 맥락 중에서도 중요한 맥락일 것이다. 이러한 사회적 맥락에서 인지적 맥락이 어떻게 작동하는지를 탐구할 수 있다.

이들 두 집단의 과학자들은 그들의 인지 능력들에는 차이가 없을 수 있지만 그들이 가지고 있는 모델들은 다를 수 있다. 인지 자원(cognitive resources)에 있어서의 이러한 차이는 그들 집단의 불일치에 대한 설명을 구성하는 중요한 부분이 것이다. 일반적으로 이해관계 및 사회적 요소들이 과학을 설명하는 데 있어서 중요하다는 사실을 부인할 필요가 없다.

모델의 평가[1)]

학생들은 스스로의 유의미 학습을 위해서 수업 현장에서 갖가지 정보를 평가해야만 한다. 데이터를 기반으로 하고 있는 여러 지식 주장을 평가함으로써 스스로 문제해결을 해나가야 한다. 지식 주장의 출처는 학생들의 것이든, 교사로부터 온 것이든, 과학자로부터 온 것이든 중요하지 않다. 이는 구성주의 학습관에 따르면 상향식(bottom-up) 경로를 따르는 것이 된다. 모델-기반 논증 활동의 조망에서 지식주장의 구성 요소를 나타내면 그림 13-1과 같다(Giere, 2006).

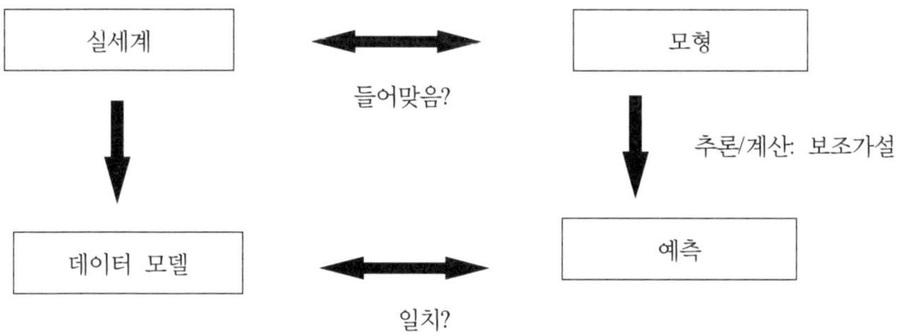

그림 13-1 표상 모델의 구성요소

우선 논증 활동을 위해서 지식주장을 인식적 성분 요소로 나누는 것이 중요하다. 그 다음은 해당 모델의 평가이다. 이 도식을 정당화 맥락과 관련하여 비계설정 틀로서 이용할 경우 학생들은 각 요소에 대해 인식적 물음을 던지게 안내 받음으로써 문제를 분명히 하고 동기화(motivated)할 수 있다.

모델에 기반하여 논증활동을 이해하고자 할 때, 관찰 및 실험의 목적은 제안된 모델이 탐구의 대상이 되고 있는 실세계와 모델이 어느 정도 들어맞는가(fit)에 대한 평가의 성격을 띤다(Giere et al., 2006). 학생들로 하여금 과학자

---

1) 송호장(2011). 자연주의 과학철학 토대의 교수-학습 설계가 예비교사들의 인식론적 관점에 미치는 효과: 판구조론을 중심으로. 서울대학교 박사학위 논문. 중 일부를 재구성함.

및 타인이 제안한 모델을 평가하는 데 유용한 의사결정 과정을 인도하는 틀을 마련하는 것은 과학적 논증활동의 인식론적 국면을 이해하는 데 있어서 매우 중요하다.

과학 교수-학습의 상황에서의 논증활동은 대부분 증거(evidence)에 기반하여 모델과 세계 사이의 들어맞음에 대한 평가이다(Böttcher & Meister, 2010). 이 관계는 그림 13-1 상단 부분에 나타나 있다. 그러나 과학에서의 전형적인 인식론적인 상황은 모델과 세계 사이를 직접 비교할 수 없다는 것이다. 과학의 대상은 때로 너무 크고(은하), 때로 너무 작고(원자), 때로 너무 멀리 떨어져 있고(태양의 핵), 때로는 너무 복잡하기(인간의 뇌) 때문에 직접적인 비교는 불가능하다(Giere et al., 2006).

전형적인 경우에 과학자는 탐구하고 있는 대상 세계의 일부와 물리적으로 상호작용하고 그 상호작용의 결과(데이터)와 (표상 모델이 세계를 잘 표상하고 있다면) 예측되는 결과와 비교함으로써 평가가 이루어진다(Giere et al., 2006). 물리적인 상호작용과 모델로부터의 예측이 각각 그림 13-1의 왼쪽과 오른쪽에 위치하고 있다. 여기서 주목할 것은 오른쪽 경로는 연역이 아니다. 왜냐하면 근사치와 단순화 과정을 포함하기 때문이다. 표상 모델과 데이터 모델의 비교 과정은 이상화(idealization)와 근사(approximation)에 관련한 방법론적 및 인식론적 함의가 풍부하게 포함되어 있다(Nola & Irzik, 2005). 모델과 실험의 상호작용 방식, 이론의 구조, 논증의 구조, 실험 기구의 논증적 및 인식론적 국면 등은 이 맥락에서 비계 전략을 수립할 수 있을 것이다(Portides, 2007). 어떤 세계에 대한 주장을 담고 있는 과학적 모델이 제안되었을 때 학생들의 논증활동은 이러한 성분요소(실세계, 실세계의 어떤 양상을 표상하는 모델, 모델로부터의 예측, 실험과 관찰로부터의 데이터)로 분할하는 활동으로부터 출발해야 할 것이다. 고윈의 브이-맵(V-map) 역시 이와 같은 맥락에서 개발된 교수-학습 전략의 일환이라 생각할 수 있을 것이다. 지식주장의 여러 요소를 동정하고 그 관계(메타지식)를 파악하는 것은 유의미 학습(메타학습)의 핵심이다(Duschl, 1990). 지식 주장을 이렇게 나누는 것은 교수-학습을 인도하는 메타지식 및 메타-학습적 요소를 풍부하게 포함하고 있다. 과학교육의 목표 중의 하나는 과학적 지식 주장의 인식론적 지위를 평가하는 능력을 발달시키는 것이다. 그것은 하나의 과학 모델에 귀속되어 있는 합법적 의심(legitimate doubt) (Duschl, 1990)의 정도를 평가할 수 있는 능력이다. 평가는 이러한 2가지 성분요소와 관련하여 이루어질 수 있다(Giere, 1988).

과학적 논증

하나의 이론을 성분 원소로 나눔으로써 논증의 강점과 약점이 어디에 있는지 알 수 있다. 하나의 논증을 논박하기 위해서는 성분 요소 각각을 문제 삼을 수 있다. 제안된 논증을 표상 모델, 배경 모델(여기에는 이론적 배경 모델, 경험적 모델이 포함된다), 데이터 모델(여기에는 실험장치 및 도구의 인식적 요소도 함께 포함된다)의 인식적 요소들로 나누었다면 논박은 다음의 5가지 상황과 관계하여 각각 있을 수 있다(cf, Verheij, 2005).

a. 데이터 모델(D)
b. 모델(M)
c. 배경 모델(B)
d. "If D, then M"
e. "If B, then if D, then C"

위의 논박 상황을 그림으로 나타나면 그림 13-2와 같다.

이러한 각각의 논박 상황을 고려한 교수-학습 전략은 교실의 대화 공간(dialogic space)을 조장하며, 고차원의 인지 능력뿐만 아니라 제안된 모델의 평가 활동을 조장할 수 있다(Jiménez-Aleixandre, 2008).

논박은 의미의 재구성 담론 과정에서 본질적 요소라 할 수 있다(Erduran, 2008). 예를 들어, 믿음(beliefs)이 데이터 모델 및 배경지식의 정당화에 의존해 있다고 할 때, 이들에 대한 논박 활동이 없는 진화론과 창조론 사이의 대결은 서로 상대방의 아이디어나 생각을 변화시키는 데 전혀 도움이 되지 않는다. 논박을 포함하는 논증활동만이 상대방의 믿음을 변화시킬 수 있다. 나아가 논박

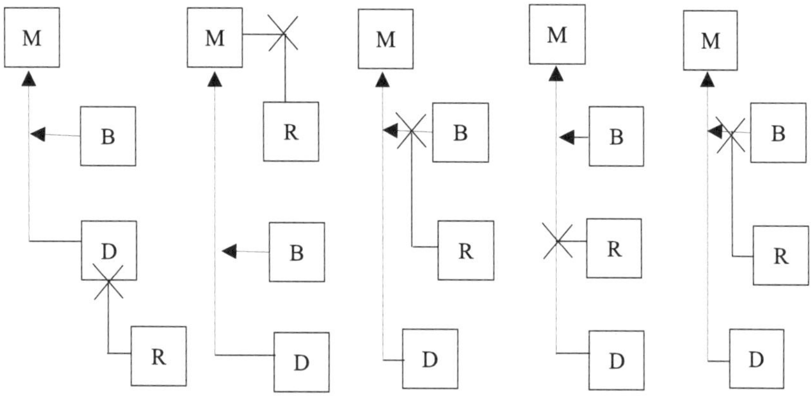

(M: 모델 B: 배경모델 D: 데이터 모델 R: 논박)

그림 13-2 인식적 요소에 대한 논박 구조

활동은 학생들이 논증활동을 활발히 하도록 지지하는 비계 역할을 할 수 있다. 다시 말해 과학 교실에서 학생들이 그들의 증거를 바탕으로 주장을 정당화하고 반박하는 논증활동을 조장하는 것이 목적이라면 논박활동이야말로 논증담론의 중심이 되는 것이다. 뿐만 아니라 소위 듀엠-콰인 테제의 인식론적 함의를 이해할 수 있는 좋은 계기를 마련해줄 수 있다.

인식적 평가

Thagard(1988)는 경합하는 이론(모델)들 사이에서 가장 좋은 설명을 선택(inference to the best explanation)하는 인식적 요소로서 다음에 설명할 3가지 기준(criteria)을 들고 있다. 여기서 기준은 물론 평가의 필요, 충분조건은 아니다. 과학적 논증의 구조는 때때로 복잡하기 때문에 그러한 조건이 작동할 수 없는 경우가 많을 것은 분명해 보인다(Giere, 1988). 따라서 모델을 평가할 때 하나의 기준은 다른 기준들과 함께 가중치를 가지고 평가에 참여한다.

경쟁하는 지식 주장에 대한 인식적 평가는 여러 철학자에 의해서도 역시 제안되었다[예를 들어, 쿤의 가치들(values), 라카토스의 진귀한 예측(novel prediction) 및 확증(confirmation), 포퍼의 반증가능성(falsifiability)의 정도, 라우든의 문제 해결력, 베이즈주의자들의 확률 판단 등이 있을 수 있다]. 그러나 본 연구는 베이즈주의자들을 제외하면 이들 모두를 Thagard(1988)의 인식적 기준이 포괄한다고 판단하여 그의 인식적 기준을 교수학습계열(TLS, Teaching Learning Sequence) 설계에 사용할 수 있다. 예를 들어 라우든(1977)은 하나의 이론들이 가지는 인식적 문제를 경험적 문제와 개념적 문제로 나누고 이들 문제의 해결력을 가지고 각 이론들을 평가하도록 제안한다. 이때 개념적 문제 해결은 타가드의 정합성과 겹치며 경험적 문제의 해결은 포괄성이 포괄하고 있다. 포퍼의 반증가능성, 라카토스의 진귀한 예측에 대한 확증은 타가드의 단순성이 이를 함축하고 있다. Thagard(1988)는 다음의 3가지 기준을 제시했다.

첫째 기준은 포괄성(consilience)이다. 포괄성은 하나의 이론이 얼마나 많은 경험적 문제를 설명하는가에 대한 측정이다. 하나의 이론이 다른 이론보다 많은 수의 경험적 사실을 설명하면 그 이론은 보다 포괄적이라고 할 수 있다. 이때 경험적 사실의 종류는 과학자 사회의 역사-사회적 맥락에서 정해진다. 예를 들면, 다윈의 시대에 핀치 새의 분포는 거북의 분포와 같은 종류의 경험적 사실이다. 일반적으로 대안 이론이 없을 경우 한 이론은 그것이 설명하지 못하는 경험적 사실을 무시한다. 또한 하나의 이론이 발달의 단계에 있을 때도 무시된다. 그러나 새로운 이론이 등장하여 앞선 이론이 설명한 사실을 설명할 뿐만 아니라 설명하지 못하는 경험적 사실을 설명하면 이 설명하지 못하는 사실은 경험적 문제가 되고 매우 심각한(중요한) 문제가 된다(Laudan, 1977). 따라서 포괄성의 평가는 설명되는 사실의 종류 이외에도 사회-역사적 맥락의 요소가 개입한다. 역사적으로 다윈의 진화 모델, 라부아지에의 연소설, 프레넬의 광학은 각각 창조 모델, 플로지스톤 모델, 뉴턴의 입자 모델보다 더욱 포괄적이었다(Thagard, 1988).

그러나 또 다른 측면으로 포괄성은 동적 성격을 띤다(Thagard, 1988). 이러한 역동적 포괄성은 하나의 이론이 제안될 당시의 경험적 사실과는 전혀 다른 새로운 사실을 예측하고 실제 설명할 수 있을 때 그 이론은 대안 이론보다 동적으로 포괄적이 된다. 뉴턴 이론이 핼리 혜성의 주기를 예측하고 또 실제로 설명했다면 그 이론은 동적 포괄성이 높은 것이다. 결정적 실험(crucial experiment)은 이러한 동적 포괄성과 맥락에서 이해될 수 있다.

두 번째 기준은 단순성(simplicity)이다. 하나의 이론은 보조 가설 및 애드 호크(ad hoc) 가설을 첨가함으로써 포괄성을 높일 수 있다. 그러나 이러한 전략은 단순성의 수준을 낮춤으로써 인식론적 지위를 떨어뜨린다.

하나의 이론 T가 사실들 F를 설명하기 위해서는 보조가설들 A 및 초기 조건 C가 필요하다. 그에 의하면 이때 단순성은 이론 T가 필요로 하는 보조가설의 크기(size)와 성격(nature)의 함수이다. 지구 수축론자들이 대서양 연안의 고생물의 분포를 설명하기 위하여 육교를 제안한 것, 플로지스톤 이론이 음의 질량을 제안한 것 등은 보조가설의 대표적 예가 될 수 있다. 이들의 예를 통해 볼 때, 포괄성은 단순성과의 관계 속에서 평가되어야 함을 보여주고 있다.

애드 호크(ad hoc) 가설은 그것이 막상 설명하고자 하는 좁은 범위의 현상을 넘어서 설명을 하지 못하는 가설이다. 따라서 단순한 이론일수록 애드 호크 가설이 적을 것이다. 그러나 애드 호크 현상은 정적인 개념이 아니다(Thagard, 1988). 단순히 특별한 사실을 설명하기 위하여 애드 호크 가설을 가져오는 것만으로는 하나의 이론을 비난할 수 없다. 대부분의 과학자는 애드 호크 전략을 구사하기 때문이다. 다만 계속해서 새로운 사실로 안내할 수 없거나 그에 따른 독립적인 증거를 찾지 못할 때 비난할 수 있다. 더군다나 대안 이론 역시 보조가설이 애드 호크적일 때 그 보조가설은 애드 호크하다고 말할 수 없다.

한편, 이론 자체의 수준에서는 존재론적 차원의 경제성(ontological economy)에서 단순성의 비교가 가능하다. 예를 들어 플로지스톤을 도입한다든지, 창조론에서 신을 이론에 도입하는 것은 경쟁하는 라부아지에의 산소 이론이나 진화론보다 단순성에 있어서 뒤진다. 하나의 이론이 경쟁하는 이론이 가정하지 않는 실체를 가지고 있다면 존재론적 경제성이 낮은 것이다. 그러나 이론의 복잡성이 포괄성을 높이고 단순성을 낮춘다면, 존재론적 경제성은 이론 선택에 있어서 결정적으로 작용하지 못한다(Thagard, 1988)

세 번째 기준은 유비(analogy)이다. 유비는 과학의 이론적 설명을 지지하는 역할을 한다. 유비를 이용한 논증의 특징은 과학적 설명의 개념을 이용하여 주어진다(Thgard, 1988). A와 B가 P, Q, R인 점에 있어서 비슷하다. 만약 A가 S

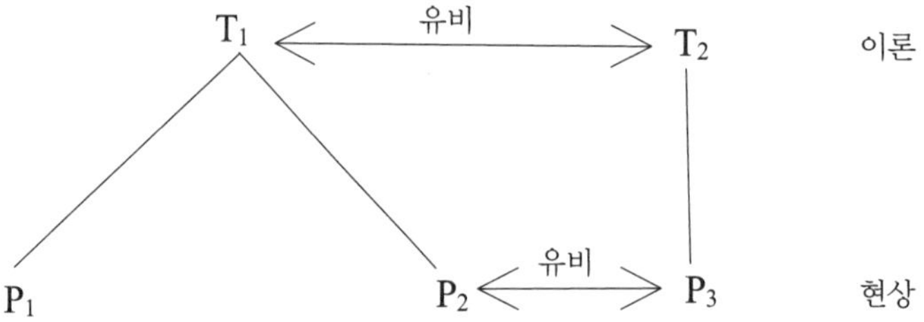

그림 13-3 유비의 구조(Thagard, 1988)

를 가지고 있다고 한다면 A가 왜 P, Q, R을 가지는지를 설명할 수 있다고 하자. 그러면 B의 P, Q, R을 설명하기 위하여 S를 가질 가능성이 있다. 이때 B가 S를 가지고 있다고 실제로(actually) 결론을 내릴 수 없지만 그러한 설명의 그럴듯함을 증가시킬 수는 있다고 타가드는 분석한다.

그림 13-3은 기존 이론 T_1(현상 P_1과 P_2를 설명)과 T_2(현상 P_3을 설명)의 관계를 나타낸다. 이때 T_2는 T_1과 유비를 가짐으로써 설명이 지지되고 있다. T_1과 T_2 사이의 대응관계에 의해서 T_2에 의해 주어지는 이해를 제고할 수 있다. 뿐만 아니라 P_1과 P_2를 설명하는 전략을 그대로 P_3을 설명하는 데 옮겨 갈 수도 있다.

다윈은 진화론을 지지하기 위해서 자연 선택과 인공 선택 사이의 유비를 사용하고 있고, 호이겐스, 영, 프레넬은 빛의 파동 모델을 지지하기 위해서 소리와 빛의 현상을 유비로 사용하고 있다. 유비는 기존 이론의 설명과 비슷함을 통하여 현상의 이해를 증가시키기 때문에 이론 선택에 있어서 하나의 기준으로 작용할 수 있다(Thagard, 1988). 빛의 파동 모델의 설명의 그럴듯함은 소리 현상의 유비로부터 주어질 수 있다.

그러나 설명이 꼭 익숙한 현상으로 환원되어야 함을 의미하지는 않는다. 과학적 설명은 익숙하지 않는 개념 및 실체(블랙 홀, 양전자 등)를 때때로 사용하기 때문이다. 그러나 다른 것이 같다면 유비는 결정적일 수 있다. 익숙한 모델이 설명에 본질적이지는 않지만 도움이 된다.

이론 평가와 관련된 위의 3가지 기준은 설명력과 밀접하게 관련되어 있다. 자연주의 과학철학의 이론 평가는 소박한 가설－연역적 모델 및 베이즈주의 모델(Bayesian model)의 확률(probability) 평가는 달리 과학이론의 설명력의 포괄성, 단순성 및 유비의 본성과 중요성을 과학자의 의사결정과 관련하여 설명된다.

그러나 이상 3가지 기준을 적용하는 것은 그리 간단한 문제가 아니다. 부흐달(Buchdahl, 1970)은 한 이론의 평가에는 여러 기준들 사이의 긴장 관계를 말하고 있다. 포괄성은 단순성과 긴장관계에 놓일 수 있고, 유비 역시 포괄성 및 단순성과 긴장관계에 놓일 수 있다. 여기에 과학자의 개인적, 사회적 이해관계가 끼어들 수 있는 것이다.

앞서 지적한대로, 학생들은 대부분이 과학 이론의 반증 및 확증을 매우 단순하게 주로 가설 연역적 구도 속에서 파악하고 있다. 이와 같은 상황은 때때로 교과서의 내용에도 그대로 적용된다(Medeiros, 1993). 이론의 수용 및 반증과 관련하여 앞 절에서 설명한 과학적 요소뿐만 아니라 이와 같은 인식적 기준 및 사회적 및 역사적 요소를 적용하여 이론을 평가해보고 나아가 과학사에 나타난 과학자들의 이론 선택에 대한 평가를 아울러 수행함으로써 과학적 기획의 인간적 맥락을 이해할 수 있을 것이다.

모델의 선택

모델 선택에는 논리적 상황과 개인적 및 사회적 상황이 연관된다. 우선, 제안된 모델의 평가 및 선택의 논리적 상황을 다음 3가지로 살펴볼 수 있다(Giere, 2001).

첫째, 데이터에 의하면 제안된 세계와 실세계와 들어맞지 않는다.
둘째, 데이터에 의하면 제안된 세계와 실세계와 들어맞는다.
셋째, 데이터에 의하면 제안된 세계와 실세계와 들어맞음에 대해 결정적이지 않다.

각각의 경우에 대한 철학적 논의를 기어리(Giere, 2001)는 대략 다음과 같이 하고 있다. 데이터와 예측이 일치하지 않을 때 모델이 세계와 들어맞지 않는다는 결론은 자연스럽다. 이 경우, 논리적 규칙(modus tollens)의 연역적 추리로 재구성하면 매우 피상적이 된다는 것을 알 수 있다: 모델이 실세계와 들어맞으(fit)면 예측은 데이터와 일치한다. 일치하지 않으면 모델과 실세계는 들어맞지 않는다. 이러한 재구성이 피상적인 이유는 듀엠－콰인(Duhem-Quine) 문제가 자리하고 있기 때문이다. 모델로부터의 예측은 언제나 보조 모델(및 배경 모델)을 요한다. 만약 예측이 거짓으로 드러난다면 그것은 테스트되고 있는 모델보다는 보조 모델에 거짓이 있을 수 있기 때문이다.

따라서 평가의 강도를 누그러뜨릴 수밖에 없다. 즉, 부정적인 증거가 있을 때는 해당 모델과 실세계 사이의 관계가 들어맞지 않는다고 절대적으로(categorically) 결론 내릴 수는 없지만 그럴만한 좋은 이유가 있다고 결론은 내릴 수 있다. 과학에서 단 한 번의 실험으로 확고한 결론으로 나아가는 경우는 드물다. 서로 약간씩 다른 많은 실험이 똑같은 결론을 가져오고 실험 및 계산에 오류가 없다고 확신할 때 해당 모델은 폐기(reject) 판단을 받을 수 있다.

다른 한편으로는 데이터와 예측이 일치할 때 역시 다음과 같은 피상적인 논증을 펼 수 있다. 모델이 실세계와 들어맞으면 예측은 데이터와 일치해야 한다. 그들이 일치했다. 따라서 모델은 실세계와 들어맞는다. 이러한 논증은 우선 첫 번째 전제가 잘못되어 있다. 이 역시 듀엠－콰인 테제가 개입되어 있다. 그러나 여기에는 보다 근본적인 문제가 개입되어 있다. 똑같은 예측을 할 수 있는 많은 수의 모델이(논리적으로는 무한대) 있을 수 있다는 것이다. 해당 모델을 데이터와 예측 사이의 일치 관계에서만 판단하는 것은 언제나 잘못된 결정을 내릴 수 있는 가능성이 있다.

일반적인 수준에서 추론을 다루지 않고 과학적 추론에 초점을 맞추면 이러한 상황은 누그러뜨려진다. 즉, 경험과학의 수준에서 특정 실험에 대한 예측에 대해서 똑같은 예측을 하는 다른 경쟁 모델이 없다면 이때 해당 모델을 수용할 좋은 이유가 있다고 확신할 수 있다.

물론 논리적인 견지에서 본다면 이 상황은 절망적이다. 논리적 의미에 있어서 똑같은 예측을 할 수 있는 다른 모델들은 언제나 존재한다. 그러나 과학 활동의 실제적 맥락에서는 논리적으로 가능한 경우는 고려하지 않는다. 과학자 사회가 진지하게 고려하기 위해서는 모델은 배경지식에 비추어서 그럴듯해야 한다. 이러한 상황에서만이 경쟁 모델 사이의 평가는 현실적으로 가능해진다. 소위 이론의 미결정(under-determination)은 배경지식에 의해 해소될 수 있다.

전통적인 과학철학의 입장에서는 모델과 증거 사이의 관계만을 놓고 생각하기 때문에 해당 시대의 배경지식을 끌어오는 것은 불만일 수 있다. 전통적인 철학은 가설의 진리와 관련하여 강한 의미의 실재론을 배경으로 한다. 그러나 이러한 강한 의미의 실재론은 자연주의 철학에서는 불가능한 것으로 본다. 진리 및 진리근사치가 함축하고 있는 토대 주의(foundationalism)는 불가능하다. 이는 인간에게 허용된 종류의 진리가 아니다(Giere, 2001).

이들 자연주의자들은 모델과 세계 사이의 관계를 엄격한 진리로 규정하기보다는 상대적인 들어맞음으로 본다. 이중 나선 모델은 그 당시 가능한 모델이라 고려되었던 다른 모델에 비하여 보다 잘 들어맞는 모델이라고 평가할 수 있는 좋은 이유(Van Flassen의 경우는 경험적 충분성 empirical adequacy)가 있는 것이다. 물론 4중 모델의 DNA가 논리적으로 물리적으로 가능할 수 있다. 만약 4중 모델이 미래에 훨씬 더 들어맞는 모델임이 판명된다 하더라도 이중 나선 모델은 크게 잘못된 것은 아니다(Giere, 2001). 모델의 들어맞음의 증거에 대한 판단을 그 당시의 인식적 맥락(epistemic context)에 의존하는 것이 경험 과학의 존재 방식이다. 자연주의 철학은 과학을 반증과 새로운 진리를 찾아가는 과정(Popper)이라기보다는 더 나은 모델을 구성해가는 과정으로 본다. 새로운 국면에서 보다 정교하게, 혹은 보다 일반성을 가진 모델을 향하여 나가는 것이다.

모델과 데이터 사이의 관계만을 가지고 확실한 인식론적 기반을 구축하려는 의도는 듀엠-콰인 문제를 피해갈 수 없다. 자연주의는 이러한 과학 추론은 불가능하다고 본다. 귀납문제(problem of induction)는 해결이 불가능하다. 과학의 실행을 현상학적 조망으로 바라볼 때 데카르트 식의 근본주의(foundationalism)는 프래그머티즘의 과학철학으로 바뀌는 것이다. 이에 따르면 현재 수용되고 있는 배경 지식은 잠정적으로(provisionally) 수용되는 것이다.

한편, 증거가 모델의 예측과 일치하지만 해당 모델을 수용하지 못하는 경우가 있다. 이때는 경쟁 모델이 똑같은 정도의 지지를 받고 있을 때이며, 양편 중 어느 한편을 택하는 것이 정당화될 수 없다. 학생들은 이러한 미결정 사태를 익숙하지 않게 여길 수 있다. 왜냐하면 인간은 불확실성을 부담스러워하기 때문이다(Giere, 2001). 주어진 증거를 가지고 양 모델의 결정적 평가를 할 수 없을 때 의사결정을 미루는 것은 매우 합리적인 태도라는 사실을 깨닫게 하는 것은 중요하다.

이러한 선택적 상황은 과학사에서 종종 일어난다. 개념변화 학습 과정에서 이러한 상황은 매우 중요한 시사점을 내포하고 있을 수 있다. 왜냐하면 과학사에서 한 모델이 결국 선택되는 과정은 과학자 사회에서 복잡한 인식적 메커니즘을 거치며, 이를 근거로 과학수업을 계획하고 계열화하고 설계할 수 있기 때문이다. 즉, 과학교육에서 과학 지식의 잠정성은 바로 이런 맥락에서 함축되어지는 인식론적 국면을 파악하고 교육과정을 계열화해야 할 것을 요구한다. 지구과학에서 이동론(mobilism)과 안정론(stablism) 사이의 논증과정은 이러한 좋은 예를 제공하기 때문에 과학의 인식론을 학습하기 위한 좋은 자료를 제공해 줄 수 있다.

다음으로, 모델 선택에 영향을 미치는 개인적, 사회적 요소로는 다음과 같은 것들을 들 수 있다(Giere, 1988; Thagard, 1988)

첫째, 개인 혹은 연구소의 이해관계(인지적, 직업적)
둘째, 개인적 혹은 연구소 수준에서 인지적 자원, 배경 관심
셋째, 기금
넷째, 학회, 과학 엘리트
다섯째, 일반사회(소비자 욕구, 환경, 윤리적 문제)
여섯째, 계급, 젠더(gender)

위의 요소들은 과학사에 등장한 과학자의 개인적 수준(혹은 연구소 수준)에서 모델 선택을 평가하고자 할 때 필요한 것들이다. 자연주의 과학철학에 의하면 과학은 구체적으로 살아 숨 쉬는 인간의 활동이며 사회적 산물로서 이해되어진다. 과학은 인간의 인지-사회적 활동이고 과학자들 역시 평범한 인간이다. 다른 직종에 종사하는 사람들과 마찬가지로 과학자들도 인간의 모든 약점

과 단점을 가질 것으로 예상해야 한다. 학생들의 과학의 인식론적 이해가 실험실에서 '진리'를 '발견'하는 객관적이고 냉정한 인간으로서의 과학자 상과 무관하지 않을 것이 예상되기 때문에 발견의 맥락과 정당화의 두 맥락에서 이러한 인간적, 사회적 요소의 도입은 적절한 것처럼 보인다. 과학자들의 객관성, 중용, 정직과 같은 미덕을 비범하게 갖추었기 때문에 과학이 성공한다는 것은 아니라는 것이다.

그렇다면 과학의 성공, 합리성, 객관성, 정당화 등에 대한 설명은 다른 데서 찾아야 한다(Giere, 2006). 그것은 바로 과학자 사회에서 작동하는 인지－사회－역사적인 맥락의 인식론적 원리에 근거해야 한다고 하는 것이 자연주의 과학철학자(Laudan, Shapere, Thagard, Giere)들의 공통된 접근 방식이다. 그렇다면 과학의 진보와 관련하여 과학자 사회의 합리적 메커니즘은 어떻게 작동하는가? 이에 대한 자연주의자들의 접근은 과학의 합리성을 이해하기 위한 교수－학습 활동에서 비계전략을 수립하는 데 있어서 매우 중요한 틀을 제공할 수 있을 것이다. 과학의 진보를 자연주의에서 다음과 같이 설명한다.

과학적 진보의 메커니즘

과학론은 현재 진화론과 마찬가지로, 과학적 진보의 '보다 심층적 구조'를 포착하는 모델에 기반해야 한다. 진화론과의 유비를 통해서 고려해보는 것은 유익하다.

과학적 탐구과정에서 표상 모델과 판단의 인지적 메커니즘이 어떻게 작동하는지를 탐구하여 과학 지식의 진화 모델을 그 위에서 구축해보는 것이 순서일 것이다. 이때 표준적인 진화 모델의 변이, 차등적응, 전이의 메커니즘은 과학자 사회에서 적용될 수 있는지를 경험적으로 탐구해볼 수 있을 것이다. 즉, 표상에서의 변이가 과학자 사회에 존재한다. 과학적 판단은 서로 다른 표상들에 차등적으로 작용하며, 선택된 표상은 다음 세대에 교육이나 도제 관계를 통하여 전이된다는 이론은 현재 하나의 가설에 불과하지만 보다 심층적 메커니즘을 위해 경험적 연구가 필요할 것이다. 요는 인지적 과정과 과학적 진보와의 관계는 유전적 메커니즘과 모집단(population)의 진화의 관계와 같다는 것이다.

14
행위자로서의 과학자 기반 모델과 표상

과학자는 어떤 목적(P)을 의도하여 세계(W)의 일부를 표상하기 위하여 모델(M)을 사용한다. 이때 모델과 세계 사이의 기본적인 관계는 유사성(similarity)이다. 이러한 접근은 최근의 인지언어학 및 사용-기반 언어학에 의하여 지지될 수 있다. 과학적 모델과 표상은 과학자가 의도를 갖고 생성하는 것으로서 과학자 기반(agent based) 활동이며, 과학자 공동체의 분산 인지 과정으로 행위자로서 이해될 수 있다.

이론과 모델

그림 14-1은 이론과 모델 및 세계 사이의 관계를 나타낸다. 이 관계는 계층적이며 원리 중심적이다. 이 도식에서 가끔 이론을 구성한다고 생각되는 언명들은 여기에서는 원리적 모델(principled model)을 정의하는 것으로 나타나고 있다. 이러한 언명들은 모델에 대하여 자동적으로 참이다. 예를 들어, 뉴턴의 운동법칙은 매우 추상적인 일단의 모델들을 결정하게 되고(원리-기반 모델), 따라서 세계에 대한 하나의 특별한 조망을 특징짓는다. 이때 뉴턴의 법칙들은 보편적 일반화로서의 '자연의 법칙(law of nature)'이 아니다. 그들은 그 자체로서 세계에 대한 직접적 주장(claim)을 하고 있지 않다. 그들은 어떤 것을 표상

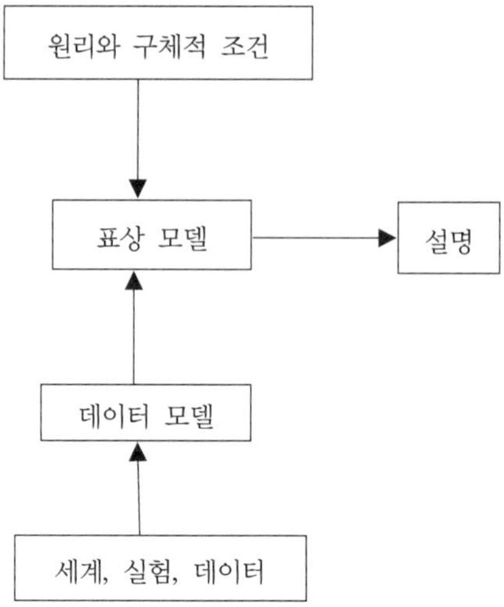

그림 14-1 원리, 모델, 설명의 관계(Giere, 2006)

(represent)하지 않는다.

원리 모델에 조건과 제한을 가함으로써 세계 안의 대상을 표상하는 데 사용될 수 있는 표상 모델군을 생성하게 된다. 예를 들어 뉴턴의 보편중력의 법칙을 더함으로써 3차원 공간의 2물체 상호작용의 모델들을 생성할 수 있다. 여기에 구체적 조건을 다함으로써 지구와 달과 같은 실재하는 두 물체의 모델을 완전하게 생성할 수 있다.

여기에서 뉴턴의 이론이라는 것은 단순히 3개 법칙의 진술(언명)만을 말한다. 이것들은 원리적 모델들을 정의할 뿐이다. 보편 중력의 법칙은 핵심 이론(core theory)의 부분이 아니다. 그것은 표상 모델의 구체화를 구성한다. 다른 구체화 과정의 예로는 일정한 중력장에서 지선운동(자유낙하운동) 및 선형복원력($F=kx$)에 의한 단조화 운동을 포함한다. 따라서 고전역학의 모델 계층은 사실상 여러 힘 함수에 의하여 정의되는 다중 계층적 구조를 가진다. 일단 힘 함수가 주어지면, 힘의 개념 그 자체는 표상 모델의 구체화과정에서 사라지고 질량, 거리, 마찰과 같은 것들만 남게 된다. 다음의 그림은 계층구조의 상단을 다중적으로 나타낸다.

추상적 모델과 구체적 실세계의 물리계와는 어떤 관계를 맺는가? 이것은 적어도 2가지 과정, 즉 해석(interpretation)과 동정(identification)을 통해서 일어난다(Giere, 1988). 추상적 원리 모델의 요소들에 대한 해석은 '질량', '위치', '속도'와 같은 물리적 해석이 주어진다. 이러한 해석은 원리 모델을 정의하는 진술에 이미 나타나 있다. 과학자들은 해석되지 않는 형식(formalism)으로 시작하여 해석을 더하는 과정을 밟지 않는다. 한편, 표상 모델의 요소들이 실세계의 요소들로 동정되거나(identified) 조절된다(coordinated). 해석과 동정의 과정을 세부적으로 해명할 필요가 있을까? 이는 철학의 몫이 아니다.

가설은 완전히 구체화된 모형이 특별한 실세계에 적용될 수 있다는 주장(claim)을 한다. 보편중력하에서 두 물체의 표상 모델은 하나의 지구로, 다른 물체를 달로 지정하여 그들 각각의 질량, 위치, 속도를 줌으로써 완전히 구체화된다. 이때 가설은 태양계의 모든 행성－위성들에 일반화시킬 수 있다.

완전히 구체화된 표상 모델은 데이터 모델과의 비교를 통해서 테스트된다. 데이터와 직접 비교가 이루어지지 않고 데이터 모델과 비교가 이루어진다는 것을 주목하라. 따라서 모델과 모델의 비교이지 모델과 세계와의 비교가 아니다. 데이터로부터 데이터 모델로의 이동은 실험 모델을 요구하고 통제 및 자료처리 기술 및 다른 영역에서의 경험적 정보 및 많은 다른 요소들을 포함한다. 따라서 데이터로부터 데이터 모델로 나가는 데는 매우 복잡한 과정을 포함한다.

물론 과학자들은 원리, 이론, 법칙, 모델을 여러 가지 방식으로 사용한다. 그러나 그들은 항상 일관되게 사용하지는 않는다. 앞에서 사용한 이들의 용법은 과학자들의 실행의 측면을 잘 드러내고 있다. 위의 실행의 묘사는 모델과 실세계 사이의 계층적 관계를 원리－중심적으로 나타내고 있다. 원리가 딱히 자리잡지 못한 영역에서는 어떠한가? 앞의 그림은 다중 원리를 사용하여 모델을 구성하는 경우로서, 여러 영역의 다양한 원리적 모델들이 표상 모델들을 제안한다. 이때 여러 원리들은 꼭 일관적이야 할 필요는 없다. 모델과 실세계 사이는 또 다른 관계를 갖는데, 여기에는 보다 높은 수준의 원리가 없는 경우이다. 따라서 이론이 없다. 표상 모델은 데이터 모델과 다른 경험적 모델 및 다른 경험적 모델 및 여러 수학적 기법으로부터 구성될 수 있다. 현상학적 모델 및 시뮬레이션 모델이 여기에 속한다.

모델과 실세계

표상 모델과 세계와의 관계는 어떠한가? 연속적 함수로서 정의된 모델에 대해서 완전한 유사의 요구는 정당화되기 어렵다. 그러한 모델은 세계와 모든 것이 완전히 꼭 들어맞는 것이 되어야 할 것이다. 모든 것에 적용되지 않는 표상 모델을 생각해보라. 적용되지 않는 부분이 표상되는 부분에 인과적 연관을 가질 수 있을 것이다. 그러나 그러한 인과적 연관이 무엇인지 알 수 없다. 따라서 모든 것이 완전히 꼭 들어맞는 유일한 모델은 모든 것을 표상하는 모델이야 할 것이다. 그러한 모델의 표상은 불가능하다. 더군다나 이러한 논의에서 완전히 들어맞음은 모델과 세계의 국면 사이의 관계를 설정하고 있다. 단순히 표상 모델과 데이터 모델 사이의 유사성이 아니다. 정량적 모델에서 표상 모델과 세계를 동질 이상(isomorphism)의 관계로 특징짓는 것은 이러한 맥락에서 잘못이다.

또한 모델과 세계 사이의 관계를 진리로 파악할 필요가 없다. 왜냐하면 모형은 언어적 실체(linguistic entity)가 아니기 때문이다. 인류의 오래된 관습에 의하면 진리 및 거짓은 언어적 실체의 특징이다. 이러한 맥락에서 모델 자체는 진위의 대상이 아니다. 반면, 가설[즉, 모델이 세계와 유사하다는 주장(claim)]은 언어적 실체로서 참 혹은 거짓이 될 수 있다. 따라서 모델 국면의 상대적 들어맞음에 대한 주장(지구 주위를 도는 달궤도의 주기)은 참일 수 있다. 그러나 이것은 매우 모호하다. 일상적 의미의 진리이지 정확한 진리의 의미가 아니다. 이와 같은 '불완전한 들어맞음' 및 '모호한 진리'는 모델과 실세계 사이의 유사성으로 해석할 수 있다. 물론 이러한 관계는 국면 및 정도로서 그 값이 매겨질 수 있다. 이러한 관계는 탐구활동에 종사하고 있는 과학자들의 구체적 의도 및 맥락에 의존한다. 일단 모델과 세계 사이의 관계로서 유사성(similarity)을 채택한다면 자동적으로 과학에서 추상화 및 이상화를 이해할 수 있다. 표상 모델은 바로 그 속성상 추상화이고 이상화이다. 모델과 세계 사이의 관계를 의도적 맥락에서 유사성으로 파악할 때 또 하나의 강점은 추상적 모델과 구체적 모델의 이해가 같은 맥락에서 이루어질 수 있다. 구체적 모델을 사용하여 표상하는 활동에 대해서 특별히 달리 설명할 필요가 없어진다.

과학적 표상: 지향적 개념

모델이 세계의 어떤 국면에 대한 표상이라고 할 때 어떤 의미에서 그런가? 표상된 모델이 세계의 해당 국면과 단순히 유사성의 문제일 수는 없다. 여기에는 2가지 이유가 있다. 먼저, 어떤 유사성이 문제가 되는가를 알아야 할 필요가 있다. 어떤 유사성이 있다고만 말할 때 이 말은 공허하다. 또한 유사성은 대칭적 관계이지만 표상은 비대칭적이다. 여기에 에이전트(agent)의 의도를 가져야만 이러한 문제를 해결할 수 있다. 형식은 에이전트가 세계의 일부를 어떤 의도를 가지고 표상하기 위하여 모델을 사용한다. 따라서 에이전트는 무슨 목적으로 모델을 표상하는지를 구체화해야 한다. 이렇게 생각하면 다중유사성 문제를 제거하고 비대칭성을 포섭할 수 있게 된다. 과학적 표상은 의도적 관점에서 파악해야 한다는 것이다. 순환적이지 않는(즉, 환원적) 표상은 가능하지 않다는 것이 일반적 수준에서의 표상의 개념이다. 표상되어지는 대상은 표상하는 것 사이에 고유한 관계가 성립하지 않는다. 전통적으로 표상을 위한 수단으로서 상징(기호)에 초점을 맞추어 왔기 때문에 기호적 의사소통에서 의도적 측면을 고려하지 못했다. 이 관점에 의하면 모델과 대상 사이에는 다음과 같은 관계가 성립된다.

여기에서는 모델이 대상을 직접 표상하고 반면에 의도적 맥락에서는 그림이 달라진다. 표상하는 의도적 행위 사이에는 성공적인 것과 성공적이지 않는 것 사이에 명확한 구별이 없다. 실험 방법이 보여주는 것은 다만 하나의 모델이 의도된 대상을 여러 국면과 어느 정도 잘 들어맞는가 하는 것이다. 이것은 과학의 특별한 영역에서 받아들여지고 있는 표준 및 목적에 따라 달리 나타날 수 있다.

유사성의 역할을 도입해서 표상을 설명하고자 하는 이러한 시도는 인지언어학 및 사용－기반 언어학에서 그 토대를 제공받을 수 있다. 다음과 같이 사용－기반 언어 이론으로 모델 및 표상과 관련하여 설명해보자.

사용－기반 언어학(때때로, 인지－기능 언어학)에 의하면 의사소통적 기능을 가지고 언어를 사용한다. 언어학습은 다른 인지적 및 인지－사회적 기술과 연계되어 있다. 이때 언어소통의 두 가지 기능, 즉 상징적(symbolic) 및 기능적(functional) 차원을 정의하고 그에 따른 기술을 강조한다. 이를 통하여 타인의 의도와 마음의 상태를 조작하려고 한다.

먼저 의도를 읽는 인지-사회적 기술로서 이에는 여러 성분이 있다.

· 상호 관심사에 대해 타인과 관심을 공유하는 능력
· 즉각적 상호작용 밖의 대상에 대해 타인의 관심과 제스처를 따르는 능력
· 가리키고, 보여주고, 비언어적 제스처를 사용함으로써 타인의 관심을 해당 대상에 적극적으로 돌리는 능력

두 번째 기술은 패턴을 찾는 것과 관련된 것으로 다음과 같은 요소가 있다.

· 유사한 대상 및 사건을 범주화하여 지각하고 개념화하는 능력
· 지각 및 행동의 반복적 패턴으로부터 심체적 도식을 형성하는 능력
· 여러 종류의 지각 및 행위계열에 대해서 통계적으로 분석할 수 있는 능력

이러한 기능들은 둘 다 진화적 관점에서 이해될 수 있으며 적어도 모든 영장류는 어느 정도 수준에서 공유하고 있는 기능들이다. 나아가 패턴을 찾는 능력은 모든 영역에 일반적이라 할 수 있다. 이를 통하여 모든 유기체는 그들 세계의 많은 다양한 국면들을 조절 및 동화 작용을 거쳐서 범주화하는 것처럼 보이기 때문이다. 다음은 마셀로(Tomasselo)의 도식으로 그림 14-2와 같다.

여기에서 화자는 그의 관심을 청자에게 도달하도록 한다. 이때 그의 의도는 청자가 그의 관심을 화자와 특정한 사태에 돌리도록 하는 것이다. 물론 마셀로(Tomasselo)의 그림에서는 사태가 전형적으로 어떤 종류의 가시적 대상이다. 이를 표상 모델의 구성 맥락에서 바라보면 사태는 보다 추상적인 것이 될 것이다. 화자는 청자가 M이 W의 모델이라는 주장을 믿도록(고려하도록) 요구되어지고 있다는 것을 이해하도록 의도하고 있다. 이러한 상황은 화자가 다수의 청자들에게 몸소 발표할 때와 같은 실제 과학적 행위에 때때로 존재한다. 물론 출판물을 통하여 할 수도 있다. 그림 14-2는 Giere(2010)가 제시한 그림 14-3과 과학적 표상의 의도적 개념과 비교할 수 있다. 이때는 다만 의사소통이 잠재적

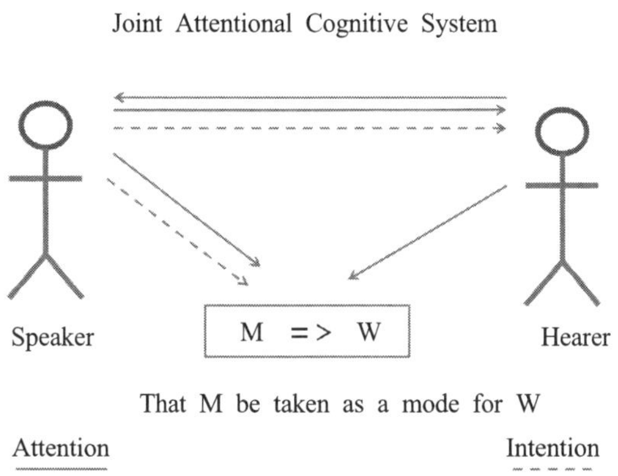

그림 14-2 분산인지계의 담론과정(Tomasselo, 2003; Giere, 2101 재인용)

으로 나타나고 있다. 이러한 사용-기반 언어 이론은 보편적 문법을 가정하지 않고 언어가 인간에게서 어떻게 진화되어올 수 있었는가를 이해하도록 해준다. 이 이론에 의하면 일종의 논리가 아니다. 구문론은 언어의 토대가 아니다. 그것은 오히려 문법화의 과정에 의하여 실행을 통해서 나타난 것이다. 따라서 과학을 언어의 토대 위에서, 즉 구문론적 토대 위에서 이해하고자 하는 시도는 과학의 본성을 왜곡하게 한다. 이렇게 세계에 대해 표상하는 활동으로서의 모델을 사용할 때 의도를 가져와야 함은 인지언어학의 결과라 할 수 있다.

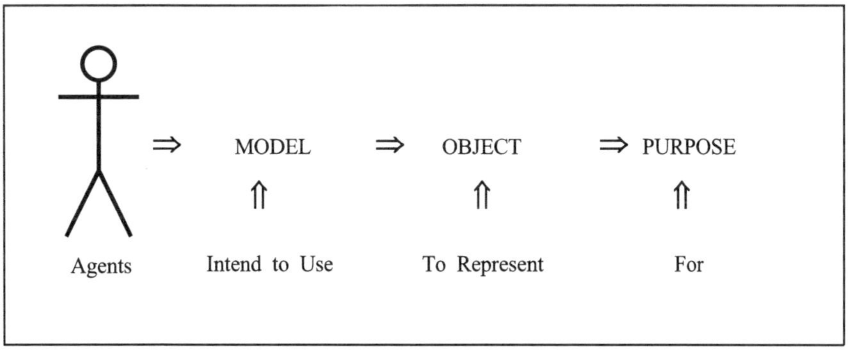

그림 14-3 과학적 표상에서 의도적인 개념에 관한 도식적 표현(Giere, 2010)

모델과 허구

모델과 허구의 관계에 대해서 많은 논의가 있어왔다. 모델은 허구인가? 이러한 질문에 직접 답하기보다는 질문을 다시 설정하여보자. 모델은 무엇인가? 허구는 무엇인가? 라는 질문을 먼저 함으로써 앞의 질문은 쉽게 이해될 수 있다. 모델을 사용하는 것이 많이 주어지면 첫째 질문에 대한 답이 그리 간단치 않다. 이러한 상황은 둘째 질문에 대해서도 마찬가지이다. 따라서 두 질문에 답함으로써 원래의 질문에 답하는 방식을 취하지 아니하고 여기서는 과학적 기획을 실행으로 이해하고자 하는 과제가 모델을 허구로 생각하는 것이 유익한가 하는 질문을 던지고 답하고자 한다. 우선 모델의 존재론과 모델의 기능을 따로 떼어서 생각해보자. 먼저 존재론을 말하자면 DNA의 철사－마분지 모델과 같은 물리적 모델의 존재론은 문제가 없다. 그러나 단진동과 같은 보다 추상적인 모델의 존재론은 문제가 있어 보인다.

그러한 모델들은 추상적 구조가 수학적으로 정의되기 때문에($F=ma$) 수학적 실체이다. 물론 모든 추상적 모델이 수학적 구조를 가지지는 않는다. 판구조론의 모델들은 똑같이 추상적이지만 정성적이다. 여기서 추상적 실체에 대해 일반적 이론을 추구할 수 있다. 실제 진자의 실의 길이와 추상적 단진자의 길이 사이에는 어떤 관계가 있는가? 하나의 길이(속성)를 가지는가? 아니면 두 가지의 길이를 가지는가? (실제 길이와 추상적 길이) 이러한 물음에 대답할 필요는 없다. 사실 추상적 모델의 존재론과 허구의 존재론을 관련시켜 주는 보다 간단한 관점이 있다. 모델이 허구인가를 묻기보다는 허구가 모델인지 아닌지를 물을 수 있다. 존재론에 국한해서 생각하면 허구 역시 모델이다. 톨스토이의 '전쟁과 평화'와 같은 허구를 생각해보자. 톨스토이는 가능한 세계를 창조하였으며 이는 하나의 세계에 대한 모델일 수 있다. 이 모델은 많은 점에서 실세계와 닮아 있다. 나폴레옹의 러시아 침공과 같은 실제 상황을 담고 있다. 대부분의 등장인물들이 아니라 하더라도 그들과 비슷한 사람들은 여전히 존재한다. 소설－모델은 단진자처럼, 실세계에 물리적으로 실행될 수 없다는 의미에서 추상적이다. 나폴레옹은 특별한 장소, 특별한 시간에 있는 것으로 묘사되지만 실제 데이터는 그렇지 않다. 소설은 상상력의 산물이다. 그것은 존재론적으로 과학적 모델과 추상적이라는 의미에 있어서 닮아 있다. 과학적 모델 역시 상상의 산물이다. 그것을 넘어서 존재론적 지위를 확보하고 있지 못하다. 언어를 가지고 있는 한 인간은 실제화되지 않는 가능한 종류의 대상을 창조할 능력이 있다. 따라서 모델의 존재론은 이것으로 족하다.

모델을 기능적으로 파악했을 때 어떤 그림이 나오는가? 모델의 주된 기능은 실세계에 있는 물리적 과정을 표상하는 것이다. 소설 역시 실세계의 인간의 조건 및 상호작용을 표상하지만 과학이 따라갈 수 없는 풍부함을 가지고 있다. 톨스토이는 실제 인물을 표상하려고 의도하지 않았다. 다만 일반적 수준에서 인간을 표상하고 있다. 그러나 허구의 성공 기준은 과학적 모델의 그것과는 판이하다. 톨스토이는 주인공이 존재하지 않는다고 비난을 받지 않는다. 반면 에테르를 탐지할 수 없으면 에테르 이론을 버려야 하는 주요 요인이다. 일반화하여 말하면 허구는 과학적 모델과는 다른 하부－문화(sub-culture)에서 작동한다. 예를 들어 조선일보 북－리뷰 섹션에는 두 가지 주요 범주가 있다. 픽션과 논픽션이 그것이다. 때때로 논픽션의 잘못을 지적하지만 이러한 작품을 픽션으로 분류하지 않는다. 픽션과 논픽션 사이의 경계가 분명하지는 않지만 잘 이해하고 있음을 보여준다. 만약, 모델과 세계의 유사성을 허구로 본다면 과학과 사이비과학의 구별은 없어진다. 과학과 과학픽션의 차이점은 모든 사람에게 분명해 보인다. 그렇다면 왜 모델의 기능을 픽션의 기능과 연계하여 생각하는가? 하나의 동기는 모델이 실세계와 완전히 맞아떨어질 수 없기 때문이다. 그러나 그럼에도 불구하고 세계와 상당히 유사한 모델을 픽션으로 생각하는 것은 잘못이다. 우리는 질점, 마찰 없는 운동, 완전한 진공, 완전히 편평한 시－공간 등은 없다고 알고 있다. 그러나 이러한 이상화를 포함하는 모델은 매우 훌륭한 유사성을 제공하고 표준적 과학적 모델에서 탁월하게 나타나고 있다. 이러한 사실을 도외시하고 과학적 모델을 허구로 간주하는 것은 과학적 실행을 곡해하는 것이 될 것이다.

사실상 실세계와 완전히 일치하지 않는다고 해서 허구로 나아가는 논증은 너무 지나치다. 모든 사고와 의사소통은 이상화된 범주, 원형을 포함한다는 것이 인지과학의 상식이다. 보통의 경험적 범주 역시 중심으로부터 변방의 사례까지 스펙트럼으로 분포한다. 완전한 일치가 아니라고 해서 허구라 한다면 모든 사람들이 생각하고 말하는 것이 허구다. 이것은 받아들일 수 없다. 모델을 허구로 생각하는 또 하나의 동기는 소위 도구주의 및 프래그머티즘을 향하여 있다. 이들은 반실재론 혹은 비실재론의 구도 속에서 논의한다. 이는 너무 큰 덩어리의 토픽이다. 그러나 모델에 대한 위의 논의는 어느 정도 허무주의를 제거하는 방향으로 전개된다.

마지막으로 과학적 모델을 허구로 보는 주장에는 문화적 위험이 도사리고 있다. 특히, 미국에서는 종교적 운동으로서의 비과학적 자세(예를 들어, intelligent design)는 몇몇 권위 있는 과학철학자들의 반실재론은 모델을 허구로 보는 데 있어서 매우 중요한 동기를 제공한다. 적어도 현재의 문화적 풍토에서는 과학적 모델을 허구로 보는 것은 무책임하다고 할 수 있다.

15
학교 과학 탐구와 실험

과학자 과학과 학교 과학 탐구

실제 과학적 탐구가 수행되는 과정은 매우 복잡하고 다중적으로 이루어진다. 그러나 학교 과학에서 다루는 탐구 활동 과제에서 대표적인 것은 '핸즈온(hands-on)' 활동, 즉 단순 실험(simple experiments), 단순 관찰(simple observations), 단순 설명(simple illustrations)이다(Chinn & Malhotra, 2002; Rudolph, 2005). '단순 실험'은 하나의 독립변인이 하나의 종속변인에 어떠한 영향을 미치는지를 살펴보는 간단한 실험을 의미한다. 또한 '단순 관찰'은 학생들이 사물을 주의 깊게 관찰하고 기술하는 것이다. 마지막으로, '단순 설명'은 주어진 절차에 따라 실험을 하고 결과를 관찰한 후 이론을 확인하는 활동이다. 이러한 단순 탐구 과제는 공통적으로 연구 질문을 제공하고, 실험 절차나 과정 기술이 제공되며, 통제해야 할 변인이 제시되거나 혹은 복잡하지 않다(Germann et al., 1996). 이에, 학생들은 자료를 다르게 해석하려는 것에 대해 생각할 필요가 없다. 학생들은 간단한 실험과 간단한 관찰로부터 애초에 분명하게 제시된 탐구의 결론을 이끌어낼 뿐이므로 추론과정은 단순하고 즉각적으로 이루어진다(Chinn & Malhotra, 2002). 이런 방식으로 탐구를 수행할 때 학생들은 실험 절차를 완수하고 새로운 현상을 경험하게 되지만, 그 이상을 탐구할 자유를 갖지는 못한다(Chinn & Malhotra, 2002).

과학자 탐구의 본질이 추론에 있듯이, 과학수업의 본질은 학생들이 과학적 추론을 통하여 탐구를 수행하는 것이다. 과학탐구의 핵심은 문제를 인식하고 이를 해결하는 것과 이 과정에서 얻은 증거를 평가하는 것이다. 과학자들은 계속하여 관찰과 실험 자료를 근거로 하여 이론을 개선하고 새로운 지식을 구성한다. 즉, 과학적 추론은 과학수업에서 목표로 하는 지식 형성 과정인 탐구의 중심에 있는 것이다.

과학적 탐구에서 실세계로부터 얻은 자료(증거)와 설명을 조정(증거를 의심하거나 설명을 개선하거나 하는 등)하는 과정이 핵심인 것처럼, 학교 과학에서 학생들도 과학자가 하듯이 관찰과 실험 자료를 근거로 하여 이론을 개선하고 새로운 지식을 구성하는 방식으로 이루어져야 할 것이다. 즉, 과학수업에서 학생들은 관찰과 실험 자료를 근거로 관찰 증거를 평가하고, 증거와 이론의 조정을 통해, 자신의 개념을 변화시킬 수 있는 능력을 기를 것으로 기대된다(Havdala & Ashkenazi, 2007). Kuhn et al.(1988)이 과학적 사고의 핵심으로 이론과 증거의 조정을 통한 추론 과정의 중요성을 주장한 것도 이와 맥을 같이 한다. 그러나 그 과정은 쉽지 않다. 학생들은 과학적 추론에 종종 실패하는데, 증거와 이론을 잘 구별하지 못하며(Kuhn, 2004), 관찰 증거에 대해서 증거기반(evidence-based)으로 평가하기 보다는 이미 가지고 있던 생각을 기반(idea-based)으로 평가하는 경향이 있기 때문이다(박종원 외, 1993). 반면, 과학자들은 증거와 이론을 구별하고, 증거와 이론의 조정을 하며, 초인지적 사고를 통해 그 조정 과정에 몰두한다. 물론 실제 과학자의 활동에서도 실험 결과에 선개념이 영향을 미치기도 한다. 많은 과학자들은 과학자가 아닌 사람들이 보여주는 인지적 결점과 비슷한 결점을 가지고 있는 것으로 보이며, 과학자가 자신의 이론과 실험결과가 일치하지 않는 경우에 선개념의 변화가 어렵다는 것이다(Faust, 1984; Shadish & Neimeyer, 1989). 그러나 Siegel(1989)의 주장에 따르면, 과학자들은 신뢰할만한 지식을 얻기 위해서, 과학자들은 합당한 연구 결과가 예측과 상반된 결과를 산출할 때는 자신이 이미 가지고 있던 생각을 바꾸기도 한다. 과학자들은 학생에 비해 과학적으로 추론을 하려고 하며, 그 과정은 증거와 이론의 조정에 대한 초인지적 사고로 이루어진다.

학교 과학 실험

과학 교과가 다른 교과와 뚜렷하게 구분되는 특징은 과학 실험의 존재이다. 과학 실험은 학생들이 과학자가 활동하듯이 발견할 수 있는 맥락을 조성한 것이다. 과학 실험을 통해 학교 과학이 이루고자 하는 과학적 목표는 무엇일까? 학생에게 과학자와 같은 경험을 할 수 있는 기회를 제공하여, 과학자 활동의 중심이 되는 과학적 추론 과정에 참여하게 하는 것이다. 과학적 추론의 핵심은 증거와 이론을 구별할 뿐 아니라 조정할 수 있는 것이다. 이 기본 핵심이 과학 실험 활동에 반영될 수 있도록 하기 위해서는 어떤 방법이 적당할까? '증거와 이론의 조정' 과정은 초등 과학 실험에서 관찰 증거와 이미 알고 있는 지식 간의 관계에 관한 것으로, 학생들은 증거를 기존 이론에 맞추거나, 증거와 이론이 불일치할 경우 증거를 무시하거나 이론에 대해 재고하는 등의 다양한 과정을 실행할 것이다. 과학 실험은 이 과정이 잘 반영될 수 있는 실험 과정을 고안하고 평가할 수 있어야 한다.

국내 과학교육에서는 '탐구적 과학글쓰기(Science Writing Heuristic)'를 과학 수업에 적용하여 교육적 효과를 파악하는 연구가 활발하게 진행되고 있다. '탐구적 과학글쓰기'는 과학적 증거를 바탕으로 지식을 구성하고 그러한 과정에서 개념을 획득할 수 있는 도구로써(Kelly et al., 2002), 국내 연구에서 적극적으로 수업 도구로 활용되고 그 효과가 탐색되었다(예, 남정희 등, 2008; 이은경과 강성주, 2008). Keys et al.(1999)이 개발한 '탐구적 과학글쓰기'는 작문과정과 과학과정의 유사성에 관심을 가지면서 시작되었으며(이은경과 강성주, 2008), 문제 인식이나 해결방안 제시, 메타 인지를 유도할 수 있는 글쓰기 활동을 통한 과학학습법이다(Burke et al., 2006). 탐구적 과학글쓰기를 적용하여 실험 과정을 탐구적으로 진행할 수 있도록 돕기 위해서는 어떤 과정이 필요하고 어떻게 디자인되어야 하는가? 또 어떤 부분에 대해 초점을 두고 평가되어야 하는가? 이어지는 절에서는 이 부분에 대한 답을 찾고자 한다.

학교 과학 실험에서 증거와 주장의 정합성1)

자기발견적 과학글쓰기가 수행된 수업단원은 5학년 1학기 '물의 여행' 단원이며 4차시에 해당한다(표 15-1). 각 수업에서 교사는 탐구주제를 제시하고, 학생들은 모둠별로 질문을 정하고, 실험을 계획하고 수행하여 증거를 찾고, 결론을 내리는 과정을 수행하였다.

표 15-1 각 차시별 수업계획

	탐구주제	수업유형
제1차시	건구 · 습구 온도계의 차이를 적게 할 수 있는 방법은?	교과서 심화실험
제2차시	안개는 왜 생길까?	자료를 이용한 토의
제3차시	비는 어떻게 하여 내리는 걸까?	실험중심
제4차시	물이 순환하는 과정을 어떻게 설명할 수 있을까?	활동표현중심수업

제1차시 수업의 주제는 '습도계는 명탐정'이다. 학생들은 물이 증발할 때 나타나는 현상을 통하여 습도계의 원리를 간략히 파악한 후 건습구 온도계를 직접 만들어본다. 그 후 습도의 뜻을 파악하여 습도표를 이용해 공기 중의 습도를 측정해보는 것이 주된 학습과정이다. 교사는 이와 같이 교과서에 제시된 실험과정 후 따로 한 차시를 확보하여 심화된 실험을 계획하였다. 이 실험은 건습구온도계의 원리를 응용하여 문제를 해결하는 실험으로 비교적 어려운 교과서 밖 탐구 과제를 통하여 학생들이 문제를 어떻게 해결해나가는지 그 과정을 알기 위해 계획되었다.

제2차시 수업은 '안개와 구름의 형성과정'에 대하여 학습하는 것이다. 교과서에서는 '안개발생장치'를 꾸미고 그 조건에 대하여 학습하도록 되어 있지만,

---

1) 논문 이성희, 신명경, 권난주, 이규호, 이선경(2010). 초등학생의 탐구 활동 과학 글쓰기에서 나타난 증거와 주장의 정합성 분석. 초등과학교육, 29(4), 505-514.에서 발췌함.

사전실험결과 안개가 발생되는 것이 확연하게 보이지 않고, 또 제3차시의 실험과 비슷한 면이 있어 실험을 대표실험영상으로 대체하였다. 대신 늘어난 시간을 학생들의 충분한 토의시간으로 하였고, 활발한 토의 진행을 위해 미리 과제를 공지하여 두어 자료를 이용한 토의중심수업으로 계획하였다.

제3차시 수업은 '비의 형성과정'에 대하여 학습하는 것이다. 제2차시에 배운 안개와 구름의 형성과정과 연계하여 작은 물방울이 합쳐져 무거워지면 비가 되어 내린다는 개념을 추가로 학습하게 된다. 학생들은 실험상황과 실제 자연상황을 비교하며 실험상황을 분석해내는 능력이 필요하다.

제4차시 수업은 지금까지 배운 내용을 총정리하는 시간으로 다양한 방법으로 '물의 순환'을 표현해내는 능력을 요구한다. 이 수업에서는 '모둠 안에서 나온 다양한 의견들을 어떻게 하나로 모아 가는가.'의 의사결정 상황을 중점적으로 살펴보려 계획하였다. 활동중심의 수업이므로 40분에서 20분 늘어난 60분 수업으로 학생들의 다양한 활동을 격려하고자 했다.

이 실험에서 적용한 활동지는 '자기발견적 활동지'라고 부르고자 한다. Keys et al.(1999)이 제시한 시작 질문(Beginning Idea), 검증(Tests), 관찰(Observation), 주장(Claims), 증거(Evidence), 읽기(Reading), 반추(Reflecting)의 7단계를 축소하여, 모둠질문 설정, 실험 계획 및 실행, 실험결과토론, 모둠질문 해결 등의 4단계로 변형하였다. 학생들이 자발적으로 문제를 제기하고, 실험을 수행하여 증거를 찾고, 증거를 토대로 주장을 전개하고 결론을 생성한다는 의미를 살리기 위해 '자기발견적(Heuristic)'이라는 용어로 번역하여 '자기발견적 활동지'라고 명명하였다. 표 15-2와 같은 기본 틀에 각 차시 수업의 내용을 고려하여 몇 가지 과정이 가감되어 최종 자기발견적 활동지가 개발 사용되었다. 이 활동지는 관찰수업 2달 전 과학수업에 미리 적용되어 학생들이 익숙해질 수 있도록 하였다.

초등학생들이 실험과정을 작성한 탐구활동 과학글쓰기를 분석한 결과, 정합성 측면에서 4개 유형이 나타났다. 각 유형은 '탐구 주제와 모둠질문 사이의 정합성', '모둠질문과 실험 설계 사이의 정합성', '실험 결과와 결론(모둠질문에 대한 주장) 사이의 정합성', '모둠활동을 통한 결론과 탐구 주제에 대한 진술

표 15-2 모둠탐구를 통한 자기발견적 활동지의 틀

	단계	활동	내용
1	모둠질문 설정	문제인식	(제시된 준비물)을 이용하여 알아볼 모둠질문은 무엇인가요?
2	실험계획 및 실행	실험설계	어떤 자료를 이용할 생각입니까? 어떻게 실험할 건가요? 이 실험이 잘 되기 위해 특별히 생각할 점이 있나요?
3	실험결과 토론	관찰 및 결론	아하! 이건 몰랐구나! (선생님, 친구와 실험 결과를 이야기해 보아요)
4	모둠질문 해결	결론 · 추리	실험 결과를 통해 우리 모둠질문에 대해 알아낸 점은 무엇인가요?

사이의 정합성'에 해당한다.

학생들은 주어진 탐구 주제와 제공된 실험재료를 활용하는 모둠질문을 자유롭게 만들었기 때문에 모둠질문들과 탐구 주제 사이의 정합성은 대부분 확보되어 있었다. 따라서 그 차이가 뚜렷하게 드러나는 3가지 단계의 정합성으로 구분하고(표 15-3), 정합성의 결여 혹은 충족에 따라 다섯 가지 에피소드를 제시하고자 한다.

표 15-3 단계별 정합성 충족 유무

모둠질문-실험설계	결과-결론	결론-탐구 주제	에피소드 유형
×	—	—	에피소드 1
○	×	—	에피소드 2
○	○	×	에피소드 3
○	○	○	에피소드 4
○	×	○	에피소드 5

에피소드 1. 모둠질문과 실험설계 사이의 정합성이 결여된 사례

오늘의 탐구: 건구·습구 온도계의 차이를 적게 할 수 있는 방법은?

1. (건습구습도계장치, 부채, 물뿌리개)를 이용하여 알아볼 모둠질문은 무엇인가요?
   ▸ 증발이 적게 될수록 건구 온도를 젖게 할 수 있을까?

2. 모둠활동
   – 어떤 자료를 이용할 생각입니까?
   ▸ 물뿌리개, 건습구 습도계
   – 어떻게 실험할 건가요?
   ▸ 건구 온도계에 물뿌리개를 뿌린다. 전과 후를 비교해 본다.
   – 이 실험이 잘 되기 위해서 특별히 생각할 점이 있나요?
   ▸ 습구 온도계에 물뿌리개를 뿌리지 않는다.

3. 아하! 이건 몰랐구나!(선생님, 친구와 실험결과를 이야기해 보아요.)

	건구	습구	온도 차
실험 전	28	27	1
실험 후	23	24	−1

4. 실험 결과를 통해 우리 모둠질문에 대해 알아낸 점은 무엇인가요?
   ▸ 증발이 적을수록 차이를 줄일 수 있다.

위의 활동지를 살펴보면 '증발이 적게 될수록 건구 온도를 젖게 할 수 있을까?'라는 모둠질문을 해결하기 위하여 건구 온도계에 물을 뿌리는 실험을 설계하고 있다. 모둠질문은 증발량에 따른 건구 온도의 변화임에도 불구하고 실험은 증발량의 조절을 실시하였다고 볼 수 없게 설계되었다. 또한 건구 온도계는 항상 건조한 상태를 유지해야 함에도 불구하고 건구 온도계에 물을 뿌림으로써 건구 온도계의 기능을 상실하게끔 실험을 설계하였다. 따라서 본 활동지는 모둠질문과 실험 설계 사이에서의 정합성조차 확보하지 못한 경우라 하겠다.

에피소드 2. 모둠질문과 실험설계 사이의 정합성은 확보되었으나, 결과와 결론 사이의 정합성이 결여된 사례

오늘의 탐구: 안개는 왜 생길까?

1. (집기병, 얼음, 비닐봉지, 따듯한 물, 실 약간)을 이용하여 알아볼 모둠질문은 무엇인가요?
   ▸안개는 왜 생길까?

2. 모둠활동
   - 안개가 무엇입니까? 과제를 살펴보며 이야기해 봅시다.
   ▸공기 중의 수증기가 차가운 공기를 만나 응결하여 낮은 지표 부근에 떠 있는 것

3. 안개발생장치 실험을 살펴봅시다. (동영상 시청)
   - 뜨거운 물을 가득 채운 후 버리는 까닭은 무엇일까요?
   ▸먼저 뜨거운 물로 충분히 데우려고. (수증기 ↑)
   - 얼음을 넣는 까닭은 무엇일까요?
   ▸따뜻한 공기를 식히려고, 공기를 차갑게 만들려고
   - 집기병에 어떤 현상이 일어났고, 그 이유는 무엇일까요?
   ▸뿌옇게 흐려졌다. 뜨거운 공기가 차갑게 식으면서 안개가 생겨서

4. 실험 결과 안개가 잘 생기는 조건을 이야기해 봅시다.
   ▸비 온 다음날 아침에 안개가 잘 생긴다. 일교차가 큰 날에 잘 생김. 바람이 불지 않는 날

5. 안개와 구름은 어떤 공통점과 차이점이 있을까요? 조사해온 자료를 살펴봅시다.
   ▸공통점: 물방울이 응결되어 뭉친다.
   ▸차이점: 높낮이, 구름 = 흐리다. 안개 = 맑다.

6. 오늘 수업을 통해 우리 모둠질문에 대해 알아낸 점은 무엇인가요?
   ▸안개는 물방울이 응결되어 생긴다.

위의 활동지를 살펴보면 '안개는 왜 생길까?'라는 모둠질문을 해결하기 위하여 직접적인 실험 설계를 하지는 않았지만 실험 설계를 대신하여 주어진 동영상에서 각 실험 과정들이 어떤 의미를 지니고 있는지 잘 파악하고 있다는 점을 통해 모둠질문으로부터 실험 설계를 해냈다고 판단할 수 있겠다. 그러나 실험

결과 해석 단계라고 볼 수 있는 4번 질문에 대한 결론을 살펴보면 '비 온 다음 날 아침에 안개가 잘 생긴다. 일교차가 큰 날에 잘 생김'과 같은 부분은 이번 활동에서 이끌어낼 수 있는 결론이여서 정합성이 확보되었다고 볼 수 있으나 '바람이 불지 않는 날'이라는 결론은 이번 활동과는 전혀 관련이 없다. 따라서 이 학생의 4번 질문에 대한 결론은 실험 결과를 통해 내렸다고 하기 보다는 개인적으로 이미 알고 있던 지식을 진술한 것으로 판단되므로 정합성을 확보했다고 보기 어렵다.

또한 이러한 활동을 통해서 내린 결론인 '안개는 물방울이 응결되어 생긴다.'는 진술은 '안개는 왜 생길까?'라는 질문에 대한 결론으로 적절하지 못하다 하겠다. 모둠질문에 대한 적절한 결론이라면 '수증기가 늘어난 때 온도가 내려가면 안개가 발생한다.'와 같아야 하겠다. 따라서 이러한 활동지는 모둠질문과 실험 설계 사이의 정합성은 확보되었으나 실험 결과와 결론 사이의 정합성은 결여된 경우라 하겠다.

에피소드 3. 결과와 결론 사이의 정합성까지 확보되었으나, 결론과 탐구 주제의 정합성이 결여된 사례

✎ 오늘의 탐구: 안개는 왜 생길까?

1. (집기병, 얼음, 비닐봉지, 따뜻한 물, 실 약간)을 이용하여 알아볼 모둠질문은 무엇인가요?

▶ 어떻게 안개를 만들 수 있을까?

2. 모둠활동

– 안개가 무엇입니까? 과제를 살펴보며 이야기해 봅시다.

▶ 대기 중의 수증기가 응결하여 발생하는 것

3. 안개발생장치 실험을 살펴봅시다. (동영상 시청)

– 뜨거운 물을 가득 채운 후 버리는 까닭은 무엇일까요?

▶ 따뜻한 공기 안에 수증기가 많기 때문에 뜨거운 열기를 만들기 위해서

– 얼음을 넣는 까닭은 무엇일까요?

▶ 따뜻한 공기를 얼음으로 식히기 위해서

– 집기병에 어떤 현상이 일어났고, 그 이유는 무엇일까요?

▶ 따뜻한 공기가 차갑게 변했다. 그러면서 안개가 생겼다.

4. 실험 결과 안개가 잘 생기는 조건을 이야기해 봅시다.

▶ 수증기가 많은 곳, 습도가 높은 곳, 따뜻한 곳, 새벽녘에 온도차가 심한 곳

5. 안개와 구름은 어떤 공통점과 차이점이 있을까요? 조사해온 자료를 살펴봅시다.

▶ 공통점 : 공기 중의 수증기가 작은 물방울로 생긴 것이다.

▶ 차이점 : 안개와 구름은 생기는 곳이 다르다.

6. 오늘 수업을 통해 우리 모둠질문에 대해 알아낸 점은 무엇인가요?

▶ 따뜻한 물로 병에 열기를 만들고서 얼음을 넣어서 안개를 만든다.

위의 활동지를 살펴보면 '어떻게 안개를 만들 수 있을까?'라는 모둠질문을 해결하기 위하여 직접적인 실험 설계를 하지는 않았지만 실험 설계를 대신하여 주어진 동영상에서 각 실험 과정들이 어떤 의미를 지니고 있는지 잘 파악하고 있다는 점을 통해 모둠질문으로부터 실험 설계는 해냈다고 판단할 수 있겠다.

또한 실험 결과 해석 단계라고 볼 수 있는 4번 질문에 대한 진술은 '수증기가 많은 곳, 습도가 높은 곳, 따뜻한 곳, 새벽녘에 온도차가 심한 곳'과 같이 실험과 관계가 있다. 그리고 이러한 활동을 통해서 내린 결론인 '따뜻한 물로 병에 열기를 만들고서 얼음을 넣어서 안개를 만든다.'는 '어떻게 안개를 만들 수 있을까?'라는 질문에 적절한 형태의 결론이라 하겠다. 물론 따뜻한 물을 넣은 것은 열기를 주기 위한 것이 아니라 수증기량을 증가시키기 위한 것이지만 본 연구의 분석은 학생들이 결론을 내리는 과정에서 충분한 근거를 확보하고 있는가를 파악하는 데 초점을 맞추고 있기 때문에 결론까지의 정합성은 확보하였다고 하겠다.

그러나 본 활동의 탐구 주제는 '안개는 왜 생길까?'이므로 모둠질문으로부터 결론을 이끌어낼 수 있었음에도 불구하고 이에 대한 설명이 이루어지지 않았다는 측면에서 모둠활동을 통한 결론과 탐구 주제 사이의 정합성은 결여된 경우라 하겠다.

에피소드 4. 결론과 탐구 주제의 정합성까지 확보된 사례

✐ 오늘의 탐구: 비는 어떻게 하여 내리는 걸까?

1. (은박접시, 비커, 따뜻한 물, 얼음)을 이용하여 알아볼 모둠질문은 무엇인가요?

▸ 얼음은 어떤 자연 환경에 사용했을까?

2. 모둠활동

– 어떤 자료가 주어졌습니까?

▸ 은박접시, 비커, 얼음, 따뜻한 물

– 어떻게 실험할 건가요?

▸ 비커 안에 따뜻한 물을 1/3 넣고 은박접시를 덮고 은박 접시에 얼음을 붓는다.

– 이 실험이 잘되기 위해서 특별히 생각할 점이 있나요?

▸ ① 물을 적당하게 넣는다. ② 뜨거운 물에 손을 데이지 않는다.
③ 얼음을 만지지 않는다. ④ 가득 물을 채우고 1/3로 따라낸다.

3. 아하! 이건 몰랐구나!(선생님, 친구와 실험결과를 이야기해 보아요.)

▸ 이슬이 생기는 원리처럼 물방울이 맺히게 해 무거워지면 비처럼 내린다.

4. 실험 결과를 통해 우리 모둠질문에 대해 알아낸 점은 무엇인가요?

▸ 차가운 구름(→응결)으로 이용하였다(표현하였다).

5. 이 실험과 관련지어 비가 내리는 과정을 설명해 봅시다.

위의 활동지를 살펴보면 '얼음은 어떤 자연 환경에 사용되었을까?'라는 모둠질문을 해결하기 위하여 제시된 실험 도구들을 적절하게 사용하여 실험을 수행하였다. 그 결과 '이슬이 생기는 원리처럼 물방울이 맺히게 해 무거워지면 비처럼 내린다.'는 사실을 알아냈다. 이러한 실험 결과를 토대로 처음 제기된

모둠질문에 대해 '얼음이 차가운 구름에 이용되었다.'는 결론을 도출하였다. 물론 실제 얼음은 공기를 냉각시키는 역할을 수행하는 것이지만 구체적 조작기와 형식적 조작기의 과도기에 해당하는 학생들이라는 점을 고려해볼 때 실험과 눈에 보이는 현상(구름)으로 얼음의 역할을 기술한 것은 충분한 근거를 바탕으로 내린 결론이라고 할 수 있다. 따라서 실험 결과와 결론 사이의 정합성을 확보하고 있다고 볼 수 있겠다.

이 활동지의 5번 질문은 탐구 주제(비는 어떻게 하여 내리는 걸까?)를 해결하도록 하는 질문이다. 이 활동지에서 제시한 지식주장은 앞의 결론과 관련되어 있고 그 결과 탐구 주제를 효과적으로 해결하고 있다. 따라서 이 활동지는 탐구 주제로부터 모둠질문을 만들어내고 그로부터 실험을 효과적으로 설계하여 이를 근거로 모둠질문에 대한 해결을 하였으며 나아가 이러한 결론을 바탕으로 하여 최종적인 목표인 탐구 주제를 해결하고 있어 활동 모두에서 정합성을 확보한 경우라 하겠다.

에피소드 5. 정합성의 연속성이 충족되지 않는 사례

오늘의 탐구: 비는 어떻게 하여 내리는 걸까?

1. (은박접시, 비커, 따뜻한 물, 얼음)을 이용하여 알아볼 모둠질문은 무엇인가요?

▸ 따뜻한 물과 얼음은 무슨 자연환경을 나타낸 것일까?

2. 모둠활동

– 어떤 자료가 주어졌습니까?

▸ 은박접시, 비커, 따뜻한 물, 얼음, 휴지, 검은 물체

– 어떻게 실험할 건가요?

▸ 비커에 따뜻한 물을 붓는다. 그 뒤 위에 은박접시를 올리고 그 위에 얼음을 올려두면 은박접시에 물이 맺힌다.

– 이 실험이 잘되기 위해서 특별히 생각할 점이 있나요?

▸ ① 물을 꽉 채워 넣지 않는다. ② 은박접시가 흔들리지 않게 한다.
③ 얼음을 한 번에 다 넣지 않는다. ④ 뜨거운 물을 엎지르지 않는다.
⑤ 비커의 주둥이를 휴지로 막는다.

3. 아하! 이건 몰랐구나!(선생님, 친구와 실험결과를 이야기해 보아요.)
▶ 은박 접시 아래에 물방울이 맺힌다.

4. 실험 결과를 통해 우리 모둠질문에 대해 알아낸 점은 무엇인가요?
▶ 바다와 하늘, 따뜻한 물이 증발되어 차가운 공기와 만나 온도가 급격히 떨어지면서 물방울이 되어 무거워지면 비가 된다.

5. 이 실험과 관련지어 비가 내리는 과정을 설명해 봅시다.
▶ 지표면에 공기가 위로 증발된다. → 공기의 온도가 내려감. → 수증기가 물방울로 변함. → 물방울이 무거워지면 내린다.

본 활동지는 앞에서 제시된 활동지의 예와 전반적으로 비슷한 흐름을 보이고 있다. 그러나 주목할 부분은 4번 질문과 5번 질문에 대한 주장이다. 4번 질문에서는 모둠질문과 관련 없는 주장을 하고 있다. 따라서 질문과 그에 대한 주장을 하는 과정에서 충분한 정합성을 확보하지 못한 상황이라 하겠다. 그럼에도 불구하고 이 학생은 탐구 주제를 해결하기 위한 5번의 질문에는 적절하게 결론을 내리고 있다. 즉, 모둠질문에 대한 주장은 적절하지 못한데 갑자기 탐구 주제는 올바르게 해결하고 있다.

정합성은 주장과 그 근거에 대한 관계가 적절할 때 성립되었다고 할 수 있다. 본 활동에서는 탐구 주제로부터 적절한 모둠질문 설정, 적절한 실험 설계 및 자료 획득, 타당한 결론 도출, 탐구 주제의 해결의 과정이 순차적으로 근거와 주장이 될 수 있다. 따라서 앞쪽부터 정합성이 확보되어야 뒤쪽의 정합성이 확보될 수 있음에도 불구하고 실제 활동지에서는 그러한 연속성이 깨져있다. 이는 학생들이 활동지의 질문에 대한 주장을 제시할 때 충분한 근거를 바탕으로 결론을 내리기 보다는 선행학습을 통해 이미 알고 있는 지식을 해당 질문에 적고 있다고 생각할 수 있다. 해당 학생들은 대부분 기본적으로 1~2개의 학원을 다니고 있기 때문에 선행학습의 가능성은 매우 크다 하겠다.

이러한 현상이 위의 예 이외에도 많이 보인다는 점은 학생들이 수업과 가장 관련이 있는 질문에 적절한 주장을 제시하였다 할지라도 섣불리 그 학생이 내용에 대해 충분한 논리적 근거를 확보하고 있다고 판단하면 안 된다는 사실을 말해주고 있다.

학생들 대부분은 비록 부족한 부분은 있을지라도 활동지의 모든 면을 꽉 채우는 경향을 찾아볼 수 있었다. 이는 학생들이 관찰수업 두 달 전부터 8차시에 걸쳐 이와 같은 활동지로 학습하면서 과학글쓰기 습관이 정착되어 있었기 때문으로 생각된다. 학생들에게 처음 이 활동지를 도입할 때에는 정해진 실험방법이 없고, 모둠별로 질문을 만들어야 한다는 것 때문에 학생들이 당황스러워 하고 그에 따라 정해진 수업시간이 초과하는 경우도 있었지만, 곧 학생들은 학습형태에 익숙해지고, 활동지를 나누어 주면 모둠별로 논의를 통해 문제를 해결해 나가는 모습을 살펴볼 수 있었다. 같은 탐구 주제라 할지라도 각자 다른 모둠질문을 정해야 한다는 것에 학생들은 많은 어려움을 느끼고 있었는데 이에 연구자는 학생들에게 모둠질문을 정하는 데 있어 많은 제한을 두지 않고자 했다. 탐구 주제와 관련이 있다면 실험재료를 언급하여 질문하는 것도 허용하였고, 탐구 주제를 그대로 모둠질문으로 사용하는 것도 허용하였기 때문에 결과적으로 학생들의 모둠질문들은 탐구 주제와 매우 관련이 있는 질문으로 구성되어 탐구 주제와 모둠질문과의 정합성이 확보되었다.

활동지 분석을 통해 살펴볼 수 있었던 점을 정리하면 다음과 같다.

첫째, 대부분의 학생들은 모둠질문으로부터 실험 설계를 해나가는 과정에서 정합성을 보이고 있었다. 사례 분석의 예와 같이 이 과정에서도 정합성이 결여된 경우도 있었지만 대부분의 학생들의 활동지는 정합성이 확보되어 있었다. 학생들은 실험하기 전 구상 단계에서는 차근차근 모둠원들과 토의를 통해 활동지의 빈 부분을 채워나가는 모습을 확인할 수 있었다. 수업 시간의 배분에 있어서도 실험 구상 단계에서 시간을 가장 많이 활용하면서 충분한 토론이 있었기 때문에 이 과정에서의 정합성은 다른 과정에 비해 쉽게 확보할 수 있었던 것으로 판단된다.

둘째, 모둠질문이 실험활동과 연계되어 있긴 하지만 실험결과를 통해 모둠질문에 대한 적절한 주장을 찾아내지 못하는 경우가 종종 나타났다. 실험의 구상은 수업의 앞부분이어서 충분한 논의를 거칠 수 있었던 반면 실험 결과를 근거로 모둠질문에 대한 주장을 제시하는 과정은 수업의 뒷부분이어서 논의의 시간이 부족하여 토론이 아닌 개별적으로 이루어졌음을 확인할 수 있었다. 그 결과 학생들의 주장은 학생들의 개별적 능력에 따라 정합성을 확보한 경우와 결여된 경우로 나누어졌다. 보다 충분한 수업 시간이 확보된다면 학생들 사이의 논의를 통해서 이 과정에서의 정합성 확보가 보다 많이 이루어지리라고 판단된다.

셋째, 여러 학생들은 실험 결과를 근거로 모둠질문에 대한 주장을 잘 이끌어내고 있는 모습을 확인할 수 있었다. 그러나 모둠질문에 대한 주장을 잘 이끌어낸 경우에도 이를 바탕으로 탐구 주제에 대한 주장을 찾아내는 데 있어 실패한 경우도 많았다. 이는 학생들이 수업의 목적을 어디에 두었는지를 인식하는 데 있어 혼선이 있어 모둠질문에 대한 주장을 제시하면 성공적으로 수업을 끝낸 것이라고 오해하였기 때문이며, 또한 수업 시간이 학생들이 모둠질문에 대한 주장을 제시하기에도 부족하였기 때문에 이를 바탕으로 탐구 주제를 해결하는 데 있어 어려움이 있었기 때문이다. 또한 학생들은 현상적인 것을 파악한 모둠질문에 대한 주장을 근거로 과학적 개념을 필요로 하는 탐구 주제에 대한 설명에도 문제를 보였다. 예를 들어, 비가 내리는 과정을 설명할 때에 은박접시 아래에 물분자가 합쳐져 비가 내린다는 현상적인 것만 집중하여 정작 차가운 얼음이 비가 생기는 데 어떠한 역할을 하는지 적절히 표현하지 못하였다.

넷째, 몇몇 학생들은 자체적인 모둠질문의 해결을 통해서 탐구 주제를 해결하는데 있어 성공하였다. 물론 이 과정에서 과학적으로 완벽하지는 않지만 학생들은 자신들의 주장에 근거를 충분히 확보하는 모습을 확인할 수 있었다. 개별적인 활동지를 살펴볼 때 우수한 학생들은 문제를 바라보는 민감성이 달라 교사의 조그만 힌트에도 민감하게 반응하였고(최병순과 신애경, 2006) 실험 결과 속에서 과학개념을 찾아내어 탐구 주제를 잘 해결해 냈다. 예를 들어, 어떤 학생은 얼음이 차가운 구름의 역할을 수행하여 응결을 일으킨다는 모둠질문에 대한 주장을 통해 비가 내리는 과정을 '증발', '응결' '강수'라는 개념을 사용하여 설명하였고, 단순히 비가 내리는 과정을 설명하는 것에서 끝내지 않고 물의 순환과정까지 설명하는 모습을 보였다.

다섯째, 학생들은 근거가 부족한 상황에서 올바른 주장을 하는 경우를 보이고 있었다. 수업에서 활용한 활동지는 궁극적으로 그날의 탐구 주제를 해결하기 위해 고안되었고 교사의 설명을 통해 해결하는 것이 아닌 스스로 제기한 질문을 해결함으로써 해결하도록 만들어졌다. 그렇기 때문에 학생들이 한 단계 한 단계 질문에 대한 지식주장을 찾아가는 과정은 근거와 주장 간의 정합성을 확보해나가는 과정이 된다. 따라서 최종적으로 탐구 주제를 해결하기 위해서는 모둠질문을 해결하기 위한 실험으로부터 올바른 결론을 도출해야 한다. 그럼에도 불구하고 여러 학생들은 실험의 결론을 제대로 내리는 데 있어 실패했음에도 불구하고 탐구 주제 해결에 성공하였다. 이러한 현상은 학생들이 수업을 하기 전에 여러 경로를 통해 선행학습이 이루어졌기 때문으로 판단된다. 모둠질문과는 달리 탐구 주제들은 교과서와 매우 밀접한 관계가 있는 내용들이었기 때문에 학생들은 학교 이외의 곳에서 탐구 주제들을 접할 수 있었다. 그 결과 최종적인 결론은 다른 곳에서 이미 학습하였기 때문이며, 근거를 바탕으로 올바른 결론을 내리는 능력은 갖지 못했으므로 섣불리 학생들이 최종 결론이 적절하다고 해서 탐구 능력, 특히 근거를 바탕으로 주장을 펼치는 능력은 가졌다고 판단하면 안 된다는 사실을 보여준다.

과학교육에서는 과학 지식을 배우고 이해하는 것뿐만 아니라 근거를 바탕으로 지식을 주장하는 탐구 방법을 습득하는 것도 중요하다. 이에 본 연구에서는 학생들이 스스로 논의를 펼칠 수 있도록 자기발견적 과학글쓰기 방법을 적용하여 과학수업을 진행하였으며, 모둠활동을 통해 작성된 학생들의 활동지를 통해 학생들이 자신의 주장을 제시함에 있어 얼마나 근거를 확보하고 있는가 하는 정합성 확보 여부를 살펴보았으며, 다음의 결론을 내릴 수 있었다.

첫째, 토론 시간이 충분했던 실험 설계부분이 시간이 부족했던 결과 해석부분보다 정합성이 많이 관찰되었다. 따라서 보다 활발한 논의를 거칠 수 있는 상황에서 보다 많은 학생들의 주장에는 정합성 확보될 것으로 보인다.

둘째, 주장이 과학개념을 필요로 하는 경우 학생들은 정합성을 확보하지 못하는 경우가 많았다. 모둠질문을 통한 실험은 주로 현상적인 것에 초점을 맞추고 있었던 반면, 탐구 주제들은 과학개념에 초점이 맞춰져 있었기 때문에 학생들 스스로 현상에서 개념으로의 전환에 실패하고 있었다. 몇몇 민감성이 좋은 학생들은 이를 극복하기도 하였으나 전체적으로 보면 학생들은 이 과정에 어려움을 보였다.

셋째, 일부 학생들은 선행 학습을 통해 과학 지식을 배웠지만 근거를 바탕으로 지식을 주장하는 탐구 방법을 습득하지는 못했다. 교사들은 학생들의 최종 결론만 보고 성급히 학생들이 과학개념들을 충분히 이해했다고 판단할 수 있는데, 본 연구의 결과 지식을 알고 있는 것과 스스로 그러한 지식을 찾아갈 수 있는 것은 별개의 사안이라는 것을 다시 한 번 확인할 수 있었다.

본 연구 결과를 토대로 몇 가지 제언을 하면 다음과 같다.

첫째, 학생들이 지식을 아는 것과 별개로 지식을 찾아나가는 방법을 아는 것은 다름을 본 연구를 통해 다시 한 번 확인할 수 있었다. 본 연구의 사례 분석의 결과 학생들은 논의 시간이 충분할 때 보다 많은 정합성을 확보할 수 있었으므로 과학수업 시간을 40분 수업으로 고정할 것이 아니라 탄력적으로 운영한다면 탐구 과정 전반에서 정합성을 가질 수 있는 가능성이 높아질 것이다.

둘째, 학생들은 현상적인 것에 관심을 많이 가지고 있는데 이를 과학개념으로 전환하는 데 어려움을 많이 보이고 있다. 따라서 교사들은 완전히 학생들 스스로의 활동으로 탐구 주제를 해결해나가도록 둘 것이 아니라 현상으로부터 개념으로 전환할 때 적절히 개입할 필요가 있다. 또한 교사들은 학생들이 과학지식을 잘 제시한다고 해서 학생들이 과학개념들을 충분히 이해하고 판단하지 말고 이러한 자기발견적 과학글쓰기를 통해 학생들의 과학개념의 이해 정도를 드러내고 나아가 과학 지식의 주장에는 근거가 필요하다는 사실을 인지할 수 있도록 활동지 분석 결과를 학생들과 공유할 필요가 있겠다.

셋째, 본 연구에서는 학생들의 활동지를 통해 주장과 근거 사이의 정합성만 알아보았기 때문에 실제 모둠활동에서 어떤 논의들이 학생들의 정합성 확보에 도움을 주고 있는지는 알지 못했다. 따라서 이러한 부분을 밝히기 위해서는 앞으로 모둠탐구활동의 참여구조를 살펴보는 등 모둠탐구활동에서 이루어지는 여러 토의 과정을 알아볼 필요성이 있겠다.

학교 과학 실험에서 증거와 이론의 조정2)

'증거와 이론의 조정' 과정은 과학 실험에서 관찰 증거와 이미 알고 있는 지식 간의 관계에 관한 것으로, 학생들은 증거를 기존 이론에 맞추거나, 증거와 이론이 불일치할 경우 증거를 무시하거나 이론에 대해 재고하는 등의 다양한 과정을 실행할 것이다. 이 과정에 대한 탐색, 즉 학생들이 증거와 이론을 구별하고 어떻게 조정하는지를 살펴보는 것은, 과학 지식의 임시성, 지식의 정당화 및 정합성 등에 대해 초인지 작용이 어떻게 이루어지는지를 간접적으로 알아볼 수 있게 해준다. 이와 더불어, 학교 과학 실제에서 이루어지는 다양한 수준의 증거와 이론의 조정 과정에 대한 미시적 조명과 그로부터 '실제적 인식론(practical epistemology)'(Sandoval, 2005)을 작동하도록 하기 위해 어떤 노력이 필요한지 재고해볼 수 있다. 구체적으로, 과학 실험의 목적과 방법은 어떻게 이루어져야 하며, 실험보고서 작성에 관한 지침을 마련하는 실질적 자료로 활용될 수 있을 것이다.

수업 활동에서 사용한 글쓰기 활동지는 '나의 질문', '내가 사전에 알고 있는 것', '내 질문에 답을 얻기 위한 활동 설계', '내 활동 결과', '나의 주장', '나의 증거', '다른 출처로부터 지식 얻기', '반성적 논의'(내 생각이 변한 이유 혹은 변하지 않은 이유)로 구성되었다.

각 탐구 실험 활동에서 교수자는 예비 초등 교사들에게 몇 가지 실험기구와 재료를 제공하였다. 예비 초등 교사들은 제공된 그 실험기구와 재료를 가지고 탐구 질문을 만들고, 실험을 계획하고 수행하는 일련의 과정을 스스로 전개하였다. 본 연구에서 분석한 5개의 탐구 실험 활동에서 제공한 기구와 재료는 다음과 같다. 아래에서 제공된 실험기구나 재료 외에 예비 초등 교사들이 활동에 필요하다고 판단되는 것이 있으면, 실험실 내에서 자유롭게 찾아 사용하도록 하였다.

---

2) 논문 이선경, 이규호, 최취임, 신명경(2012). 예비 초등교사의 과학 탐구 글쓰기 활동에서 나타난 이론과 증거의 조정 과정 분석. 한국과학교육학회지, 32(2), 201-209.에서 발췌함.

- 활동 1. 물, 온도계, 비커, 삼발이, 알코올램프
- 활동 2. 다양한 무게의 추, 스탠드, 실, 자
- 활동 3. 아연판, 구리판, 유리판, 알코올램프, 삼발이, 초콜릿, 스톱워치
- 활동 4. 염산, 석회석, 기체발생기구, 클램프, 수조, 양초, 성냥, 고무관
- 활동 5. 사이다, 양초, 유리관, 고무관, 수조

각 탐구 활동에 대한 실험기구와 재료들을 얼핏 보면, 모든 예비 초등 교사들이 동일한 질문을 하고 동일한 실험설계를 하고 동일한 대답을 얻을 것이라고 판단할 수도 있다. 하지만 실제 활동에서 예비 초등 교사들의 질문은 다양하였으며 그 배경이 되는 사전 지식도 다양하게 기록되었다. 예를 들어, 활동 1에서 나온 질문은 '물은 100℃에서 끓을까?', '물이 팔팔 끓을 때의 온도는?', '첫 기포가 생겼을 때와 완전히 끓을 때 온도가 같을까?', '100℃의 온도에서 물은 어떤 상태일까?', '물이 끓을 때 비커 내의 온도가 일정할까?', '물이 끓을 때 디지털 온도계와 막대 온도계의 측정 온도가 같을까?' 등으로 매우 다양하였으며, 각 질문에 따라 사전 지식, 실험 설계, 증거 수집 및 주장 전개 등이 달라졌다. 따라서 본 연구에서 관심을 가진 탐구 맥락은 완전히 열린 탐구(open-inquiry)의 형태라기보다는, 실험기구와 재료로 제한을 두었지만 자기질문으로부터 출발하는 탐구의 형태를 갖는다고 할 수 있다. 작성된 탐구 활동지는 증거와 이론의 조정 관점에서 크게 네 가지 유형으로 대별된다.

- 유형 1. 증거(evidence)와 이론(theory)의 일치
- 유형 2. 증거와 이론의 일치 및 이론의 확장(정교화)
- 유형 3. 증거와 이론의 불일치
- 유형 4. 증거와 이론의 불일치 및 이론의 조정(coordination)의 발생

여기서 증거는 실험을 통해 얻은 자료로서 주장에 근거가 되는 것을 의미하며, 이론은 탐구 실험 활동자가 그 활동과 관련하여 사전에 지니고 있던 개념이나 이해를 의미한다. 활동자는 자신의 이해를 토대로 질문을 해결하기 위한 실험을 고안하고 증거를 수집하는데, 증거가 이론과 일치하는 경우와 일치하는

않는 경우가 발생하였다. 또한 각 경우에 대해 두 가지 유형으로 나눌 수 있는데, 즉 증거와 이론이 일치하는 것에 만족하는 유형(유형 1)과 증거와 이론이 일치하지만 증거를 토대로 자신이 지닌 이론을 확장해가는 유형(유형 2)이 발생하였다. 이와 마찬가지로 증거와 이론이 불일치하는 경우에도 불일치를 확인하는 것으로 활동을 종결하는 유형(유형 3)과 증거와 이론이 불일치함을 해소하기 위해 다양한 출처의 지식을 사용하여 조정이 이루어지는 유형(유형 4)이 나타났다. 활동지 구성요소에 작성한 내용이 정합성이 없거나 명확하지 않은 경우에는 '기타'로 처리하였다.

유형 1은 증거와 이론이 일치한 사례로서, 증거와 이론이 일치하고, 더 이상의 논의가 전개되지 않은 경우이다. 이 유형에 해당하는 활동 사례는 활동 5에 대한 N의 글쓰기에서 추출되었다. 활동 5에서는 사이다, 양초, 유리관, 고무관, 수조 등의 실험기구가 제공되었다.

실험기구를 제공받은 N은 "높이가 각각 다른 촛불에 불을 붙이고 사이다를 흔들어 나온 기체로 인해 꺼지는 촛불의 순서(는 무엇인가?)"라는 질문을 생성하였다. 이 질문과 관련된 초기 이해(사전 이론, beginning understanding), 즉 자신의 이론은 "이산화탄소는 불을 끄게 만드는 성질을 가지고 있다.", "기체가 바닥에 깔리면 위로 올라간다."이었다. 이러한 이해를 바탕으로 N은 자기 질문에 대한 답을 얻기 위해, 수조 속에 높이가 다른 촛불 세 개를 넣고 사이다에서 나온 기체가 수조로 들어갈 수 있도록 고무관과 기역자 유리관 등을 설치한 후 사이다를 흔들어 기체가 나오도록 실험을 설계하였다. 실험 관찰 결과 키가 작은 촛불부터 불이 꺼진 것을 관찰 확인하고, 그 증거를 토대로 N은 "사이다를 흔들어서 나온 기체는 이산화탄소이다."라는 주장을 하였다. 즉, 주장에 대한 증거는 자신이 설계하여 관찰한 실험 결과를 바탕으로 한 것이며 이는 처음에 가지고 있었던 이론과 잘 일치하는 것이었다.

이 사례의 경우, 질문과 초기 이해(이론), 실험 설계 및 관찰, 그리고 증거와 주장의 모든 부분에서 정합성이 잘 이루어지고 있었으며, 주장이 N이 원래 가지고 있던 이론과 잘 일치하자 더 이상의 논의를 하지 않고 실험을 마무리지었다.

유형 2는 증거와 이론의 일치 및 조정 사례로서, 이론의 확장(정교화)을 포함한다. 즉, 유형 2는 증거와 이론이 일치하고, 더불어 이론의 확장 혹은 정교화가 발생한 경우이다. 유형 2는 매우 적게 나타났는데 전체 115개 중 7개로 6.1%에 해당하였다. 이 유형에 해당하는 대표적 활동 사례는 활동 2에 대한 L의 글쓰기에서 추출되었다. 활동 2에서는 다양한 무게의 추, 스탠드, 실, 자 등의 실험기구가 제공되었다.

L은 제공된 실험기구를 받은 후, "한쪽 4번 자리에 20g을 달았을 때 반대편은 어느 부분에 몇 g을 달아야 수평한가?"라는 질문을 제기하였다. 이 질문은 다른 예비 초등 교사들의 경우에 비해 매우 구체적인 것으로 나타났다. 이 질문과 연관된 L의 초기 이론은 "저울의 중심축을 기준으로 양쪽에 같은 거리에 같은 무게의 추를 달면 저울은 수평이 된다.", "같은 무게의 추를 저울에 달 때 저울의 중심축에 가까울수록 가벼워진다." 등 이었다.

양팔 저울에 관한 이러한 기본적인 이해를 바탕으로 자기 질문에 대한 답을 얻기 위해, L은 다양한 무게의 추를 준비하여 양팔 저울의 반대쪽에 여러 가지 경우로 무게를 달아 수평 여부를 확인하는 실험을 설계하였다. L은 다른 쪽 '① 4번 20 g, ② 2번에 40 g, ③ 1번에 80 g과 같이 단순히 무게 × 거리의 값이 좌우가 같을 때'뿐만 아니라 '⑤ 2번에 20 g, 4번에 10 g, ⑥ 2번에 10 g, 3번에 20 g, ⑦ 1번에 30 g, 2번에 10 g, 3번에 10 g, ⑧ 1번에 10 g, 2번에 10 g, 5번에 10 g'과 같이 (무게 × 거리)의 합이 좌우가 같을 때까지 수평이 성립함을 확인하였다. 또한 ④ 1번에 20 g, 3번에 30 g과 같이 (무게 × 거리)의 합이 좌우가 다를 경우는 수평이 성립하지 않는 다는 사실을 바탕으로 "한쪽 4번에 20 g의 추를 달면 반대편에는 다는 번호와 추의 무게를 곱하고 그 각각을 더하여 80이 되면 수평을 이룬다. 4번 × 20 g = a번 × x g + b번 × y g + c번 × z g = 80"과 같은 주장을 하고 있다.

L의 이러한 주장은 자신이 실험을 통해 획득한 여러 자료를 바탕으로 이루어진 것이므로 정합성이 잘 드러나고 있으며 나아가 자신이 가지고 있던 초기 이론에 잘 부합하는 것이다. L의 보고서에서는 주장과 증거에만 정합성이 성립하는 것이 아니라 자신이 가지고 있는 사전 이론에서부터 질문, 실험 설계 및

실행, 자료 수집 및 분석의 전 과정에서 정합성이 잘 나타나 있다. L은 이미 어떻게 하면 저울의 수평이 이루어질 것인가에 대한 자기 자신의 이론을 지니고 있었으며, 확보된 정합성을 바탕으로 자신의 생각을 정리하여 이를 수식으로까지 확대하는 모습을 확인할 수 있었다.

유형 3은 증거와 이론이 불일치한 경우이다. 유형 3은 유형 1에 이어 적지 않게 나타났는데, 전체 115개 중 21개로 22.6%에 해당하였다. 이 유형에 해당하는 활동 사례는 활동 3에 대한 A의 글쓰기에서 추출되었다. 활동 3에서는 아연판, 구리판, 유리판, 알코올램프, 삼발이, 초콜릿, 스톱워치 등의 실험기구가 제공되었다.

A는 "구리판과 아연판 중 어떤 초콜릿이 더 빨리 녹을까?"라는 질문을 제기하였다. 이 질문과 연관된 초기 이론은 "금속은 고유의 열전도율을 가진다."이다. 탐구 질문에 대한 답을 얻기 위해, A는 구리판과 아연판 끝에 초콜릿을 얹어 놓고 열을 가하여 녹는 시간을 측정하는 실험을 설계하였다. 실험을 수행한 결과, 아연판 위의 초콜릿이 더 빨리 녹기 시작한 것을 관찰하였고, 관찰 증거를 토대로 "구리판보다 아연판의 열전도율이 더 높다."라는 주장을 하였다.

A의 초기 이론이 "금속의 열전도율이 다르다."는 것이었고 그에 따른 질문이 "어떤 금속판에서 초콜릿이 더 빨리 녹을까?"인데, 실험 관찰 증거를 토대로 한 주장인 "아연판의 열전도율이 더 높다."는 초기 이론과 증거에 일치하는 것으로 볼 수 있다. 그러나 실험에 대한 A의 '반성적 논의'를 살펴보면, 외부 출처에 의해 "구리의 열전도율이 아연보다 더 높다."는 사실을 알게 된 것으로 나타났다. 이에, 자신의 실험 관찰 증거를 토대로 나온 "구리판보다 아연판의 열전도율이 더 높다."는 주장은 "구리판이 아연판보다 열전도율이 높다."는 과학적 사실과 불일치하게 된 것이다. 이 상황에 대해 A는 본인의 실험 결과와 외부 출처에서 찾아낸 이론이 불일치한 상황이라는 것을 인지하였고 이러한 불일치가 왜 발생했는지에 대한 고민을 하였다. 그러나 재실험을 하거나 다른 논의를 더 이상 전개하지 않았고, 실험 결과에 대한 막연한 의문을 지닌 채 실험을 마무리하였다.

유형 4는 증거와 이론이 불일치하여 조정이 발생한 경우이다. 유형 4는 가장 적게 나타났는데, 전체 115개 중 4개로 3.56%에 해당하였다. 이 유형에 해당하는 활동 사례는 활동 1에 대한 K의 글쓰기에서 추출되었다. 활동 1에서는 물, 온도계, 비커, 삼발이, 알코올램프 등의 실험기구가 제공되었다.

K는 제공된 실험기구를 받은 후, "100℃의 온도에서 물은 어떤 상태일까? (끓기 시작할까? 아니면 팔팔?)"이라는 자기 질문을 생성하였다. 이 질문과 관련하여 K가 실험 전 가지고 있던 초기 이론은 "물은 100℃에서 끓는다.", "100℃의 끓는 물은 다량의 기포와 수증기가 생긴다.", "100℃가 되기 전에는 활발히 끓지 않을 것 같다."였다.

K는 자신이 제시한 질문을 확인하기 위해 실험을 설계하고 측정을 실시하였다. 그 결과, 물의 온도가 100℃에 도달하지 않았음에도 불구하고 본인의 질문에서 예상했던 현상, 즉 끓기 시작 또는 격렬하게 기포가 발생하는 현상이 일어났음을 발견하였다. 이러한 현상적인 관찰 증거를 바탕으로 K는 물의 온도가 100℃가 되어야만 팔팔 끓는 것은 아니라는 주장을 전개하였다. 즉, 관찰 증거와 이론의 불일치 상황이 발생한 것이다. K는 반성적 사고를 통해 최종적으로 "순수한 물이 100℃에서 끓는 것은 기압이 1기압일 때의 결과다."라는 사실을 이끌어내고, 자신이 실험 전에 가지고 있던 이론인 "물이 당연히 100℃ 넘게까지 쉽게 끓을 것이라는 생각"이 타당하지 않다고 여기게 되었으며, 후에 교사가 되어 학생들을 가르치게 될 때 이를 고려해야겠다는 점을 기록하였다.

K의 글쓰기 자료에서는 초기 이론에서부터 자기 질문, 실험 계획 및 실행, 자료 수집과 분석, 주장 전개에 이르는 전 과정에서 정합성이 잘 확보되어 있었다. 이 보고서를 작성하는 과정에서 K는 너무도 당연하게 받아들이고 있었던 자신의 초기 이론이 '일상적' 개념이었다는 것을 깨닫게 되었으며 이에 그치지 않고 보다 증거를 기반으로 자신의 초기 이론을 조정하여 보다 정교화시켰다.

예비 초등 교사의 과학 탐구 실험에 관한 글쓰기 자료로부터 증거와 이론의 조정 과정에 대한 유형과 특징을 탐색한 결과, 네 가지 유형에 대한 빈도수와 각 유형의 대표적 사례를 살펴보았다.

실험 관찰 증거와 초기 이론이 일치한 경우인 유형 1은 본 연구에서 수집한 전체 글쓰기 자료의 과반수이상의 사례에서 발견되었다. 유형 1의 대표적 사례에서 제시한 것처럼, 대다수의 예비교사들은 탐구 활동에서 실험 관찰 결과가 기존에 자신이 가지고 있던 이론과 잘 부합하면 더 이상의 이론의 확장 등을 시도하지 않고 실험을 마무리 짓는 경향을 보였다.

자료 분석 결과, 자신의 질문에 대한 실험을 통해 기존의 이론을 확인하는 유형 1에 해당하는 사례가 많이 나타난데 반하여, 유형 2는 상대적으로 드물게 나타나지만 이론의 확장(정교화)에까지 가는 큰 의미를 갖는다고 할 수 있다. 즉, 유형 1은 기존의 이론을 확인하는 단순 실험에서 벗어나지 못하는 반면, 유형 2는 증거와 이론이 일치하지만 이론을 확인하는데서 그치지 않고 간단한 이론을 보다 정교하게 만들어가는 중요한 활동이 된 것으로 볼 수 있다.

유형 3과 유형 4는 증거와 이론이 불일치한 경우이다. 그중에서 유형 3은 증거와 이론이 불일치한 것을 확인하지만 불일치 해소가 되지 않는 경우이다. 이 경우는 학교 과학실험에서 빈번하게 발생한다. 본 연구에서 살펴본 과학 탐구 글쓰기 보고서에서 연구 참여자들은 실험 결과가 자기가 원래 가지고 있던 이론이든지 혹은 외부 이론이든지 간에 그 무엇과도 일치하지 않게 될 경우, 불일치 가능성을 열거하면서 '오차 발생원인'이라고 명명할 뿐 불일치를 해소하려는 노력을 전개하지 않는 경향을 보였다.

증거와 이론이 불일치하여 조정이 일어난 유형 4의 경우는 매우 적은 사례에서 나타났다. 이 유형의 사례는 탐구 활동 과학 글쓰기를 통해 자신이 가지고 있는 초기 이론을 증거 기반으로 하여 조정하는 과정, 즉 새로운 이론으로 수정 및 정교화하는 과정을 보여주었다. 증거와 이론의 조정 과정이 발생한 사례를 통해, 탐구 실험 경험을 통해 자신의 사전 이론을 점검하고 관찰 증거와의 인과적 관계를 타진하면서 자신의 사전 이론을 확장하는 지식 생성 과정을 볼 수 있었다. 이러한 사례는 단지 과학 탐구 실험이 확립된 과학적 이론을 확인하고 점검하는 데 그치지 않고 자신의 사전 이론을 조정해가는 중요한 과정이어야 한다는 점을 재조명해준다.

전체적으로 증거와 이론의 조정이 많이 일어나지 않았다는 것은 그 과정에 쉽지 않다는 점을 드러낸다. Kuhn(2004)의 설명에 따르면, 이론과 증거가 일치할 때, 학생들은 그 둘을 병합시켜서 증거를 이론의 일부 혹은 '예'(example)로 간주하는 경향이 있다. 반면, 이론과 증거가 일치하지 않을 때, 학생들은 증거를 이론에 맞추거나 증거를 무시한다는 것이다. Kuhn(2004)은 증거를 무시하거나 왜곡해서 기존의 이론적 틀에 맞추는 것을 '과학적 사고의 오류'라고 간주하였다. 왜냐하면, 그 경우에 기존의 이론이 도전받지 않고 새 지식을 찾으려는 의도가 없기 때문이다. Kuhn은 이러한 추론의 단점 혹은 부적절함을 학생들이 보통 그들의 신념을 검증 가능한 가설로 간주하기보다는 신념으로 간주한다는 관점으로 보았다. 따라서 학생들은 이론에 대해서(about)가 아니라 이론을 가지고(with) 생각하기 때문에 대안 이론들을 고려하기 어렵다. 또한 Dunbar(1993)는 많은 학생들이 대안 가설 혹은 대안 이론을 고려하는 데 실패하는데, 특히 그들의 목표가 기존 신념에 맞는 증거를 찾는 데 있을 경우에 그렇다고 하였다. Norman(1997)은 Lawson(1992)의 이론인 대안 가설을 찾는 것은 추론의 질을 결정하는 중요한 요소라는 점을 확증하였다.

이처럼 과학 탐구 실험에서 증거와 이론을 조정하는 일이 어려운 것은 학생들이 기존에 갖고 있는 이론이 신념과 같은 속성을 가지며, 그 이론을 가지고 증거를 생각하기 때문이라고 해석할 수 있다. 이는 과학 실험이 지식 생성을 추구하는 탐구의 목표를 살리지 못하고 증거와 이론의 일대일 연관을 통한 단순 확인 실험에 그치게 되는 제한을 갖는다. 학생들은 과학 실험에서 증거와 이론을 조정하는 것에 대해 훈련받지 못했으며, 탐구 실험의 진정한 의미를 되살려 증거와 이론을 구별하고, 그 둘 간의 조정에 대한 초인지적 각성이 결핍되었기 때문이다. 이는 학생들에게 과학 탐구 실험의 목표, 실험 계획, 사전 지식과 관찰 결과 해석의 연관성 등에 대한 교육이 필요함을 암시한다.

과학 활동 특히, 실험 활동을 할 때, 학생들은 사전지식을 갖고 실험계획을 하며, 자료 분석 및 해석을 해내게 된다. 본 연구의 맥락은 예비 초등 교사들의 사전지식을 밝히고, 실험에서 얻은 증거와 자신의 이론이 맞는지를 검토하는 과정을 포함하는 탐구활동을 과학글쓰기로 표상해내도록 하였다.

그 결과, 학생들의 대부분의 탐구 실험의 경우 관찰 증거와 이론이 일치하거나 불일치하거나에 관계없이 증거와 이론의 조정은 쉽게 이루어지지 않았다.

특히 자신의 초기 이론과 증거의 불일치 상황에서 이론의 수정과 같은 조정을 하기보다는 실험 설계나 실험기구 등으로 인해 결과로 얻은 증거가 정확하지 않아 불일치가 일어났을 거라고 결론을 내리고 있다. 이때 증거와 이론의 불일치의 원인으로 초기 이론 혹은 사전 지식에 대해 의구심을 제기하기보다는 외적 요인에서 그 원인을 찾는 경향이 있다고 해석할 수 있다. 이는 예비교사들이 과학 지식의 가변성, 과학 지식 생성되는 과정 등 과학 지식의 본질에 대한 이해가 초보적인 수준에서 기인할 수도 있고, 혹은 과학 지식의 본질에 대한 이해가 활동 과정에 반영되지 않고 명시적으로 고정되어 있다고 볼 수도 있다. 즉, 증거에 기반을 두고 지식의 정당화하는 과정에서 초인지적 각성이 이루어지지 않았다고 볼 수 있다. 과학 지식은 실증적 증거와 그 의미를 조정함으로써 구성되며, 이론과 실증적 증거와 상호관계를 이해하는 것은 과학이 무엇이고 그것이 어떻게 작동하는지를 이해하는 데 있어서 중요하다. 따라서 학생, 특히 예비교사들에게 이론과 실증적 증거를 조정하는 과정을 경험하는 것뿐 아니라 그 과정에서 초인지적 각성의 기회를 제공할 필요가 있다는 것을 시사한다.

반면에 증거와 이론이 일치 또는 불일치할 때 일부 예비교사들은 증거와 이론을 조정하였으며, 그 과정에서 반성적 사고를 통해 이론의 확장(정교화)까지 진행되는 매우 의미 있는 탐구 과정을 보여주었다. 즉 자기질문, 증거, 주장, 그리고 이론 사이의 정합성을 훈련할 수 있는 탐구 활동 과학글쓰기를 통해 과학탐구가 수행되는 과정을 경험하여 이에 대한 이해가 향상될 가능성을 보여준다.

5부

학교 과학의 인식론과 과학 교실 수업

16
학교 과학의 목표와 교사의 인식론적 이해

학교 과학교육의 목표는 무엇인가? 세계적으로 각 국가는 학교 과학의 목표로서 과학적 소양인의 양성을 내세우고 있다. 과학적 소양인이란 시기에 따라 혹은 학자에 따라 그 정의가 조금씩 다르긴 하지만, 대체로 OECD(1999)에서 내린 정의가 받아들여지는 듯하다. 과학적 소양은 "우리 주위의 자연과 인간 활동에 의한 자연의 변화에 대해 이해하고 결정을 내리는 데 도움을 주기 위하여 과학적 지식을 활용하고 문제를 인식하며 증거를 바탕으로 결론을 내리는 능력"(p.60)으로 정의된다. 즉, 과학적 소양인이 갖추어야 하는 조건은 과학 지식을 이해해야 하고, 문제 상황에 그 지식을 활용하여 증거를 바탕으로 결론을 내릴 수 있어야 하는 것이다.

학교 과학교육 활동을 통하여 학생들을 과학적 소양인으로 양성하기 위해 학교 과학은 어떻게 이루어져야 하는가? 학교 과학의 인식론은 지식과 지식 생성 과정으로서의 탐구를 다룬다. 학교 과학의 인식론은 교수학습 활동이나 수업 과정에서 어떻게 다루어지고 있는지 학교 과학의 목표 및 교사의 인식을 통해 검토하고자 한다.

학교 과학에서 지식 및 탐구 방법의 습득

전통적으로 학교 과학이 강조해온 과학 지식 및 탐구 방법의 습득은 과학적 소양인의 양성을 가능하게 하는가? 아니면 한계를 갖는가? 한계를 갖는다면 무엇이 문제이고, 어떻게 해결할 수 있는가?

실상 과학적 소양인의 정의는 개념적이고, 학교 과학교육 활동은 실제적이라는 측면에서 매우 큰 간극이 존재한다. 그럼에도 불구하고, 과학적 소양인이 갖는 의미의 핵심을 통과하는 실제적인 부분이 분명 존재하며 학교 과학교육 활동에서 구현될 수 있어야 하지 않을까?

과학적 소양인의 조건인 과학 지식의 이해는 전통적으로 학교 과학교육의 중요한 목표였다. 그리고 그 목표는 학교 과학교육이 성공적이지 못했다 하더라도 그 목표를 달성하기 위한 과정은 교육과정의 역사 속에서 항상 비판의 대상이었다. 학교 과학에서 교사는 학생들에게 과학 지식을 잘 전달하는 데 실패하기 일쑤였고, 그 결과 과학자도 배출된 반면 과학에 흥미를 갖지 못한 성인도 대거 양성되었다. 또한 과학 지식의 이해는 탐구 방법의 습득이라는 과학교육의 또 다른 목표와 대립구도를 갖고 자리해왔다. 과학 지식의 이해를 강조하면 탐구 방법의 습득이 취약해지고, 탐구 방법의 습득이 강화되면 과학 지식의 이해가 약화되었다. 최근에는 과학 지식의 이해와 탐구 방법의 습득이 분리되어 교육되는 것이 아니라, 개념 차원에서는 구별할 수 있지만 실제적, 즉 활동 차원에는 지식과 탐구는 활동에의 참여 그 자체로 교육되어야 하는 것이다.

한편, 과학적 소양인의 이어지는 조건으로 과학 지식을 활용하여 문제를 인식하며 증거를 바탕으로 결론을 내리는 능력을 길러주는 방법에 대해서는 어려움이 있을 수 있다. 문제 상황에서 과학 지식을 활용하여 의사결정할 수 있는 능력, 그리고 그 의사결정 과정에서 증거를 바탕으로 결론을 내릴 수 있는 능력을 갖고 있는지는 간단하게 가시적으로 확인하기 어렵기 때문이다. 평가는 과정을 낳듯이, 능력을 갖고 있는지의 확인이 어려운 것은 그 능력을 어떻게 길러줄 것인지의 과정이 어려운 것을 내포한다. 그러나 이 능력은 과학적 추론 능력이라고 말할 수 있으며, 과학자 활동의 본질적인 측면이 되므로, 이 능력의 신장은 과학교육의 핵심이라고 할 수 있다.

이에 학교 과학은 과학적 추론 능력의 신장을 위해 교육적 노력을 전개해왔다. 전통적으로 과학은 과학적 추론 능력이 과학 탐구 활동을 통해 길러진다고 보았다. 탐구 활동의 주요 특징이 미국과학교육표준(NSES)에서 제시한 질문하기(asking), 증거 찾기(evidencing), 설명하기(explaining), 평가하기(evaluating), 의사소통하기(communicating)이고, 학교 과학이 이들 특징을 탐구 맥락에 따라 교사와 학생의 참여 정도를 다양하게 적용하도록 권고하고 있다. 따라서 핸즈온(hands-on) 실험의 유형인 단순 실험, 단순 관찰, 단순 설명은 그 자체가 비탐구적이라고 할 수는 없다. 단순 실험이라고 하더라도 추론 과정이 다양하게 이루어지고 그 과정에서 학생들의 참여가 능동적이라면 분명 탐구 활동의 의미를 찾을 수 있기 때문이다. 따라서 이 장에서는 학교 과학에서 이루어지는 탐구의 유형에 따라 그것이 얼마나 탐구적인지 아닌지를 논하기 보다는, 어떤 유형의 탐구 활동이라 하더라도 탐구의 본질이 무엇이고 그 본질이 활동 과정에 어떻게 담겨야 하는지를 논하고자 한다.

학교 과학에 대한 과학교사의 인식론적 이해1)

그림 16-1은 물질 세계와 과학 지식으로 이어진 인식론적 축과 교사와 학생으로 이어진 교육의 축을 통해, 과학 교실 수업에서 과학 지식 생성으로서의 탐구의 위치를 보여준다. 수직축은 '인식론'의 차원, 즉 지식이 물질 세계에 대해 어떻게 작동하는가를 나타내고, 수평축은 '교육(교수)'의 차원 즉, 교사와 학생들이 선택하는 부분을 나타낸다(Méheut & Psillos, 2004). 과학 수업에서 교사와 학생들은 물질 세계를 과학 지식이 어떻게 표현하는지에 대한 활동, 즉 탐구를 통한 지식 생성에 참여하게 된다고 볼 수 있다. 따라서 과학 교사는 과

1) 논문 이선경, 유은정, 최종림, 김찬종, 한혜진, 신명경(2010). 과학 및 과학교수학습에 대한 과학교사의 인식론적 이해의 탐색. 한국과학교육학회지, 30(2), 218-233, 이선경 (2012). 과학교사의 수업 전문성. 서울: 교육과학사.에서 발췌.

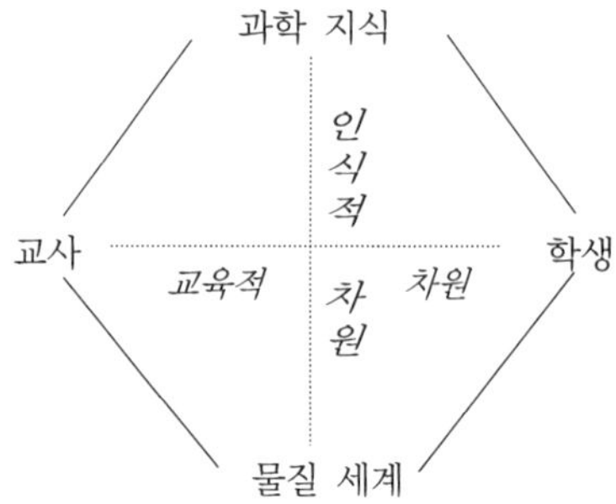

그림 16-1 과학의 인식적 차원과 교육적 차원(Méheut & Psillos, 2004)

학내용의 본질적 측면, 다시 말해 과학 영역의 중심 개념과 원리 그리고 그것들이 어떻게 조직되는가의 측면을 가르치는 것에 대한 교육적 지식이 요구된다 하겠다.

이 절에서는 한 과학교사가 명시적으로 인식론을 이야기하지 않았지만 인식론적 이해를 보여주는 연구 결과를 제시하고자 한다. 연구참여자인 강민(가명) 교사는 사범대학을 졸업하고 임용시험을 거쳐 교사가 되었으며 5년간 중학교에서 과학을 가르쳐왔다. 그 후 파견교사로 대학원에서 석사학위를 취득하고 고등학교로 복귀하였으며, 연구 당시 2학년 지구과학을 담당하고 있었다. 강민 교사가 지닌 과학 및 과학 교수학습의 인식론적 이해로서, '과학적 사고를 통해 과학을 수행하는 과학자', '앎의 과정으로서 과학적 사고', '과학적 사고를 배우는 과학 학습자', '과학을 잘 이해한 사람으로서 과학 교사', '과학을 알아가는 교수학습 과정' 순으로 제시하고자 한다.

첫째, 과학적 사고를 통해 과학을 수행하는 과학자

강민 교사는 과학 및 과학자의 본질에 대해 표현하는 것을 어렵게 여겼다. 그 이유는 과학 및 과학자의 본질에 대한 이야기는 강민 교사에게 있어서 일상의 화제가 아니었을 뿐더러 별로 생각해볼 기회가 없었던 주제였기 때문이다. 따라서 면담자는 과학 학습자로서 과학을 배우고 또 교사로서 과학을 가르쳐온 경험을 통해 형성된 암묵적인 이해를 이끌어내려고 시도하였다. 여러 번의 표현에서 반복되는 것을 발췌해 연결해보면, 강민 교사는 '과학'하면 딱 떠오르는 것이 무엇이냐는 질문에 대해 "자연의 법칙"이라고 하였으며, 구체적으로 "대상이 자연이잖아요. 어떻게 돌아가는지를 (연구하는 것이 과학)... 인간 사회가 돌아가는 것을 연구하는 것은 사회고..."라고 표현하였다. 자연이 어떻게 돌아가는지에 대한 법칙을 알아내어 "결과적으로 하나하나 과학의 기초 지식이 쌓여가면서 나온 산물"이 과학이라고 생각하고 있었다. 정리하면, 강민 교사는 과학을 자연 현상을 연구하여 만들어진 법칙이나 지식의 산물로 인식하고 있다고 볼 수 있다. 이러한 과학의 산물이 강민 교사 자신에게 생활이나 물리적인 측면에서 특별한 영향을 주었다고 여기는 건 없었으며, 교사 개인적으로 "지적인 만족감" 측면에서 "모르는 걸 아는 (알아가는) 재미"를 느끼게 해준다고 하였다. 그 배경에는 교사로서 학생들을 가르치는 일을 하다 보니 과학 내용을 지적인 대상으로 취급하게 된 것이 자리 잡고 있었다.

이러한 과학을 수행하는 과학자에 대한 강민 교사의 이해를 밝히는 것도 쉽지 않았다. 여러 번의 다양한 형식의 질문을 통해, 강민 교사는 자기 주변에 과학자가 없기 때문에 과학자가 어떻게 활동하는지 잘 모르지만, "어떤 예측을 갖고 실험을 하지 않으며 실험한 결과에 대해 성공과 실패의 판단이나 확인을 하지 않을 것"이라고 하였다. 과학자는 그런 실험 과정을 통하여 "데이터를 비교하고 결론에 도달하게 되는 것"이라고 생각하였다. 강민 교사는 과학자를 "문제를 해결하는 사고방식을 갖추었기 때문에, 그 사고방식으로 이론을 만들어내는 사람"으로 여겼다.

강민 교사의 과학과 과학자에 대한 이러한 이해는 과학교사가 과학을 가르치거나 과학을 배우는 학생들, 그리고 과학을 배웠으나 과학에 종사하지 않는 일반인이 과학 지식과 내용을 다루는 것 이상의 접근을 과학자가 한다고 여겼다. 강민 교사는 과학자 과학을 "... 뭔가를 밝혀내는 거. 새로운 사실을, 확인은 아니고..."이라고 생각하였고, "학교 과학은 이론을 확인"하는 차원이기 때문에 과학자들의 과학은 무언가 다른 과정을 겪는 것으로 인식하고 있었다. 이러한 강민 교사의 생각은 과학자의 활동인 과학에 대한 생각을 학교 과학과 비교하면서 풀어가는 과정에서 과학자의 과학과 학교 과학의 인식론적 차이를 전제하는 것으로 나타났다. 학교 과학은 지식이나 이론을 확인하는 실험인 반면, 과학자의 과학은 결론을 예측하지 않은 상태에서 실험을 하고 그 결과를 비교하면서 결론을 만드는 과정이라는 것이다. 이와 관련된 면담 발췌문은 다음과 같다.

> 우리 학교에서 실험 같은 걸 하면은 이미 배운 거를 확인하는 실험이잖아요. 과학자는 그런 일을 할 것 같지는 않거든요. 실험도구가 똑같아도 그 사람은 다른 실험. 실험 목적이 달랐겠죠... (과학자는) 아무튼 뭔가를 밝혀내는 거. 새로운 사실을, 확인은 아니고... 그 사람은(과학자는) 그런 예측부터 없지 않았을까요? 만약에 그런 식으로(학교 과학 실험에서 하듯이) 예측을 했다면 우리(학교 과학)처럼 확인 실험이겠죠...(과학의) 과정은... 뭐 왜 그런가 비교하고... 결론을 내리겠죠. 무슨 무슨...

위의 발췌문에서 보이듯이, 강민 교사에게 있어서 과학자는 궁금한 혹은 해결해야 할 문제에 대해 결과에 대한 예측이 없이 실험을 하고 그 결과를 가지고 결론을 내린다고 이해하고 있었다. 또한 과학자는 문제를 해결하는 사고방식을 이미 지닌 사람이고, 그 사고방식을 통해 이론을 만드는 사람이라는 전제가 깔려있었다. 즉, 과학자는 문제 해결을 위한 사고방식을 갖고 있는 반면, 학생은 아니라는 것이다. 교사는 그 사고방식을 학생들에게 가르쳐준다고 여겼다.

> 과학자가 가지고 있는 그 사고의 어떤 방식 있잖아요. 그 사람은 이미 그걸 가진 거고... 문제를 봤을 때 뭐 해결하고 그런 사고방식이 그 사람은 그걸 가진 거고. 나는 학생들한테 그걸 가르쳐주는 거고. 그 사고방식을... 그러니까 다르다는 거죠. 전혀, 그 사람은 이미 가진 사람이고 그거에 맞춰서 이제 문제를 이제 이론을 만드는 사람인 거고 학생은 그걸 하는 건 아니니까요.

둘째, 앎의 과정으로서 과학적 사고

앞 절에서 살펴보았듯이, 교사가 표현한 과학자의 사고방식은 현상을 설명하는 과정, 즉 알아가는 과정을 의미했다. 과학자의 사고방식과 학생의 사고방식이 다르다는 것은 학생은 그 사고방식을 배워가는 과정에 있기 때문에 차이가 있으며, 그 사고방식을 배운 성인 중에서도 특히 과학자는 좀 더 창의적인 새로운 방식의 사고를 할 수 있는 사람으로 인식되었다. 강민 교사에게 '안다는 것'은 현상에 대해 가지고 있던 개념들을 잘 연결해서 명확하게 설명하는 것을 의미했다. 기존에 있는 개념들을 적절히 조합해도 모를 때는 새로운 것, 다시 말해 새로운 개념이나 조합 방식이 필요하다고 생각했다. 즉, 이상 현상이 나타났을 때 새로운 것을 찾아 설명이 되면 해결이 되고 알게 되는 것이다.

> [안다는 건] 명확해지는 거? 안다 라고 하는 건... 깨끗해지는 거? 의심이 없어지는 거죠... 안다 라고 하는 건 어떤 현상 있잖아요. 어떤 현상이 있을 때 내가 기존에 있었던 게 있어요. 가지고 있었던 개념들이 있는 거예요. 그걸 쭉 잘 연결을 해서. 그 현상이. 예를 들어 요렇게 요렇게 연결해서 그 현상이 쫙 설명됐어요. 명확해. 그럼 아는 거죠. 그런데 기존에 있는걸 아무리 조합해도 모르겠는 거예요. 그러니까 요게 필요한 거죠. 별이 필요한 거죠. (이상한 현상이 나타나면) 별(★)(그림 16-2)을 찾아내려고 해야 되는 거죠. 그게 과학자인거죠... 별(★)을 찾아서 그 별(★)로 설명이 되면 해결이 되는 거죠. 아는 거죠 진정. 그런데 일반인은 그게 이해가 안 되도 넘어가는 거죠. 왜냐하면 그게 중요하지 않거든요, 그 사람에게는. 하지만 과학자는 찾아내려고 하는 거죠. 기존 것으로 해보다 다 안 되면...

이러한 상황은 강민 교사의 과학 수업, 즉 교수학습 상황에서 종종 경험할 수 있는 것이었다. 교사는 과학자들이 찾는 것과 같은 새로운 것을 학생들에게 가르쳐주려고 하기보다는 기존의 개념들을 잘 조합하여 설명해주는 역할을 한

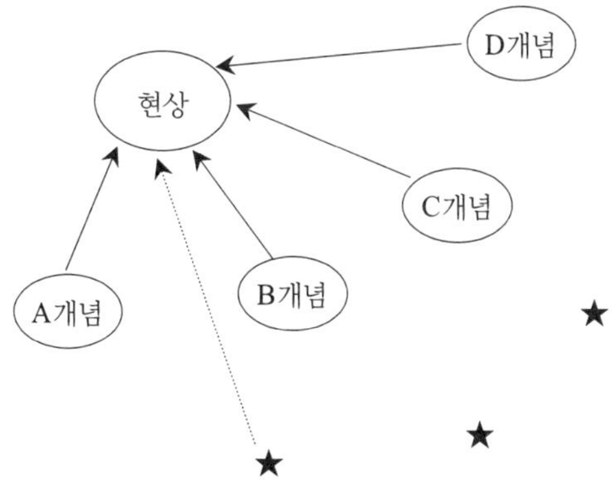

그림 16-2 현상 설명을 위한 개념의 연결

다는 것이다. 강민 교사의 설명이 학생들에게 이해가 잘 안 되는 경우는 강민 교사가 제시한 것으로는 학생 스스로 납득할 수 있는 조합이 적절하지 않기 때문에 발생한다는 것이다. 또는 교사가 제시한 조합을 학생이 자신의 것으로 만들지 못하거나 그 조합에 필요한 관련 개념이 없기 때문이다. 따라서 교사는 관련된 것들, 즉 학생들에게 결핍된 것을 발견하여 연결하는 방식을 알려줘야 한다는 점을 강조했다.

> 아닌가? 근데 제가 이해가 되는 거잖아요. 가르치는 내가 이해가 되는 거잖아요. 기존에 있는 것들로. 교과서에 배우는 것들로 다 아귀가 맞아지니까 이해가 되는 거잖아요. 그러면 설령 학생이 이해가 안 돼요. 그러면 그 얘기는 무슨 얘기냐. 제가 이제 기존에 있는 게 있잖아요. 이렇게. (그림 16-2) 기존에 이렇게 있는 게 있는데 저는 이걸 다 아는 거예요. 이걸. 이미. 별(★)은 저의 관심사가 아니에요. 학교에서 가르쳐주는 것도 이 점(개념)으로도 다 이해가 되는 애들인 거예요. <u>근데 만약에 어떤 애가 이 현상이 이해가 안 된다. 그렇다면 그 아이는 조합을 잘 못하고 있거나, 이 점(개념)을 몇 개 못 갖고 있는 거죠. 그럼 저는 이 점(개념)을 알려주면 되는 거죠.</u> 예를 들어 최근에 어떤 애가 있었어요. 어떤 애 반장 애가 있는데 걔가 기초를... 기초 지식이 진짜 딸리는 애예요. 그래서 내가 무슨 이렇게 태풍이 고위도에서 저위도로 가면 수증기를 별로 못 얻어서 소멸한다 그런 얘기를 했는데 그걸 이해를 못하는 거예요. 이해를 못했던 이유 중의 하나가 저위도와 고위도를 구분을 못했던 거예요. 그래서 그걸 제가 설명을 해줬어요. 이렇게 해서 적도 쪽이 있고, 북극 쪽이 있는데 이렇게 해서 위도 이렇게 하면 이쪽이 고위도고 이쪽이 저위도가 된다..., 그랬더니 걔가 아~ 하면서 이해를 한 거예요. 그러니까 점(개념)을 하나 제가 채워 넣어 준거죠. 명확해진 건가요?

이와 관련하여, 강민 교사에게 여전히 어려운 점은 학생 스스로 연결할 수 있도록 도와주는 것이다. 교사가 개념 하나를 던져줄 수 있고 연결 방식을 알려줄 수 있지만, 학생 스스로 연결하는 것은 또 다른 문제이기 때문이다. 즉, 사고하는 방식은 교사가 그 과정을 시연해줄 수는 있지만, 학생의 머릿속까지 제어할 순 없기 때문에 가르쳐주기가 어렵다는 것이다.

근데 아까 제가 참 고민이다. 얘기했잖아요. 이, 제가 쭉 얘기했던 거. 나를 애들한테 가르쳐주면서 이게 참 안되는구나. 다 해서 이걸 개념들을 연결시키는 게 머릿속에 있는 거라서, 이게 참 어렵다. 그건 내가 개념 하나를 던져 줄 순 있는데 이걸 연결시키는 거는 하, 또 다른 문제인 것 같아요. 그거는 참, 안되는구나. 쉽지가 않구나. 내가 사고하는 방식은 이게 가르쳐주기가 참 어렵구나.

셋째, 과학적 사고를 배우는 과학 학습자

앞서 살펴보았듯이, 강민 교사는 과학 학습자인 학생과 과학자는 다른 사고 방식을 지닌 사람으로 간주하였다. 이와 같이 학생과 과학자의 사고방식의 차이에 대한 구분은 배움의 과정에 있는 학생과 배움의 과정을 거쳐 결과적으로 과학자가 된 어른을 단순히 결과적으로 판단한 것이었다. 그러나 사고방식의 획득 과정을 살펴보면, 과학자가 과학적 사고를 생득적으로 획득한 것이 아니며, 과학자도 과학 학습의 과정을 거쳐 성장했다는 것이다. 그 이유는 동일한 교육과정을 운영하는 학교 교육을 받은 학습자 중에 소수가 과학자가 되는 것이기 때문이라는 것이다.

배우는 건 왠지 똑같을 것 같아요. 과학자가 된 사람도 똑같이 배웠을 텐데. 그죠? 근데 누군가는 과학자가 되고, 누군가는 일반인인 내가 되고. 그 사람과 내 생각이 다르다고 얘기하기도 좀... 뭐하네요...

네. 근데. 똑같은 교육을 받았을 것 아니예요. 암튼 그 과학자가 된 사람이 뭘 타고나서 과학자가 된 것 같진 않아요. 딴사람보다... 음... 똑같이 배웠잖아요? 내가 학교에서 배웠어요. 이렇게 A라는 사람이 있고, B라는 사람. 똑같은 교육과정으로 이렇게. 근데 얘는 과학자가 됐어요. 그래서 막 실험 같은걸 해요. 얘는 그냥 일반인이 됐어. 똑같은걸 배웠는데 만약에 학교에서 가르쳐준 게 어떤 그런... 사고의 과정, 뭐 이런 걸 학교에서 가르쳐줬는데 A는 일반인이 되고 B는 과학자가 됐다. 그런데 만약에 과학자의 사고가 이 학교에서 가르치는 사고랑 만약에 다르다면, 그 얘기는 이 사람은 다른 무언가를 갖고 있다는 거잖아요. 그런데 이게... 타고난 것 같진 않아요. 어디선가 배웠을 것 같아요. 음... 어디선가... 그런데 그게 학교라고 이야기 하니까 조금 이게 맞지가 않네요... 학교에서 배운 건 이건데... 요게 아닌데... 그럼 얘는 어디서 배웠지?

그렇다면, 과학 학습자인 학생들 중에서 어떤 사람은 일반인이 되고 어떤 사람은 과학자가 되는 그 차이는 어디서 생기는 것일까? 그 질문에 대한 대답은 매우 복잡한 변인과 다양한 상황이 얽혀 있는 것이기 때문에 하나의 이유를 찾는 것이 바람직하지 않을 것이다. 그 보다는 학생과 과학자의 문제해결 차이는 어디에 있는가를 탐색하는 게 적절한 듯 했다. 이에 대해, 강민 교사는 특정한 문제 해결을 할 때 학생과 과학자의 차이는 기존에 알고 있는 것을 조합하는 능력의 차이로 설명하였다.

> 그러니까 뭔가 이렇게 어떤 현상이 있는 거예요 현상. 내가 이건 왜 그럴지 궁금한 거예요. 그러면 아까도 얘기했지만 기존의 세 개를 배웠는데 이 조합은 엄청나게 다양할 수 있잖아요. <u>어떤 문제를 풀 때... 그러니까 이 현상을 왜 그럴까 이해할 때도 기존의 여러 가지 과학적 사실들이 있는 거예요. 기존의 내가 배워왔던 거. 요런 거를 요렇게 조합해서 요걸 설명할 수도 있고 요렇게 해서 설명할 수도 있는 거잖아요. 그렇게 얘기하면 이것도 새로운 거 같아요. 왜냐하면 조합은 무궁무진 할 수 있으니까.</u>

이 내용은 앞서 탐구를 새로운 것을 창출하는 과정으로 보았던 설명과 같은 맥락을 갖는 것으로 해석되었다. 즉, 과학자의 과학을 막연하게 '... 뭔가를 밝혀내는 거. 새로운 사실을, 확인은 아니고...'라고 생각했던 것에서 '기존의 것들을 조합하고 연결하는 과정'으로 구체화하게 되었다. 이 설명들은 모두 일관되게 과학자 탐구에 대한 묵시적 인식을 보여주며, 과학자 과학의 중심에 놓인 사고의 본질은 학생 사고의 본질과 동일하지만 과학자는 학생의 과학 너머를 포괄하는 것으로 이해하고 있음을 보여주었다(그림 16-3).

> 어, 그런 것 같은데요. 하지만 결국은 똑같은 거죠, 연결이니까. 다만 차이는 이거를 얘네들은 하는 거고, 과학자는 이것까지도 갈 수 있는 사람들이고... 저는 꼭... 음... 그러니까, 결국은 아무튼 뭔가를 연결시키는 거잖아요. <u>학생도 뭔가를 연결시켜서 현상을 바라보고 이해하는 거고 과학자도 뭔가를 연결시키는 건데. 이.. 똑같은 거 아닌가요? 똑같은 거... 연결시키는 거... 연결의 과정. 그건 똑같은 것 같아요. 그런데 과학자는 거기에다가 요걸 찾아내는 것까지 갖고 있는 거죠.</u>

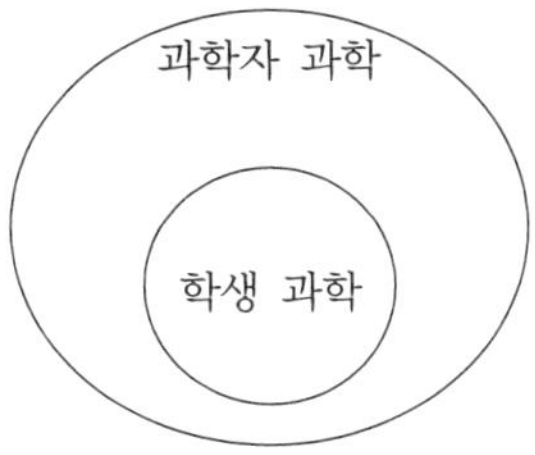

그림 16-3 학생 과학과 과학자 과학

넷째, 과학을 잘 이해한 사람으로서 과학 교사

강민 교사는 자신을 '과학을 잘 이해한 사람'으로 표현했다. 중학교 과학 교사로서, 고등학교 지구과학 교사로서 학생들보다 과학 개념들의 의미를 파악하고, 그 개념들 간의 연결과 조합을 잘 하고 있는 사람이라고 생각했다. 그리고 교사가 가르칠 내용을 잘 이해하면 설명의 수준과 폭이 달라질 것이며, 수업 시간에 그 내용을 잘 설명했을 때 가장 즐거운 사람은 바로 '교사' 자신이라고 했다. 이러한 생각은 강민 교사로 하여금 끊임없이 전공 내용을 학습하게 하는 계기를 만들어 주었으며, 내용을 잘 설명하는 지식 추구의 토대를 만들어 주었다.

> 교사: 뭐 이런 애들 가르치는 정도는 이해해도 그 애들하고 똑같을 순 없잖아요. 그리고 확실히 좀 더 많이 알면 애들한테 설명해줄 수 있는 폭이 넓어질 것 같긴 해요. 접근.
>
> 연구자: 예를 들어줄 수 있을까요?
>
> 교사: 그러니까 뭐 그냥. 내가 잘 모르면 그냥 교과서에 있는 얘기 정도로만 끝나잖아요. 근데 그걸 내가 진짜로 잘 이해하면 설명의 수준이 달라지는 거죠.

> 교사: 적어도 제가 애들한테 가르쳐주려고 하는 건 요고예요.
>
> 연구자: 개념과 개념 사이의 연관.
>
> 교사: 네
>
> 연구자: 그럼 그게 선생님은 일단은 잘 되고 있는 사람이고.
>
> 교사: 그런 거죠.

과학 교사로서 강민 교사는 학생들이 과학을 잘 이해할 수 있었으면 하는 바람을 가지고 있었다. 이러한 바람은 학생들이 '과학을 잘 이해한 사람'으로서 과학 교사인 자신과 같이 되었으면 좋겠다고 표현되었다.

> 교사: 저는 애들한테 원하는 게, 어... 나처럼 되면 좋을 것 같아요. 나.
> 연구자: 아... 선생님이 어떤데?
> 교사: 그냥 과학을 잘 이해한 사람이죠. 교과서 과학을 잘 이해한 사람 그 애들도 딱 고만큼만 되길 원하는 거예요, 저는. 과학자가 되길 원하는 건 아니고.

학생들이 과학을 잘 이해할 수 있도록 강민 교사가 수업에 들어가기 전에 가르쳐야 할 '핵심 내용'이 무엇인지 파악하고 그 부분을 어떻게 설명할 것인지를 고민한다고 했다. 그리고 수업 시간에는 교사의 설명 위주로 진행되기 때문에 교사가 준비한 내용과 자료에 근거해서 학생들은 따라오는 식으로 진행된다고 했다.

> 연구자: 수업 들어가기 전에 제일 먼저 뭘 고민하고 뭘 생각하고 그래요?
> 교사: 그냥... 오늘... 가르칠 내용하고 핵심? 그리고 어떤 식으로 좀 그러니까 뭐가 좀 중요한 건지. 전체 내용 중에 핵심이 뭔지를 좀 파악한 다음에 그 부분을 어떻게 가르칠 것인지 고민하는 거죠. 어떤 설명이 좋을까. 또는 어떤 자료를 보여주는 게 좋을까.
> 연구자: 음... 그러면 그 수업에서 선생님들 반 학생들 하고는 어떤 일들이 일어나? 선생님 하고 사이에서는?
> 교사: 그냥 내가 설명... 뭐... 저의 짜인 각본대로 아이들이 따라 오는 거죠 뭐. 설령 애들한테 뭐 되게 이렇게 막 정말 이렇게 막 두루뭉술... 무슨 질문이라고 해야 할까요... 되게 막 거창한 질문을 해도 결국은 애들이 여기서 뭐 대답하고 있겠지... 뭐 대답 나오게 해야지... 뭐 이런 거죠.

다섯째, 과학을 알아가는 교수학습 과정

앞서 밝혔듯이, 강민 교사는 과학은 과학자가 하는 활동이고 과학적 사고는 과학자가 연구할 때 활성화되는 사고라고 생각하고 있었다. 또, 학교 과학에서 교사와 학생이 다루는 과학적 사고는 과학자의 사고방식과는 다른 수준으로 여겼다. 즉, 학생은 과학자의 사고방식을 배워가는 과정에 있는 과학 학습자였으며, 학생이 과학적 사고를 하게끔 도와주는 역할은 교사가 하는 것이었다.

강민 교사의 일상적 과학 수업에서 학생이 과학적 사고를 배우는 과정은 교사의 설명에 의존하는 것이었다. 과학을 잘 이해하고 있는 교사가 개념의 의미를 잘 설명하고, 개념들을 잘 조합하고 연결하여 문제풀이를 해주는 것을 학생이 익히는 과정이 과학적 사고를 습득하는 과정이라는 것이다. 강민 교사의 표현에 따르면, 학교 과학 수업에서 교사가 학생에게 보여주는 과학적 사고는 무엇인지를 설명하는 과정에서, 주요어는 '추론'과 '판단'이었다. 이때, 추론은 알고 있는 것을 조합해서 현상을 설명하는 것을 의미하였으며, 문제 상황에서 알고 있는 것들은 떠올려 연결하고 조합하는 판단 능력이 요구된다는 것이다. 이와 관련된 발췌문은 다음과 같다.

> 추론? 현상이 있을 때 내가 알고 있는 것을 이렇게 막 조합을 해가지고 그 현상을 설명해내는 거? 또는 데이터가 있을 때 그것을 막 엮어가지고 무언가를 설명해내는 거?... 근데 막, 아주 막, 제가 얘기하는 게 고차원적인 능력은 아닌 거 같아요. 고차원적인 사고, 뭐 그런 능력 같진 않고, 그러니까 음, 아까 막 그런 거 생각난다. 분자 간의 인력, 뭐, 끓는점이 높은 거는 뭐... 분자간의 인력이 강한 물질이고, 뭐 이런 거 있잖아요. 그런, 심플한 문장 하나를 기억을 했다가 내가 그런 거랑 관련된 문제가 나왔을 때 그 상황에서 그걸 딱 생각해낸다는 거죠. 그래서 문제를 푸는 거. 이건 근데 보니까 그렇게 대단한 능력 같진 않아요. 그냥. ... 그러니까... 익숙해지는 거죠. 이렇게. 이런 문제 접근하는 방식에, 방식을 익숙하게 만들어주는 거죠. 학생에게.

과학자 과학, 즉 과학적 사고를 신장시킨다는 점에서 강민 교사는 "제가 하는 방식도 괜찮은 방법이라는 거죠"라며, 자신의 수업에 만족을 드러냈다. 강민 교사는 수업에서 학생들에게 개념 간 연결하게 하고 문제 해결 방법을 배워나가게 하는 것에 초점을 둔다고 했다. 즉, 그 초점은 문제 해결을 위한 접근법을 익히는 것이며, 과학자들의 접근과 유사하다는 것이다.

> 그러니까 제가 수업시간에 애들한테 막 개념 간 연결시키고 이런 것들, 애들

이 이런 저, 그, 문제를 해결해가는 그 방법을 배워가는 거. 그런 거죠. 접근하는 방법을 익히는 거 그것도 역시 그것도, 과학자들이 하는 그런 접근과 비슷한 점이. 속하는 부분이 있기 때문에.

강민 교사는 자신의 방식대로 기존의 것을 연결시키다보면 새로운 것을 찾아내는 것까지도 가능하게 된다고 생각했다. 그렇기 때문에 동일한 학교 교육을 받은 학생이라도 누군가는 과학자의 사고, 즉 새로운 조합과 연결의 능력을 갖추게 된다는 것이다. 이것은 과학자가 되기 위해서 혹은 과학자 활동을 경험하기 위한 탐구가 낯설고 새로운 무언가를 의미하는 것이 아니라는 점과 연관되어 있다. 즉, 강민 교사의 과학 수업은 전통적인 방식의 강의식이지만, 개념과 개념을 연결하는 사고 과정을 교사가 시연하고 학생이 그 과정을 받아들이고 문제 해결에 적용하는 과정이기 때문에 과학자 사고를 키울 수 있다는 것이다.

근데 해결되지 않은 것이 여기에 지금 있는데요. 요거 별(그림 16-2의 ★) 별... 근데 이걸 하다... 이렇게... 기존 것을 이렇게 하다 보면 이런 새로운 것을 찾아내는 것까지도 가능해질 것 같아요. 그러니까 아까 제가 얘기 했잖아요. 둘 다 아까 A라는 학생과 B라는 학생이 둘 다 똑같이 학교 교육을 받아왔는데 왜 이 아이는 과학자가 됐을까. 근데 아까 제가 설명했죠. 과학자는 요렇게 새로운 거를 만들어내는 능력도 있는 애들이다. 그 얘기는 얘가 이렇게 새로운 거를 만들어내는 거를 그냥 처음부터, 태어날 때부터 갖고 태어나지 않은 이상은 어딘가에서 이걸 배워왔다는 거잖아요. 근데 똑같은 교육과정을 밟았다는 것을 생각해보면 이런 걸 하다보면, 기존 것을 연결시키다보면 요런 능력도 부가적으로 얻어질 수 있다는 거죠. 그렇게 따지면 지금 하는 방식도 나쁘지 않다는 거죠. 왜냐면 결국은 그걸 잘한 아이는 그 사고력까지 갈 수 있으니까.

과학 수업에서 강민 교사는 학생들에게 "논리적으로 많이 설명을 하려고 한다"는 것에 초점을 둔다고 했다. 논리적으로 설명한다는 의미는 학생의 이해를 목적으로 한다는 것이다.

그건 걔(학생)가 그걸 이해하는 거죠. 이해. 그러니까 최종 목적은 애들이 그걸 이해하게 만드는 건데 내가 막 열심히 논리적으로 설명을 해주면 이해할 수 있겠지.

강민 교사는 논리적으로 설명할 때 학생들이 이해하지 못하여 겪었던 어려움을 예로 들었다. '기층의 안정도'를 가르칠 때, 교과서에서 다루는 개념은 세 가지 내용으로 압축되었고, 그중에 두 가지는 문제에 적용하기 쉬운 것이었으나 다른 하나는 학생이 문제에 적용해야 한다고 '판단'해야만 하는 개념이었다. 즉, 대기는 기본적으로 세 가지 내용을 알고 그래프를 해석할 줄 알면 어렵지 않게 이해할 수 있다고 강민 교사는 생각했으나 실제 학생들은 내용을 문제 풀이에 적용하는 데 어려움을 겪는 것을 보았다. 이와 관련된 이야기를 하면서, 교사로서 학생들에게 가르쳐 주고 싶은 것은 개념들을 어떻게 서로 연관시키고 적용할 것인지 판단하여 문제를 해결하는 그 경로를 학생들이 경험할 수 있게 하는 것으로 표현되었다. 그리고 그 경로 혹은 과정은 결국 우리가 과학교육에서 지식 생성 과정이라고 부르는 탐구의 본질을 표현한 것으로 해석 가능하다.

> 교사: 지구과학에서 기층의 안정도라고 판단하는 문제가 있거든요. 이 애들이 이 문제를 진짜 많이 어려워했어요. 이렇게 기온 분포가 있어요. 100 m 10도, 200 m 20도. 그랬을 때 이 공기층이. 대기가 현재 안정한가 불안정한가를 판단하는 게 있어요. 근데 그게 설명하기 너무 어려운데요... 이게 뭐가 있냐면. 이 공기가 예를 들어 10도예요. 그러면 10도 공기가 100 m를 올라간다고 해봐요. 여기가 지금 9.5도라고 해봐요. 지표면에 있는 거는 10도인데 이날의 분포가. 100 m 올라갔을 때는 9.5도인 거예요. 근데 단순히 올라갈수록 공기가 온도가 낮아지니까. 불안정하다 그렇게 판단할 수 없는 게 뭐냐면. 이 공기가 이제 100 m로 올라가는 거예요 그러면 이게 건조단열감율이라는 게 있어요. 그래서 100 m 올라가면 공기온도가 내려가게 되어있어요. 이게 부피가 팽창하면서. 그래서 100 m 올라가면 몇 도가 떨어지냐면 1도가 떨어져요. 그럼 이 공기는 100 m 올라가면 몇 도가 되냐면 1도가 떨어지니까 9도가 되는 거예요. 9도가. 그러면 올라가면 주변에 있는 공기들은 9.5도인 거예요. 주변 공기보다 무겁잖아요. 아니 온도가 낮잖아요. 도로 내려와요. 그러니까 결과적으로 이 기층은 안정한거예요.
>
> 연구자: 그런데 애들이 뭘 (이해하지 못하나요?)
>
> 교사: 이 건조단열 곡선이 있어요. 이게. 맨 처음엔 이렇게 설명을 했어요. 얘

들아 봐바. 이 공기가 100 m 올라가면 9도가 되잖아. 그러면 주변 공기보다 온도가 낮으니까 무거워서 밑으로 내려와, 근데 이 애들은 이해가 안 되는 거예요. 그러니까 설명을 하나하나 더 해야 하는 거예요. 이거의 의미까지. 날마다. 오늘은 온도가 10도인데 어제는 5도 일수가 있잖아. 날마다 온도가 다르지? 그러면 애들이 네 그래요. 거 봐, 온도가 날마다 다르잖아 오늘은 이런 거야 온도분포가. 오늘은 온도분포가 이래. 내일은 다를 수 있다. 내일은 이럴 수 있지. 오늘은 이래 오늘은. 그럼 오늘은 기층이 안정할까 불안정할까? 라고 얘기하는 거예요. 그러니까 그 전에는 하지 않았던 얘기를 더 하는 거죠.

연구자: 그래도 (학생들이) 못 알아들었어요.

교사: 그럼 또 다른 식으로 계속 설명하는 거예요. 그러면서 아 애들은 그래프가 안 되는구나. 판단하는 거예요. 애들이 그래프에 익숙하지 않아서 그러는구나. 그럼 이제는 그냥 공기. 여기 공기가 이제 10도야. 여기는 공기가 10도고, 여기는 100 m 올라갔을 때가 9.5도야. 근데 이제 이 공기가 100 m 올라간다고 해보자. 그러면 몇 도가 되게 그러면 애들은 알아요. 이걸 알거든요. 애들은 이건 알아 이건. 그럼 9도요! 그래. 그러면 봐 바 주변공기랑 비교하니까 이 공기는 어때 온도가 더 낮잖아. 그러면 얘는 다시 내려오는 거야. 그러면 안정일까 불안정일까? 뭐 이렇게 얘기하는 거죠. 이렇게도 설명했다가. 그래서 야. 오늘은 지표면의 기온이 10도고 그 다음에 100 m 올라갔을 때 공기는 9.5도고 요고를 그래프로 그려놓은 게 이거야. 요고를 그래프로 그려놓으면 이렇게 되는 거야. 그리고 우리는 이제 판단하는 거지. 100 m 올라가면 몇 도가 된다고? 9도. 이 9도가 이렇게 되는 거라고. 그러면 공기온도가 이렇게 무거우니까. 낮으니까. 내려가. 이렇게 다양하게 설명을 하는 거죠. 그래도 이해를 못하는 거예요.

연구자: 뭐가 원인인거예요?

교사: 기본적으로 몇 개를 알(아야 해요).. 그래프를 해석할 줄 알고, 이 건조단열을 100 m당 1도를 알고, 주변보다 온도가 낮으면 내려간다. 이거 세 개만 알면 되는 건데도 오히려 이거를 더 어려워하는 거지 애들이... 근데 여긴 오히려 내가 제시해 줄게 몇 개 안 되요. 그럼 이제 나머지는 요거 세 개를 가지고 이제 막 엮어서 생각하는 거잖아요. 판단하는 거잖아요. 근데 그 판단하는 거를 눈으로 보여줄 수 없다는 거죠. 그러

> 면서 제가 막 이렇게도 설명하고 저렇게도 설명하지만 여전히 애들은 오리무중인거죠. 음. 내 머릿속에서 이런 것들을 막 엮어내는 그런 거 있잖아요. 요 세계를 막 이렇게 엮고 저렇게 엮고 이 엮는 거는 내 머릿속에 있는데 애들한테도 그걸 보여주고 싶은데, 그 길을. 그게 잘 안 보이는 거죠. 내 설명으로는. (그 이유는) 고 과정은 제 머릿속에 있으니까... 좀 뭐, 말을 잘하고 있는 건가 모르겠네요. 과학은 요게 가까운 거죠... 요걸 키워주고 싶은 거죠...

연구자: 서로 서로 연결시키는 거.

교사: 네.

이상의 다섯 개 범주로 나누어 강민 교사의 과학 및 과학 교수학습에 대한 인식론적 이해를 살펴보았다. 강민 교사의 인식론적 이해는 탐구의 본질인 '과학적 사고'라는 개념 축으로 살펴볼 수 있었다. 강민 교사에게 있어서, 과학자는 학교 교육과 그 외의 교육과 경험을 통해 과학적 사고를 잘 하는 사람이었고, 학생은 과학적 사고를 배워가는 과정에 있는 사람이었다. 과학적 사고를 잘 한다는 것은 문제해결을 위해 개념 간의 연결과 조합 및 판단을 정확하고 적절하게 하는 과정이며, 학교 과학은 학생들이 과학적 사고를 잘 할 수 있도록 가르치는 과정으로 이해되었다. 따라서 교사는 과학을 잘 이해한 사람으로서, 학생들이 과학적 사고를 잘 할 수 있도록 개념을 잘 설명해주고, 개념들 간의 연관성을 보여주며, 문제해결을 위해 개념을 어떻게 연결하고 조합하고 판단해야 하는지를 학생들이 따라할 수 있도록 보여줄 수 있어야 하는 사람이었다.

살펴본 것처럼, 강민 교사의 과학에 대한 인식론적 이해와 과학 교수학습에 대한 인식론적 이해는 정합성 있게 드러났다. 예를 들어, 과학적 사고는 여러 범주에서 같은 의미로 표현되었고, 과학적 사고가 과학 교수학습에서 어떻게 다루어져야 하는지도 동일한 의미로 사용되었다. 그리고 강민 교사의 인식론적 이해는 과학 수업에서 일관성 있게 드러났다. 교사의 발화는 주로 학생들에 수업의 목표 내용을 어떻게 이해해야 하는가를 설명하는 데 집중되었으며, 교사가 직접 작성한 수업 자료를 배포하고 그 자료를 중심으로 내용이 전개되었다. 이러한 수업 장면은 강민 교사의 일상적인 것으로 여러 차례의 면담에서 밝힌 자신의 수업, 즉 인식론과 관련하여 표현한 교수실행의 주안점 및 특징과 일관된 것이었다.

강민 교사의 수업은 본인이 인식한 대로 교사주도적인 설명식이었다. 강민 교사의 수업을 관찰했을 때, 교사는 수업 시간의 대부분을 교과 내용의 설명하고 문제를 푸는 데 할애하고 있었다. 교사는 과학 내용을 꼼꼼히 짚어주고, 개념들 간의 연관성을 여러 가지 방식으로 설명하고, 문제를 푸는 식으로 수업을 진행하였다. 강민 교사에게 있어서 자신의 설명을 학생들에게 전달하는 것은 수업의 전부인 것 같았다. 교사의 설명은 과학 수업의 목표가 되는 현상과 개념을 어떤 식으로 생각해야 하는가에 초점이 있었으며, 그 목표를 위해 필요한 자료는 유인물, 판서, 사진, 시뮬레이션 등 다양한 모드로 제공되었다. 특히, 문제를 풀 때 적용할 개념을 어떤 것인지를 찾고, 왜 그 개념을 적용해야 하는지에 초점을 두고 설명을 하였다.

이처럼 교사의 설명은 학생들의 이해가 목표였지만 학생의 목소리는 수업 전면에 드러나지 않았다. 교사의 설명 중간에 학생이 질문을 할 경우에, 교사는 "이 설명이 끝난 다음에 네 질문을 듣자"라고 하면서 자신의 설명을 지속하였다. 이처럼 교사가 설명 중에 학생의 질문을 받지 않는 것은 단순히 학생의 질문이 가치가 없다고 판단해서가 아니었다. 교사는 자신의 설명이 다 끝난 다음에 학생들의 질문을 받았고 그에 대한 응답을 하였기 때문이다. 간혹 강민 교사는 자신의 설명이나 문제 풀이 과정을 잘 이해했는지를 학생들에게 묻곤 했다. 학생들은 가끔 "조금씩 헷갈리는 게 있다."고 하였고, 강민 교사는 경우에 따라 다음 내용으로 넘어가거나 해당 내용을 다시 설명을 시도하거나 하였다. 그 경계에는 학생이 어느 부분에서 이해가 안 되는지를 파악하기 보다는 교사 스스로 설명이 충분한지 불충분한지에 있는 듯 했다.

강민 교사의 과학 수업이 교사주도적 설명의 특징을 갖는 것은 과학이라는 학문적 도구로 자연현상에 대해 알아가는 즐거움을 갖는 개인적 배경과도 연관이 있는 것으로 해석된다. 강민 교사는 과학 교수학습 전략보다는 내용학에 더 관심이 있었으며, 연구가 시작되기 직전까지도 과학교사모임을 통해 전공에 대한 심화 내용을 꾸준히 공부하고 있었다. 최근에는 교수학습 전략에도 관심을 갖게 되었지만, 여전히 강민 교사는 자신이 공부한 방식처럼 학생들이 학습하기를 원했다. 따라서 강민 교사에게 있어서 과학 교수학습에서 교사의 역할은 개념을 설명해주는 역할을 함과 동시에, 학생의 사고를 촉진시키기 위해 자신의 사고 과정을 재현해주는 역할이 핵심이 되고 있었다.

그러나 강민 교사는 문제를 잘 해결하기 위해 관련 개념들을 찾고 조합하는 과정을 교사가 제시하는 데는 한계가 있으며 학생의 노력이 필요하다는 인식을 갖고 있었다. 그 과정에서 활성화되는 사고방식은 선언적 지식을 토대로 한 과정적 지식에 해당된다고 할 수 있다. 과정적 지식은 교사가 여러 가지 방식의 문제를 제시하고, 문제의 패턴에 따라 개념들을 적절하게 적용하는 방식을 보여주는 것을 학생이 받아들이면서 획득할 수 있다. 하지만, 결국 교사가 없는 상황에서 학생은 문제를 해결해낼 수 있어야 한다. 그 능력을 가지려면 학생은 자신이 가진 정보 중에서 특정 정보를 조합하고 연결하여 문제를 해결하는 과정, 그 과정을 스스로 깨우치는 차원에 도달해야 한다는 것이다. 그 능력을 키워주기 위해 교사가 어떻게 해야 하는가는 연구 당시에 강민 교사의 고민거리로 남아 있었다.

살펴본 것처럼, 과학이 포괄하는 지식과 탐구에 대한 인식론을 '강민' 과학교사는 과학을 가르치는 것과 연관하여 이해하고 있었다. 강민 교사의 인식론적 이해는 명시적 지식뿐 아니라 교수활동 경험을 통해 체화된 묵시적인 신념으로서, 교수학습 실행과 일관성을 보여준다.

강민 교사의 사례를 통하여 도출된 논의점과 시사점은 크게 두 가지로 살펴볼 수 있다. 첫째, 교사의 체화된 지식이나 신념을 통해 볼 때, 교사주도적인 강의식 수업에서 탐구는 어떤 구인으로 그리고 어떤 과정으로 존재하는가이다. 이 논의를 통해, 수업의 양태를 넘어서 탐구의 본질적 의미를 지식 생성 과정으로서 재고하고 확장해보고자 한다. 강민 교사의 인식론적 이해를 담은 이야기는 강의 위주의 수업을 운영하는 과학교사가 교수실행의 경험을 통해 체화한 지식의 표현이었다. 대부분의 과학 교사들이 과학 수업에서 과학의 본성이나 탐구의 본질을 다루는 것에 대해 거의 고려하지 못하는 것과 마찬가지로, 강민 교사의 과학 수업에서도 탐구는 명시적으로 자리 잡고 있지 않았다. 강민 교사의 과학 교수실행에서 주안점은 교과의 핵심 내용을 중심으로 논리적으로 잘 조직해 설명하는 데 있었다. 이 방식은 일상적인 교수실행에서 다수의 과학 교사들에게 익숙한 방식이다. 따라서 강민 교사가 과학을 가르치는 것과 관련하여 과학에 대한, 그리고 과학 교수학습에 대해 지닌 인식론적 측면은 매우 개인적이고 묵시적인 지식 혹은 신념으로 자리하고 있었다. 강민 교사의 인식론적 이해의 범주나 내용은 교사 개인 특유의 언어적 표현으로 구성되었다.

강민 교사의 인식론적 이해로 나타난 개인 특유의 언어적 표현의 의미는 탐구의 본질을 반영하고 있었다. 과학 지식 생성으로서의 탐구 과정의 특징 중 하나는 문제를 해결하기 위해 여러 가지 증거를 토대로 설명을 구성하고, 그 과정에서 기존의 지식과 일관성을 갖는지를 점검하는 데 있다. 강민 교사의 면담 내용으로부터 우리는 과학 수업에서 교사가 과학 개념을 설명하거나 문제를 해결할 때 탐구의 본질을 내포하고 있음을 해석할 수 있었다. 강민 교사는 개념을 설명할 때 그 개념의 의미를 이해하는 데 초점을 두고, 문제를 해결할 때는 알고 있는 개념들 중에서 어떤 개념을 사용할 것인지를 '판단'하고 개념들을 '연결'하는 과정이 중요하다고 보았다. 강민 교사가 탐구를 직접 정의 내리지는 않았지만, 이 개념 설명 과정이 탐구의 본질을 반영하는 것으로 볼 수 있다. 그러나 교사의 설명주도적인 수업에서 탐구 과정은 전적으로 교사에 의해서 재현되는 것으로 나타났다. 개념 설명이나 문제 풀이 과정은 주로 교사가 학생들에게 시연하는 형태로 이루어졌으며, 그 과정은 교사 주도의 과학 지식 생성 과정을 표현하는 것이 되었기 때문이다.

또한 강민 교사의 문제 풀이 과정에 대한 설명을 토대로 교사가 재현하는 탐구 과정의 수준에 대해 생각해 볼 수 있었다. 교사가 문제 풀이를 할 때 사용할 개념을 판단하고 개념들을 적절히 연결하는 과정은 교사가 학생들에게 제공하는 설명으로 표현된다. 교사가 머릿속에 있는 개념의 의미나 문제 해결 과정을 학생에게 언어로 제시하는 과정은 과학자가 문제를 해결하는 과정과 닮아 있다. 이때 문제 풀이는 두 가지 수준으로 나누어 볼 수 있는데, 하나는 전형적인 문제 풀이 과정으로 여러 개의 유사한 문제를 푸는 연습 과정이고, 다른 하나는 문제 해결 패턴으로는 해결할 수 없는 새로운 패턴의 문제 풀이에서 새로운 개념을 적용하거나 또는 개념의 조합을 달리하는 시도를 하는 과정이다. 전자의 과정에서 교사는 과학 개념들을 설명하고 그 개념들을 조합하여 문제에 적용하는데 학생들은 그 적용 패턴을 습득하는 것이 중요하다. 즉, 전자의 과정은 과학자들이 정상과학에서 문제 풀이하는 과정과 닮아 있다. 후자의 과정에는 기존의 사고방식과 다른 새로운 사고방식, 즉 개념의 새로운 조합이나 다른 학문의 지식을 끌어오는 등의 창의력이 요구된다. 후자의 과정은 과학자들이 종종 경험하는 새로운 상황, 즉 변칙사례의 출현이나 혹은 기존의 지식으로 해결되지 않는 문제 해결 과정과 유사하다. 마찬가지로, 이 경우에 과학자들은 상상력과 창의력을 발휘해야 하는 것이다.

둘째, 과학 지식 생성 과정으로서 탐구에 대한 과학교사의 인식론적 이해는 과학 교사의 전문성 신장을 위해 중요하게 다루어야 하며, 그 출발은 교사 개인 특유의 언어적 표현과 과학교육학에서 사용되는 개념과의 대응으로부터 시작되어야 할 것이다. 과학 교사의 전문성이 자기발견적(heuristic)으로 신장되기 위해서는 자신의 교수실행을 대면하고, 교수실행에 대한 자신의 신념을 드러내고, 변화 지점을 인지하고, 반성적 사고와 개선 노력을 통해 변화를 꾀어야 한다. 그렇다면, 교수실행에 대한 교사 자신의 언어와 이해로부터 교육적으로 정교화되고 바람직한 언어와 이해로 발전시킬 수 있는 기회를 가져야 할 것이다. 교수실행에 대하여 교육적 언어와 이해를 갖는다는 것은 교사가 자신의 교수실행에 대한 반성적 고찰을 이론적 토대 위에서 변증법적으로 발전시켜야 한다는 의미이다. 즉, 교사의 교수실행에 대한 실천적 지식이 개인적 언어의 형태를 갖고 있더라도 그 의미를 공식적 용어와 대응함으로써, 교사가 교수실행의 경험을 통해 형성해 온 실천적 지식의 가치를 높이고 발전의 틀로 만들어갈 수 있도록 해야 하기 때문이다.

앞서 언급했듯이, 강민 교사의 설명은 단순히 교과서의 내용을 전달하는데 그치지 않고 자신의 사고 과정을 반영하고 있으며 그 과정을 학생이 배우기를 바라는 교육의 목표를 갖고 있었다. 강민 교사가 대학이나 대학원에서 과학의 본질인 탐구를 접했음에도 불구하고 자신의 수업과 연결하지 않고 있었다. 다수의 교사들이 그렇듯이, 강민 교사의 경우에도 탐구는 설명주도적인 강의식

수업과는 거리가 먼 것으로 여기고 있었던 것이다. 그러나 강민 교사의 면담 내용과 수업실행을 통해, 과학 지식의 생성과정으로서의 탐구의 본질인 개념의 연결과 조합을 만드는 다양한 수준의 논의과정을 무의식적으로 자신의 설명 방식에 구현하고 있음을 볼 수 있었다. 과학교사가 수업에서 과학의 과정을 재현할 때 학생들은 그 과정의 본질적 측면을 보고 익히게 될 것이다. 이러한 점을 감안할 때, 과학수업에서 교사주도적인 설명에 어떤 과학의 인식론을 잠재하고 있는지를 포함하여 과학수업에 실제하는 인식론적 특징에 대한 교사 자신의 자각이 필요하다. 교사의 자각을 토대로 교사와 연구자가 협력하여 실제적 인식론의 정교화를 위한 노력이 교사 전문성 신장의 중심으로 지속되어야 할 것이다.

17

수업 담화의 유형[1)]

학습자들 그리고 특히 매우 뛰어난 학생들은 사고에 있어 자극을 받는다. 과학 수업을 포함하여 수업의 핵심적인 특징은 담화이다. 비록 교사들이 종종 학습자들에게 마지못해 전달하는 도구일지라도 언어는 교사들의 주요한 도구이다. 이 장에서는 Phil Scott(2007)이 과학에서 교실 담화 조사 연구를 설계하여 교실담화에서 리듬 형태로의 면밀한 계획이 얼마나 학습자들의 사고를 펼칠 수 있도록 도와주는지에 대해 수행한 연구를 기반으로 수업 담화에 대해 살펴볼 것이다.

담화와 의미 있는 학습

대학원 수업에서 교사 연수자들은 대학에서 그들의 학습경험을 숙고해보고 있었다. 그들 중 한 명은 강의에서 노트필기를 자주 했지만 그것의 글자를 거의 이해할 수 없었다고 말했고, 이에 다른 사람들은 동의 표시로 고개를 끄덕

1) Scott, Phill(2007). Challenging gifted learners through classroom dialogue. In Keith S. Taber(Ed), Science education for gifted learners. New York: Routledge.을 편역함.

였다.

또 다른 학생은 시험이 다가올 때 어떻게 그녀와 친구들이 그들의 강의 노트내용을 말로 해보는 그룹을 형성한 것에 대해 묘사했다. 이것은 학생들이 과학적인 사고를 요하는 것을 이해하기 위해 그들의 방식으로 말해보는 것에 대한 일반적인 접근임을 증명했다.

한 학생은 혼자 산책을 하면서 스스로에게 과학적 생각을 크게 말한 방법에 대해 설명했다. 그가 말하기를 "만약 내가 내 자신이나 다른 사람들에게 무언가를 설명할 수 없다면 나는 그것에 대해 정말로 모른다는 것이다." 이러한 반성들은 언어와 학습 사이의 긴밀한 연결과 의미 이해에 이르게 하는 담화의 근본적인 중요성을 지적한다.

언어와 학습 사이의 이러한 관련성은 학교에서의 과학 수업에서 다소 역설적이다. 이는 종종 교사는 항상 말을 하고, 반면 학생들은 말을 거의 하지 않는다는 것이다. 이 장과 함께 18장의 중심 주제는 어떻게 영재 학생들이 과학교실에서 실행한 담화의 확장을 통해 더욱 의미 있는 학습을 할 수 있게 되는지 생각해보는 것이다. 의미 있는 학습이란 생각의 방식들 사이에서 연결을 만드는 것과 관련이 있을 때 이루어진다(Ausubel, 2000).

그러한 연결은 과학수업에서 학생들이 제시한 일상에서의 견해와 수업시간에 배운 과학적 견해 사이일 것이다. 또한 그것은 수업에서 배운 과학적 견해와, 학생들이 이미 아는 다른 과학적 개념 그 사이일 것이다. 생각하는 방식 사이의 유사성과 차이점을 알게 되는 과정은 새로운 지식의 의미있는 이해를 발전시키는 핵심이며 우리가 영재 학생들에게 열망하며 바라는 결과이다.

언어, 학습 그리고 비고츠키

지난 20년 이상, 비고츠키의 학습과 발달에 있어 사회문화적 관점은 언어와 학습 사이의 연결을 찾기 위한 틀로써 지속적인 평판이 있었다. 비고츠키 접근의 핵심은 학습이라는 것이 사회적 상황에서 개인적 이해로의 통로를 연관시키는 생각이다. 따라서 비고츠키의 'General Genetic Law of Cultural Development(1978)'에 따르면 더 높은 심리적 구조(과학적 개념의 지식 같은)는 다음을 나타낸다. 첫 번째로 상호 심리적(사회적) 범주로서 사람들, 그리고 내적 심리적(개인적) 범주로서 사회 안의 아동에게, 학습은 무엇을 의미하는가?

간단히 우리는 사회적 상황에서 새로운 관념을 만나는데 그러한 관념들은 이야기, 제스처, 글쓰기 시각적 이미지와 행동과 같은 일련의 범위와 의사소통을 통해 사람들 사이에서 시연된다. 비고츠키는 이러한 상호작용이 사회적 수준에서 발생한다고 언급했고, 이는 학교에서 학생들과 공부하는 교사에 의해 형성되거나 아이에게 무언가를 설명하는 부모와 관련이 있을 것이다. 관념들이 사회적 관계로서 시연될 때 그 과정에의 참여는 의사소통되는 것의 개인적 지각을 만들고 숙고 가능하게 한다. 다르게 말하면, 우리는 정확히 같은 이해에 다다를 수 없다. 게다가 사회적 상호교환에서 사용된 언어, 제스처, 이미지들은 개별적 사고를 위해 필요한 도구를 제공한다. 따라서 사회적 수준에서 개인적 수준으로의 전이가 있으며, 의사소통을 위한 사회적 도구에 의해 내면화되고 개인적 사고를 위한 수단이 제공된다.

말하는 것과 사고 사이의 긴밀한 관계는 우리가 어렵거나 스트레스를 주는 문제에 대해 '우리 자신에게 말하기'나 '소리 내어 사고하기'를 시작했을 때 명백해진다. 이는 비고츠키의 가장 영향력 있는 책 ≪사고와 언어(Thought and languages, 1962)≫가 그렇게 제목 붙여진 것은 우연의 일치가 아니다. 사회문화적 관점에 따르면, 우리가 영재 학생들로 하여금 과학적 지식의 의미 있는 학습을 촉진시키고자 한다면 시작점은 그들이 탐구된 관념들과 이 관념들 사이에서 만들어진 연결이 있는 담화에 끌어들여 관련시키는 것이다.

교실 담화 분석을 위한 틀: 의사소통적 접근

비록 과학 수업이 다양한 양상들을 보일지라도 공통된 특징은 교사와 학생의 담화와 관련된다는 것이다. 교실 내 교사와 학생의 담화는 다양한 형태를 지니고 있지만 담화의 확인을 위한 두 가지 차원의 틀이 존재하는데, 그것은 상호적/비상호적 담화 차원과 권위적/대화적 담화 차원이다.

상호적/비상호적 (Interactive/Non-interactive)

첫 번째 차원에 따르면, 상호적 교수법은 교사와 학생 둘 다 언어적 참여와 관련이 있는 반면, 비상호적 교수법은 학생의 언어적 참여를 배제시킨다. 교사가 강의 스타일의 어떤 형태를 채택할 때, 상호적 담화의 특징은 비록 많은 질문과 대답이 교대로 일어나는 것과 관련이 있을지라도 수업은 교사가 학생의 견해에 주의를 기울이지 않는 방식으로 종종 끝까지 지속되는데, 이것은 두 번째 차원이라 할 수 있다.

대화적/권위적 (Dialogic/Authoritative)

학생의 견해를 확인하는 것에 의해 우리는 무엇을 의도하고자 하는가? 교사들은 학생들에게 그들의 견해를 질문하고 그들에게 명확히 주의를 기울인다. 예를 들면 더 세부적으로 묻는다거나, 좀 더 고려해보기 위해 적는다든지, 또한 다른 학생들에게 동의하는지 아닌지에 대해 질문을 한다. 교사는 전체 범위의 생각을 위해 교실 담화에서 한걸음 물러선다.

교사가 학생들의 견해에 관심을 갖는 교실 담화의 종류는 자연적으로 대화적이라 언급된다. 일반적으로 대화적 담화에서 다른 사람의 견해를 알기 위한 시도가 있고 대화적 접근을 통해 교사는 학교 과학 견해뿐만 아니라 학생들의 견해에도 관심을 기울이는 것이다. 물론, 교실 담화가 항상 대화적 특징이 있는 것이 아니며 교사가 학생들의 생각을 탐구해보는 데 관심이 없고 그 수업을 발전시키는 데 있어 그들에게 주의를 기울이는 많은 경우들이 있다. 교사는 과학 견해에 대해 초점을 맞추고, 학교 과학 이야기의 발전에 공헌하지 않는 생각이나 질문이 학생들에게 제기된다면 그것들은 교사에 의해 고쳐지거나 무시될 것이다. 이러한 담화의 종류는 자연적으로 권위적이라 할 수 있다. 따라서 과학 수업에서 교사의 담화에 대한 생각에서 사용된 두 번째 차원이 있는데 권

표 17-1 의사소통 접근의 4가지 분류

	Interactive	Non-interactive
Authoritative	Interactive/Authoritative	Non-interactive/Authoritative
Dialogic	Interactive/Dialogic	Non-interactive/Dialogic

위적－대화적 차원이다.

위에서 확인된 2가지 차원은 교사가 학습에서 학생들과 의사소통하는 4가지 방식으로 형성되기 위해 결합된다. 따라서 교실 담화에서의 어떠한 에피소드라도 의사소통적 접근의 4가지 차원의 수업으로 구성되어 한쪽은 상호적 또는 비상호적, 또 다른 쪽은 대화적 또는 권위적으로 확인될 수 있다.

상호적/권위적 의사소통 방식에서 교사는 학교 과학 견해에 초점을 두고 그 견해를 확립하고, 강화하고자 하는 목표를 지니고 일상적인 질문과 대답을 통해 학생들을 이끌 것이다. 비상호적/권위적 접근은 교사에 의한 발표와 관련이 있다. 상호적 대화적 접근은 견해의 범위에 대해 교사와 학생의 담화라고 볼 수 있다. 마지막으로 비상호적/대화적 접근은 첫눈에 자기 모순적으로 보일 것이다. 어떻게 비상호적이며 대화적인 두 가지 방식으로 의사소통이 가능한 것인가? 교사가 비상호적인 방식으로 다양한 견해를 재검토하는 것이다.

18
과학 수업 담화의 의사소통 접근[1)]

서로 다른 의사소통적 접근에 따라, 과학 수업은 어떻게 이해될 수 있을까? 상호적/권위적 차원 및 상호적/대화적 차원의 조합에 따른 의사소통 접근을 보여주는 수업 담화의 예를 Phill Scott(2007)의 연구내용에서 살펴보고자 한다.

상호적/권위적 의사소통 접근

다음 에피소드 1은 영국 북부 큰 도시의 종합중등학교에서의 8학년 과학수업 장면이다.

■ 에피소드 1. 태양으로부터

1. 교사 : 석탄은 그 에너지를 어디로부터 얻을까?
2. 학생1 : 나무들
3. 교사 : 다시 말해주겠니?

1) Scott, Phill(2007). Challenging gifted learners through classroom dialogue. In Keith S. Taber(Ed), Science education for gifted learners. New York: Routledge.를 편역함.

4. 학생1 : 나무들

5. 교사 : 나무들. 죽은 식물들, 맞다. 중학교에서 배운 것 기억나니?
나무들, 그리고 죽은 식물들. 지금 다른 부분은...
이 나무들, 죽은 식물들은 처음에 그들의 에너지를 어디에서 얻을까?

6. 학생2 : 토양

7. 교사1 : 토양. 토양은 어떻게 죽은 식물들에게 에너지를 주었니?

8. 학생2 : 그 안에 심어요.

9. 학생3 : 자라요.

10. 교사 : 맞아, 그것들은 자랐어. 무언가를 자라게 하기 위해 무엇이 필요할까? 우리가 가진 한 가지 무엇인데..

11. 학생4 : 물

12. 교사 : 물? 그것은 어디로부터 에너지를 얻을까?

13. 학생 : 하늘

14. 교사 : 뭐라고?

15. 학생5 : 태양

16. 교사 : 태양! 우리가 여기서부터 전기로 거슬러 올라가본다면, 전기에너지, 발전소로 가보자. 전기는 석탄으로부터 유래했지. 석탄은 죽은 식물들로부터 화학적 에너지를 얻고 식물들은 본래 태양으로부터 에너지를 얻었어.

이 에피소드에서 나타나는 질문과 대답은 매우 인상적이다. 교사는 석탄에너지의 궁극적 원천이 되는 태양의 개념을 찾고 있다. 한 학생은 "에너지가 나무들로부터 왔다."고 제시하고, 교사는 이 반응을 받아들이고 "나무와 죽은 식물들이 그들의 에너지를 어디로부터 얻을까?"를 질문한다. 다른 학생은 "토양"이라고 대답하고, 교사는 "토양이 죽은 식물에게 어떻게 에너지를 주었니?"하며 더 깊이 있는 질문을 제시한다.

식물이 토양으로부터 에너지를 얻는다는 개념은 흔한 선택적 개념이지만, 교사는 학생의 생각을 탐구하기 위해 멈추지 않는다. 교사는 그의 질문을 계속하고, '자란다', '물', '하늘' 등의 대답을 이끌어내고, 마침내 '태양'이라는 목표 대답을 얻는다. 이 상호작용을 통해 학생들의 기여는 한 단어로 제한된다. 반면, 교사는 이러한 기여 '물?'을 인정하지만 그들에게 더 이상 주의를 기울이지 않는다. 이러한 방식으로 교사는 상호적/권위적 의사소통 접근을 채택한다. 담화는 많은 질문과 대답이 있다는 의미에서는 상호적이며, 교사가 단지 하나의 채택될 수 있는 대답에만 집중하기 때문에 권위적이라 할 수 있다.

상호적/권위적 담화는 영국뿐 아니라 전 세계의 과학교실에서 가장 흔한 의사소통 접근이다. 어떤 관찰자들은 이 의사소통 접근이 과학 수업 담화의 90% 정도를 차지한다고 평가한다. 즉, 교사는 연속적인 질문을 하면서 대부분의 시간을 보내고, 반면 학생은 간결하고 종종 한 단어의 대답을 하는데, 그들은 교사가 생각하는 것을 추측하도록 요구된다.

교실 담화의 형태는 두 번째 방식에서 확인할 수 있다. 수업장면을 다시 보자. 교사는 질문을 하면서 시작한다. "석탄은 어디에서 에너지를 얻을까?" 학생은 "나무"라고 대답한다. 교사는 다른 질문으로 넘어가기 전에 "맞다"고 평가를 한다. "나무와 죽은 식물들이 처음에 그들의 에너지를 어디에서 얻을까?"의 질문에 학생은 땅이라 대답하고 교사는 평가하고, "땅은 에너지를 어떻게 줄까?"하는 다음 물음을 하면서 질문을 옮겨간다. 이러한 담화 방식은 교사가 시작하고, 학생이 대답하고, 교사가 평가하는 담화 패턴을 분명히 보여준다. 이러한 3단계 패턴인 I-R-E는 과학 수업에서 일상적으로 흔히 존재하는 담화 리듬이다.

교사가 질문을 한다.	시작 INITIATION	I
학생이 대답한다.	대답 RESPONSE	R
교사가 평가한다.	평가 EVALUATION	E

상호적/대화적 의사소통 접근

다음 에피소드 2는 14~15세 학생들의 열과 온도에 대한 일련의 수업 중에서 첫 번째 수업시간에 이루어졌던 담화이다.

첫 번째 활동은 학생들이 한 쪽 손은 차가운 물에, 다른 쪽 손은 따뜻한 물에 담근 다음에는, 방 온도의 물수조에 양쪽 손을 넣어보는 것이다. 이 활동 동안 교사는 학생들이 다양한 방식으로 무엇이 일어났는지에 대해 이야기했던 것을 인식했다. 다음의 전체 수업에서 교사는 학생들에게 활동에서 일어났던 것에 대해 그들 자신의 용어로 설명하도록 하였다.

■ 에피소드 2. 차가움과 뜨거움

1. 교사 : 그래서 너는 그것을 어떻게 설명하니? 우리가 뜨겁고 차갑다고 느낄 때 무슨 일이 일어나니?
2. 학생2 : 물에 손을 넣었을 때, 물 온도가 손에 전달됩니다.
3. 교사 : 무엇이 손에 전달될까?
4. 학생2 : 온도
5. 교사 : 온도? 동의해?
6. 학생3 : 열 교환이 있었습니다.
7. 교사 : 열 교환. 그게 무엇이니? 설명할 수 있겠니?

여기에서, 학생2는 열에 대한 학교 과학 개념에 가까운 방식으로 온도의 개념을 사용한다. 반면, 학생3은 열교환을 언급한다. 토론은 다른 학생들이 참여하여 도와가면서 계속된다.

29. 학생1 : 우리의 몸이 지속적인 온도로 항상 활동되기 때문에 열 교환이 있다고 생각됩니다.
30. 교사 : 음...
31. 학생1 : 그래서 온도가 다소 똑같이 유지되는 따뜻한 물그릇에 손을 넣는다면 변하지 않을 것입니다. 열 교환이 있습니다. 열은 느끼는 것

과 관련이 있어서 이것은 온도의 변화가 아니라, 열 교환입니다.

32. 학생4 : 바로 그것입니다. 열은 차가울 수도 있고, 따뜻할 수도 있습니다. 그것은 따뜻하거나 차가운 열일수도 있습니다.

33. 교사 : 이것에 동의해? 차가운 열과 뜨거운 열의 이동

34. 학생 : 아니오.

35. 학생 : 온도는 단순한 측정입니다.

36. 교사 : 하지만 그렇게(차가운 열과 뜨거운 열로) 말했지. 다시 설명해줄래? 네가 뜨겁고, 차가운 열을 언급했을 때, 다른 학생들이 놀란 것을 내가 봤거든.

37. 학생4 : 제가 생각하기에 우리가 열에 대해 말할 때 열은 단지 뜨거운 열이라는 것을 의미하는 것이 아니라 그것은 차가운 열일 수도 있습니다. 예를 들면, 차가운 물에서는 차가운 온도이기 때문에 우리가 차가움을 느낍니다.

이 에피소드를 통해 교사는 주제에 대해 가르치기 이전, 학생들의 열과 온도에 대한 견해를 탐구하면서 평가적인 말을 하지 않고 중립적인 자세를 취하였다. 교사는 학생들에게 그들의 생각을 나타내도록 자극하고 그들이 견해를 다듬고, 정당화하도록 질문을 한다. 교사는 학생들이 현상에 대한 다른 가능한 해석의 존재를 인식하도록 돕는다. 예를 들면, 36번의 담화에서는 교사는 학생4의 설명에 특별한 주의를 기울이는데 그것은 열은 두 가지 성질로서 존재함에 근거를 두고 있는 것이다. 학생4의 설명이 연속적인 지점에서 충분히 탐구되지 않았을지라도, 교사는 후에 다시 되돌아가게 된다. 이러한 방식으로 교사는 상호적/대화적 의사소통 접근으로 발전시키며 주제로서 내세우는 '열의 두 가지 성질'로 되돌아오게 된다. 이 경우에서의 담화의 분명한 패턴은 권위적인 담화의 I-R-E보다 더 상호적으로 연결된다. 교사는 "우리가 뜨겁고 차갑다고 느낄 때 무슨 일이 일어나는가?"라는 질문으로 시작하고, 학생2는 "물 온도가 우리의 손에 도달한다."라고 대답한다. 교사는 "무엇이 손에 전달되는가?"라는 명확히 하게 하는 질문을 통해 유도를 한다. 학생은 대답을 하고 교사는 "온도

란?” “이것에 동의해?” 등의 다른 학생들의 견해를 구하며 심도 있는 유도를 한다. 담화에서 나타나는 패턴은 다음과 같이 볼 수 있다.

교사가 질문을 한다.	시작 INITIATION	I
학생이 대답한다.	대답 RESPONSE	R
교사가 유도한다.	유도 PROMPT	P
학생이 대답한다.	대답 RESPONSE	R
교사가 유도한다.	유도 PROMPT	P

상호작용의 체인, I-R-P-R-P-R-P-는 교사가 다른 학생들로부터 반응을 이끌어내도록 유도할 때 성립될 수 있다. 상호적/대화적 접근의 핵심적 특징은 교사가 여지를 남기고 학생들의 생각을 탐색한다는 것이다.

의사소통 접근과 교수 목적

앞서 살펴본 두 에피소드 사이에는 인상적인 차이점이 있다. 첫 번째 에피소드에서 학생들의 기여는 한 단어로 제한되었고, 반면 두 번째 에피소드에서는 학생들의 담화가 확장되고 완결되었다. 에피소드를 비교해보면 상호적/권위적 접근에서(학생들의 기여의 견지에서) 제한적인 것보다 상호적/대화적 의사소통 접근이 더 바람직하다. 단순히 교사가 전부 말하기 때문에 비상호적 교수법이 나쁠까? 이에 대한 대답은 교사가 무엇을 하려고 하는지에 따라 결정된다고 간단히 말할 수 있다. 즉, 그것은 교수 목적에 따라 결정된다. 경험은 숙련된 교사가 가르치는 데 있어서 리듬을 보여준다는 것을 제시한다. 그래서 지금 토론을 위한 문제를 시작한다(상호적/대화적), 현재 그들은 과학적 견해를 공부한다(상호적/권위적), 그들은 과학 견해를 가르친다(비상호적/권위적), 학생들의 생각을 연결시킨다(비상호적/대화적) 이러한 접근에 대한 특별한 순서는 없지만 개념이 토론을 위해 시작되고 끝나는 과정에 강한 리듬이 존재한다. 과학 교사를 위한 도전은 그들이 촉진하고자 하는 권위적이고 대화적 상호작용 사이에서의 긴장감을 조절할 때 의사소통 접근의 모든 레퍼토리들을 적절하게 사용하는 것이다.

영재 학생의 활동 사례

과학교사가 학생 제이미와 이야기하는 것과 관련된 짧은 에피소드를 고려해 봄으로써 이러한 생각들에 대해 이끌어보자. 에피소드는 8학년 기압에 대한 수업의 시작에서 일어났다. 수업은 재미있는 활동을 공부하고 있고 교사는 제이미에게 왜 밀폐된 공기가 있는 주사기 피스톤은 바깥쪽으로 잡아당기면 원위치로 튕겨 되돌아가는가에 대해 질문을 하며 상호적/대화적 접근을 한다.

■ 에피소드 3. 희박한 공기

1. 제이미 : 공간을 더 크게 만들고 주사기 안에 적은 양의 공기만을 넣은 것입니다. 그래서 그 안에 더 많은 공기를 넣으려는 것이고 그것은 피스톤이기 때문에 공기를 넣을 수 없습니다. 그래서 더 많은 공기를 가져오는 것 대신, 피스톤을 안으로 가져가는 것입니다.
2. 교사 : '피스톤을 잡아당긴다.'라고 했을 때 잡아당기는 것은 무엇이니?
3. 제이미 : 모르겠어요...(5초)
4. 교사 : 왜냐하면 통상적으로 무언가가 잡아당긴다고 한다면...
5. 제이미 : 음...(7초)
6. 교사 : 조금 문제가 있지?
7. 제이미 : 네, 주사기 안에는 적은 양의 공기가 잡아당기고 더 많은 양의 공기를 얻으려고 한다는 것인가요?
8. 교사 : 내가 조금 이해가 안 되는 것이 어떻게 공기가 잡아당길 수 있는지...

주사기 안의 공기가 피스톤을 안으로 가져간다고 제시하고 교사는 그가 의미하는 것에 대해 상세히 설명하도록 유도한다. 제이미는 문제에 대해 숙고할 때 두 번의 긴 멈춤이 있었고, 교사는 '어떻게 공기가 잡아당길 수 있는가?'에 대해 주요한 문제에 대한 주의를 이끌었다. 제이미는 다른 방향으로 나아간다.

9. 제이미 : 그 안에 공기가 있을 때
10. 교사 : 음...
11. 제이미: 그것을 잡아당겼을 때
12. 교사 : 그래.
13. 제이미: 그러면 주사기 안에는 무엇이 있나요?

심도 있는 토론은 피스톤이 뒤로 잡아당겨질 때 주사기 안에는 희박한 공기가 있다는 동의로 이끌어졌다.

14. 교사 : 공기는 희박하고 그 공간 전체를 가득 채우고 있다.
15. 제이미: 선생님이 더 높이 있다면서요.
16. 교사 : 정확히 그것과 같아. 여기에는 작은 문제가 있어. 어떻게 희박한 공기가 잡아당길 수 있을까?

제이미는 주사기 안의 공기가 희박하다는 개념을 산 정상에 높이 있다는 것과 같다고 제안한다. 교사는 주사기 안의 공기가 어떻게 잡아당길 수 있는지 질문으로 되돌아간다.

17. 제이미: 응집된 공기가 주변에 있기 때문에 주사기 안의 희박한 공기가 응집된 공기가 되고자 하는 것이고
18. 교사 : 음...
19. 제이미: 여기 주위의 일반 공기로? 그리고 여기를 공기로 가득 채우고 계속 유지시키면 어떤 공기도 들어가거나 나오지 못하게 되고 공기를 끌어당겨서 높은 곳까지 가져가는 것과 같죠.
20. 교사 : 그렇지.
21. 제이미: 그것은 다시 안으로 되돌아갈 수 없어요. 공기가 같지 않기 때문

에 되돌아갈 수 없죠.

22. 교사 : 그래.

23. 제이미: 맞아요. 이해했어요.

제이미는 주사기가 개방된 곳에서는 피스톤이 해수면에서 아래로 다시 끌어당겨지고 산 정상에서는 높이 올라가게 되는 것과 관련된 '사고적 실험'을 발전시키고 있다. 개방된 상태에서 피스톤이 안으로 되돌아가지 않는데 이는 공기가 같기 때문이다. 이러한 방식으로 제이미는 일상적이고 상식적인 현상의 견해로부터 (주사기 안의 공기가 끌어당기는 것과 관련된) 과학적 견해(주사기 안쪽, 바깥쪽 공기 사이의 차이점과 관련한)로 한걸음 나아갈 수 있다.

영재 학생들을 자극하기: 간극 초래하기

이러한 특성의 에피소드들은 과학 수업에서 독특한 것이고, 어떻게 교사들은 상호작용을 수립하고, 지속시키는가? 첫 번째, 교사는 제이미의 첫 번째 설명이 주사기 안으로부터의 공기의 작용과 관련된 것이라는 것을 인식했다. 그는 어떻게 공기가 잡아당길 수 있는가라는 주요한 질문으로 이 견해를 자극시켰고 제이미가 그것을 통해 생각할 수 있도록 많은 시간을 주었다. 제이미가 주사기 안의 공기에 무슨 일이 생기는지를 질문했을 때, 교사는 과학적 개념(응집된)에서 주장하는 것보다 다소 공기가 희박하다는 제이미의 제안을 기꺼이 사용했다. 상호작용을 통해서 교사는 일련의 시도(10, 12, 18, 20, 22번 담화)를 지닌 개념에 대해 상호적/대화적 탐구를 지속시켰다. '뜨겁고 차가운' 에피소드에서 교사는 학생의 견해를 통해 담화를 전개할 예시를 허용하고 '뜨겁고 차가운 열'이라는 주요 이슈에 집중하게 했다. 이러한 중재의 성공은 교사의 과학적 지식뿐 아니라 학생들이 논점을 시작하는 것을 인식하고, 학생의 사고를 자극하는 데 핵심 질문을 제기하는 것에 의해 좌우된다. 각 에피소드에서 교사는 일상과 과학적 견해 사이의 간극을 초래함으로써 그들의 상당한 전문 기술을 보여주었다.

영재 학생들의 소집단 담화

만약 우리가 비고츠키의 언어와 학습에 대한 관점을 받아들인다면, 우선적으로 교사와 학생 사이에 대화를 촉진하는 것뿐만 아니라 학생들이 서로 과학을 이야기하는 상황을 설계할 수 있어야 한다. 다음 에피소드 4는 물질의 미립자 이론(추상적 개념)에 대한 9학년 수업의 일부이다. 학생들은 원자들 사이의 결합이 바뀌어서 기체가 냉각되면 액체, 그리고 고체가 되는지에 대한 문제를 제기하며 소집단 토론을 하고 있다.

■ 에피소드 4. 결합

1. 폴 : 우리는 물질이 어떻게 고체, 액체, 기체가 되는지에 대해 다소 이해했지만 기체에서 액체, 고체가 되는 것은 이해하지 못했어.
2. 제인 : 요지는, 기체에서의 결합은 완전히 없어져버린다는 것이야.
3. 폴 : 그래서 결합이 다시 되돌아가는 것은 어떻게 발생하지?
4. 제인 : 나는 그것이 역으로 작용한다고 생각해. 열이 가해졌을 때, 결합이 깨지고, 냉각될 때 다시 생성되고
5. 클레어 : 하지만 그것이 어떻게 다시 생성되지? 무엇이 그것을 다시 생성하게 하지?
6. 알란 : 원자가 가열될 때, 더욱 진동하여 결합이 강하지 않게 되지.
7. 폴 : 맞아, 하지만 원자가 더욱 진동하여 결합이 깨져 마침내 기체가 되어 멀리 가버리게 되는데 어떻게 결합이 다시 된다는 거지? 원자가 냉각될 때, 많이 진동하지 못하지.
8. 제인 : 맞아, 원자가 냉각될 때, 결합은 증가하여 많이 움직이지 못할 거야. 그것은 꼭 맞춰지게 되지.
9. 폴 : 맞아, 하지만 요지는, 우리가 어떻게 결합을 되돌릴 수 있지?
10. 알란 : 진동 줄이기
11. 폴 : 진동 줄이기라.
12. 알란 : 그것은 영원히 존재해. 하지만... 그래! 그것은 꽉 잡을 기회가 없

> 었어. 그것들을 함께 놓고 잡는 거야. 천천히 움직이는 곳에서 그것은 꽉 움켜지게 될 거야.

에피소드 4는 학생들이 과학을 이야기하는 것과 관련된 상황이 있으며, 특히 기체가 냉각될 때 결합이 다시 나타나는지에 대한 이해에 접근하는 것이 특징이다. 교사는 이 대화에 직접 개입하지 않았지만 학생들이 생산적으로 토론을 할 수 있는 방식으로 수업을 설계했다. 이 설계는 분명한 의도를 기술하는 것과 관련 있는데, 시간을 제한했으며 학생들이 적절한 범위의 개념을 이끌어내도록 하고 있다(그들이 알지 못하는 문제를 토론하면서 학생들이 질문하는 것은 아무 쓸모가 없다). 게다가 학생들은 과학적 상황에서 대화를 발전시키는 것의 의미를 가지고 있어야만 하며, 모방 담화(modeling talk)의 개념이 결정적이다. 간단히 말하자면, 학생들이 과학 수업의 권위적 담화에 참여한다면 소집단 상황에서의 풍부하고 숙고적인 대화를 형성할 기회는 낮아질 것이다. '결합' 토론에서의 학생들은 학급에서 교사와 함께 과학을 이야기하는 많은 경험(상호적/대화적 접근)을 가졌고, 그것은 그들의 그룹 토의의 높은 수준의 우수성을 보여준다. 과학 대화에서 영재 학생들과 관련된 영향은 담화를 통해 의미 있는 학습으로의 더 나은 진보를 할 수 있도록만 끝내는 것이 아니다. 비고츠키의 이론에 따르면, 학생들이 대화적 담화를 시작하면 그들은 대화적 방식에서 사고하는 데 있어 더욱 숙련되어질 것이고 다양한 견해를 고려하고 관련성을 만들 것이다. 비고츠키의 관점으로부터 담화의 질과 사고와 학습의 질 사이의 연결은 불가피한 것이다. 만약, 우리가 영재 학생들에게 문제를 통해 그들의 생각하는 능력을 발전시키고자 한다면, 그들이 문제를 통해 대화하도록 격려하는 상황에 학생들이 놓이도록 하는 것이 필요하다.

살펴본 바에 따르면, 학생의 의미 있는 학습을 위해 근본적으로 중요하게 다루어야 할 것은 수업 담화이다. 학생의 유의미한 학습은 자연 현상에 대해 학생들의 생각을 이끄는 핵심적인 질문을 제기하고 그에 따라 지적 관련성을 자극하는 것으로 시작된다. 이를 가능하게 할 깊고 통찰력 있는 교수기법은 담화의 3단계 패턴(I-R-E)의 권위로부터 자유로이 벗어나 대화적 상호작용의 체인

(I-R-P-R-P-...) 쪽으로 향해야 한다는 것과 대체로 연관된다.

학생들은 스스로 과학을 이야기하고, 탐구하고, 대화적 방식으로 개념들을 사고하도록 하는 것이 필요하다. 물론 실행에 있어 그러한 전환은 사소한 것이 아니라 자신감, 기술, 일상과 과학적 견해 사이의 간극을 자극하는 것이 요구된다. 실행에서의 전환은 분명 도전적인 것이지만 교사와 학생 모두에게 상당한 보상과 자유로움을 줄 것이다.

참고문헌

강순민, 곽경화, 남정희(2006). 논의과정을 강조한 교수·학습 전략이 중학생들의 인지발달, 과학개념 이해, 과학관련 태도 및 논의과정에 미치는 영향. *한국과학교육학회지*, 26(3), 450-461.

강신주(2006). *철학 삶을 만나다*. 서울: 이학사.

김찬종, 구자옥, 김경진, 김상달, 김종희, 김희수, 명전옥, 박영신, 박정웅, 신동희, 신명경, 오필석, 이기영, 이양락, 이은아, 이효녕, 정진우, 정철, 최승언(2008). *지구과학교재 연구 및 지도*. 서울: 자유아카데미.

곽경화, 남정희(2009). 과학적 논의과정 활동을 통한 논의과정 변화 및 논의상황에 따른 논의과정 특성. *한국과학교육학회지*, 29(4), 400-413.

권용주, 정진수, 박용복, 강민정(2003). 선언적 과학 지식의 생성 과정에 대한 과학철학적 연구: 귀납적, 귀추적, 연역적 과정을 중심으로. *한국과학교육학회지*, 23(3), 215-228.

남정희, 곽경화, 장경화, Hand, B.(2008). 논의를 강조한 탐구적 과학 글쓰기(Science Writing Heuristic)의 중학교 과학 수업에의 적용. *한국과학교육학회지*, 28(8), 992-936.

박계순, 이춘기, 양준모, 이희순, 권병두(2011). 자기지전류 및 중력 모델의 복합해석을 통한 화산칼데라 지역의 3차원 지질구조 해석. *한국지구과학회지*, 32(6), 548-559.

박정은, 유은정, 이선경, 김찬종(2009). 논증 구조 교육을 통한 고등학교 학생의 과학 글쓰기 분석: 과학 글쓰기 장르에 따른 글쓰기 과제를 중심으로. *한국과학교육학회지*, 29(8), 824-847.

박종원(2000). 학생의 과학적 설명가설의 생성과정 분석-과학적 가설의 정의와 특성을 중심으로. *한국과학교육학회지*, 20(4), 667-679.

박종원, 장병기, 윤혜경, 박승재(1993). 중학생들의 빛과 그림자에 대한 증거 평가. *한국과학교육학회지*, 13(2), 135-145.

송호장(2011). 자연주의 과학철학 토대의 교수-학습 설계가 예비교사들의 인식론적 관점에 미치는 효과: 판구조론을 중심으로. 서울대학교 박사학위 논문.

신중섭(1992). *포퍼와 현대의 과학철학*. 서울: 서광사.

이규호(2009). 추론 중심 탐구수업 모형 개발: 판구조론을 중심으로. 서울대학교 박사학위 논문

이규호, 권병두(2010). 지구과학적 현상의 특성을 고려한 추론 중심 탐구수업 모형 제안. *한국*

과학교육학회지, 31(2), 185-202.

이선경(2012). *과학교사의 수업 전문성.* 서울: 교육과학사.

이선경, 유은정, 최종림, 김찬종, 한혜진, 신명경(2010). 과학 및 과학 교수학습에 대한 과학교사의 인식론적 이해의 탐색. *한국과학교육학회지*, 30(2), 218-233.

이선경, 이규호, 최취임, 신명경(2012). 예비 초등교사의 과학 탐구 글쓰기 활동에서 나타난 이론과 증거의 조정 과정 분석. *한국과학교육학회지*, 32(2), 201-209.

이선경, 최취임, 이규호, 신명경, 송호장(2013). 초등 과학 수업 담화에서 나타나는 과학적 추론 탐색. *한국과학교육학회지*, 33(1), 181-192.

이성희, 신명경, 권난주, 이규호, 이선경(2010). 초등학생의 탐구 활동 과학 글쓰기에서 나타난 증거와 주장의 정합성 분석. *초등과학교육*, 29(4), 505-514.

이은경, 강성주(2008). 학생-학생 언어적 상호작용 분석을 통한 문제 해결형 탐구 모듈에서의 SWH 활용 효과. *한국과학교육학회지*, 28(2), 130-138.

장하석(2014). *과학, 철학을 만나다.* 서울: 이비에스미디어(주).

정병훈(1995). 과학철학방법론과 자연주의. 초청세미나 자료집, 경상대학교 과학교육연구소. 2-11.

최병순, 신애경(2006). Thinking Science의 모둠별 활동에서 나타나는 학생들의 논의 특성. *교원교육*, 22(3), 1-13.

Anapolitanos, D. A.(1991). Thought experiments and conceivability conditions in mathematics. In T. Horowitz & G. J Massey(ed.), *Thought experiments in science and philosophy*, Maryland: Rowman & Littlefield.

Ausubel, D. P.(2000). *The acquisition and retention of knowledge: a cognitive view.* Dordrecht: Ministry of Education.

Bealer, G.(1998). Intuition and the autonomy of philosophy. In M. DePaul, & W. Ramsey(ed.), *Rethinking intuition: the psychology of intuition and its role in philosophical inquiry*, Lanham, Boulder, New York, Oxford: Rowman and Littlefiels.

Berlin, B., & Kay, P.(1969). *Basic color terms: their universality and evolution.* Berkeley: University of California Press.

Bloor, D.(1976). *Knowledge and social imagery.* London: Routledge & Kegan Paul.

Böttercher, F., & Meister, A.(2010). Argumentation in science education: a model-based framework. *Science & Education*, 20(2), 103-140.

Brown, J. R.(1986). Thought experiments since the scientific revolution. *International Studies in the Philosophy of Science*, 1(1), 1-15.

Brown, J. R.(1991a). *The laboratory of the mind.* Routledge: London, New York.

Brown, J. R.(1991b). Thought experiments: a platonic. In T. Horowitz & G. J

Massey(ed.), *Thought experiments in science and philosophy*, Maryland: Rowman & Littlefield.

Bunzl, M.(1996). The logic of thought experiments. *Synthese*, 106, 227-240.

Burke, K. A., Greenbowe, T. J., & Hand, B. M.(2006). Implementing the science writing heuristic in the chemistry laboratory. *Journal of Chemical Education*, 83(7), 1032-1038.

Buchdahl, G.(1970). History of science and criteria of choice. In R. H. Steuwer(ed.), *Minnesota studies in the philosophy of science*, vol. 5, Minneapolis: University of Minnesota Press.

Byrne, A., & Hibert, D. R.(1997). *The philosophy of color*. Vol. 1 of Reading on color. Cambridge, MA: MIT Press.

Chalmers, A.(1985). *현대의 과학철학* (신일철, 신중섭 역). 서울: 서광사. (원서 1982년 발행)

Chinn, C. A. & Malhotra, B. A.(2002). Epistemologically authentic inquiry in schools: a theoretical framework for evaluating inquiry tasks. *Science Education*, 86, 175-218.

Chladenius, J. M.(1988). *Einleitung zur richtigen Auslegung vernünftiger Reden and Schriften*(1742). partial trans. In Kurt Mueller-Vollmer(trans and eds.) The hermeneutics reader, New York: Continuum.

Collins, Harry M.(1981). Stage in the empirical program of relativism. *Social Studies of Science*, 11(1), 3-10.

Connolly, J. M., & Keutner, T. (eds.)(1988). *Hermeneutics versus science?*. Notre Dame, IN: University of Notre Dame Press.

Cushing, J. T.(1994). *Quantum mechanics: historical contingency and the Copenhagen hegemony*. Chicago: University of Chicago Press.

Descartes, R. 방법서설, 정신지도를 위한 규칙 (이현복 옮김, 문예출판사, 2001).

Derrida, J.(1981). *Dissemination*. trans. Barbara Johnson, Chicago: University of Chicago Press.

Dewey, J.(1966). *Democracy and education*. New York: The Free Press.

Drake, S.(ed.)(1957). *Discoveries and opinions of Galileo*. Garden City: Doubleday.

Driver, R., Newton, P., & Osborne, J.(2000). Establishing the norms of scientific argumentation in classroom. *Science Education*, 84(3), 287-312.

Duhem, P.(1954). *The aim and structure of physical theory*. Translated by Wiener, P., Princeton, New Jersey: Princeton University Press.

Dunbar, K.(1993). Concept discovery in a scientific domain. Cognitive Science, 17(3), 397-434.

Duschl, R. A.(1990). *Restructuring science education. The importance of theories and their development*. New York: Teachers' College Press.

Eger, M.(1989). The 'interests' of science and the problems of education. *Synthese*, 80(1), 81-106.

Eger, M.(2006). *Science, understanding, and justice: the philosophical essays of Martin Eger*. ed. by A. Shimony, Chicago, La Salle, Illinois: Open Court.

Erduran, S.(2008). Methodological foundation in the study of argumentation in science classrooms. In S. Erduran & M. P. Jiménez-Aleixandre, *Argumentation in science education*, Springer Netherlands.

Faust, D.(1984). *The limits of scientific reasoning. Minneapolis*. University of Minnesota Press.

Flach, P. A. & Kakas, A. C.(2000). Abductive and inductive reasoning: Background and issues. In P. A. Flach & A. C. Kakas (eds.). *Abduction and induction: Essays on their relation and integration*. Dordrecht/Boston/London: Kluwer Academic Publishers.

Gadamer, H. G(1975a). *Truth and method*(2nd ed.). Translated by G. Brden, & J. Cumming, New York: Crossroads.

Gadamer, H. G(1975b). Hermeneutics and social science. *Philosophy and Social Criticism*, 2(4), 307-316.

Gadamer, H. G(1976) On the Scope and Function of Hermeneutical Reflection. In edited and translated by David E. Linge(ed.), *Philosophical Hermeneutics*. Berkeley, CA: University of California Press.

Gale, R.(1991). On some pernicious thought experiments. In T. Horowitz & G. J Massey(ed.), *Thought experiments in science and philosophy*, Maryland: Rowman & Littlefield.

Galili, I.(2009). Thought experiments: determining their meaning. *Science & Education*, 18(1), 1-23.

Gallagher, S.(1992). *Hermeneutics and education*. Albany: State University of New York Press.

Gendler, T. S.(1996). *Imaginary exceptions: on the powers and limits of thought experiments*. Unpublished Ph.D. dissertation. Harvard University: Cambridge, Massachusetts.

Gendler, T. S.(2000). *Thought experiments: on the powers and limits of imaginary case*. New York: Garland Press.

Gendler, T. S.(2006). *Thought experiments. Encyclopedia of Philosophy*. John Wiley &

Sons, Ltd

Germann, P. J., Haskins, S., & Auls, S. (1996). Analysis of nine high school biology laboratory manuals: Promoting scientific inquiry. *Journal of Research in Science Teaching*, 33, 475-499.

Gidden, A.(1984). *Hermeneutics and social theory. In Gary Shapiro*, & Alan Sica, Hermeneutics: questions and prospects. Amherst: University of Massachusetts Press.

Giere, R. N.(1988). *Explaining science: a cognitive approach*. Chicago: University of Chicago Press.

Giere, R. N.(1991). *Understanding scientific reasoning* (3rd ed.). Forth Worth, TX: Holt.

Giere, R. N.(2001). A new framework for teaching scientific reasoning. *Argumentation*, 15(1), 21-33.

Giere, R. N.(2006). *Scientific perspectivism*. Chicago, London: University of Chicago Press.

Giere, R. N.(2010). An agent-based conception of models and scientific representation. *Synthese*, 172(2), 269 - 281.

Giere, R. N., Bickle, J., & Mauldin, R. F.(2006). 조영래, 이영의, 남현 공역, *과학적 추론의 이해*(5rd ed., 2008). 서울: 소화.

Gilbert, J. K., & Reiner, M.(2000). Thought experiments in science education: potentional and current realization. *International Journal of Science Education*, 22(3), 265-283.

Glashow, S.(1992). The death of science? In Q. E. Richard, *The end of science: attack and defence*, Lanham, MD: University Press of America.

Gleason, H. A.(1961). *An introduction to descriptive linguistics*. New York: Holt, Rinehart, & Winston.

Gregory, B.(1988). inventing reality: physics as language. New York: John Wiley.

Gunstone, R. F.(1994). The importance of specific science content in the enhancement of metacognition. In P. Fensham, R., Gunstone & R. White (ed.), *The content of science: A constructivist approach to its teaching and learning*. Falmer Press: London.

Gutting, G. (Eds.)(1980). *Paradigms and revolutions: applications and appraisals of Thomas Khun's philosophy of science*. Notre Dame, IN: University of Notre Dame Press.

Haefner, L. A. & Zembal-Saul, C.(2004). 'Learning by doing? Prospective elementary teachers' developing understandings of scientific inquiry and science teaching and learning', *International Journal of Science Education*, 26(13), 1653-1674.

Hacking, I.(1968). One problem about induction. In I. Lakatos (ed.), *The Problem of Induction*. Amsterdam: North Holland Publisher.

Hacking, I.(1999). *The social construction of what?*. Cambridge, MA: Harvard University Press.

Häggqvist, S.(1996). *Thought experiments in philosophy*. Stockholm: Almqvist and Wiksell.

Hanson, N. R.(1958). *Patterns of discovery*. London: Cambridge University Press.

Habermas, J.(1988). *On Hermeneutics' claim to Universality, in Mueller-Vollmer, Kurt, The Hermeneutics Reader*, Oxford: Blackwell.

Hardin, C. L.(1988). *Color for philosophers: unweaving the rainbow*. Indianapolis: Hackett.

Hashweh, M. Z.(1996). Effects of science teachers' epistemological beliefs in teaching. *Journal of Research in Science Teaching*, 33(1), 47-63.

Heidegger, M.(1962). *Time and Being*. Trans. by J. Macquarrie and E. Robinson, Trans. New York: Harper & Row. (Original work published 1927)

Heelen, P.(1983). Natural science as a hermeneutic of instrumentation. *Philosophy of Science*, 50(2), 181-204.

Heelen, P.(1997). Why a hermeneutical philosophy of the natural sciences?. *Man and World*, 30(3), 271-298.

Heelen, P.(1998). The scope of hermeneutics in natural science. *Studies in History and Philosophy of Science Part A*, 29(2), 273-298.

Heelen, P.(2012). Carnap and Heidegger: ways in the philosophy of science. In T. Glazebrook(eds.), *Heidegger on science*, Albany, New York: State University of New York Press.

Hilbert, D.(1987). *Color and color perception: a study in anthropocentric realism*. Stanford, CA: Center for the Study of Language and Information.

Holland, J. H., Holyoak, J. H., Nisbett, R. E., & Thagard, P. R. (1986). *Introduction: processes of inference learning and discovery*. Cambridge, MA: MIT Press

Horowitz, T. & Massey, G. J.(1991) *Thought experiments in science and philosophy*. Rowman & Littlefield.

Hume, D.(1888). *A treatise of human nature. edited with an analytical index by L.A.* Selby-Bigge, Oxford: Clarendon Press.

Hurvich, L.(1981). *Color Vision*. Sunderland: Sinauer Associate.

Hussel, E.(1970). *The crisis of the European science and transcendental phenomology*. Evanston, IL: Northwestern University Press.

Hussel, E.(1970). *Logical investigations*. trans. Albert Hofstadter, London: Routledge and Kegan Paul.

Jacobs, G. H.(1993). The distribution and nature of colour vision among the mammals. *Biological Review*, 68, 413-471.

Janis, A. I.(1991). "Can thought experiments fail?". In T. Horowitz & G. J Massey (ed.), *Thought experiments in science and philosophy*, Maryland: Rowman & Littlefield.

Jiménez-Aleixandre, M. P.(2008). Designing argumentation learning environments. In S. Erduran & M. P. Jiménez-Aleixandre, *Argumentation in science education*, Springer Netherlands.

Johnson-Laird, P. N.(2008) Mental models and deductive reasoning. In L. Rips, & J. Adler(ed.): *Reasoning: Studies in Human Inference and Its Foundations*. Cambridge: Cambridge University Press.

Jung, S.(1996). *The logic of discovery: An interrogative approach to scientific inquiry*, New York: Peter Lang.

Kelly, G. J., Bazerman, C., Skukauskaite, A., & Prothero, W.(2002). *Rhetorical features of student science writing in introductory university oceanography. Proceedings of the Ontological, Epistemological, Linguistic and Pedagogical Considerations of Language and Science Literacy*: Empowering Research and Informing Instruction conference, Dunsmuir Lodge, University of Victoria, September 12-15, 2002.

Kenny, A.(2008). *고대철학* (김성호 역). 경기도: 서광사. (원서 2004년 발행).

Keys, C. W., Hand, B., Prain, V., & Collins, S.(1999). Using the science writing heuristic as a tool for learning from laboratory investigations in secondary science. *Journal of Research in Science Teaching*, 36(10), 1965-1084.

Klassen, S.(2006). The science thought experiments: how might it be used profitably in the classroom?. *Interchange*, 37(1-2), 77-96.

Konrr-Cetina, K. D.(1983). The ethnographic study of scientific work: toward constructivist interpretation of science. In K. D. Knorr-Cetina & Mulkay, M., *Science observed*, Hollywood, CA: Sage.

Kuhn, D., Amsel, E. & O'Loughlin, M.(1988). *The development of scientific thinking skill*. San Diego, CA: Academic Press.

Kuhn, D.(2004). What is scientific thinking and how does it develop? In U.

Goswami(ed.), *Blackwell handbook of childhood cognitive development.* Malden, MA: Blackwell.

Kuhn, D., Amsel, E., & O' Loughlin, M.(1988). *The development of scientific thinking skills.* San Diego, CA: Academic Press.

Kuhn, D., Shaw, V., & Felton, M.(1997). Effect of dynamic interaction on reasoning. *Cognition and Instruction*, 15(3), 287-315.

Kuhn, T.(1962). *The structure of scientific revolution.* Chicago, IL: University of Chicago Press.(2nd ed. 1970)

Künne, Wolfgang,(2003). *Conceptions of truth.* Oxford: Oxford University Press.

Lakatos, I.(1970). Falsification and the methodology of scientific research programmes. In I. Lakatos, & A. Musgrave(ed.), *Criticism and the growth of knowledge*, Chicago: University of Chicago Press.

Lakatos, I., & Musgrave, A.(1970). *Criticism and the growth of knowledge.* Chicago: University of Chicago Press.

Latour, B., & Woolgar, S.(1979). *Laboratory life: the social construction of scientific facts.* Beverly Hills, CA: Sage.

Lauden, L.(1977). *Progress and its problems.* Berkelery: University of California Press.

Lauden, L.(1981). A refutation of convergent realism. In U. J. Jensen, & R. Harré(ed.), *The Philosophy of Evolution.* New York: St. Martin's Press.

Lawson, A. E.(1992). What do tests of formal reasoning actually measure?. *Journal of Research in Science Teaching*, 29(9), 965-983.

Lawson, A. E.(2000). How do humans acquire knowledge? and what does that imply about the nature of knowledge? *Science & Education*, 9(6), 577-598.

Lawson, A. E.(2002). *Science teaching and the development of thinking.* Wadsworth: Thomson Learning Inc.

Lawson, A. E.(2004). T. rex, the crater of doom, and the nature of scientific discovery. *Science & Education*, 13(3), 155-177.

Leach, J.(1998). Teaching about the world of science in the laboratory: the influence on teaching of student's ideas. In J. J. Wellington (Ed.), *Practical work in school science: Which Way Now?.* NY: Routledge.

Mach, E.(1976). *Knowledge and error: sketches on psychology of enquiry.* translated by Paul Foulkes, Thomas J. McCormack, Dordrech, Boston: D. Reidel Pub. Co.

Magnani, L.(2001). *Abduction, reason, and science process of discovery and explanation.* New York: Kluwer Academic/Plenum Publisher.

Matthews, M. R.(2004). Thomas Kuhn and science education: what lessons can be learnt?. *Science Education*, 88(1), 90-118.

Medeiros, A.(1993). *Teachers of physics understanding of the nature of science with particular reference to the development of ideas of force and motion.* Doctoral Dissertation, University of Leeds.

Me'heut, M. & Psillos, D.(2004). Teaching learning sequences: Aims and tools for science education research. *International Journal Science Education*, 26(5), 515-535.

Mestre, J. P.(1991). Learning and instruction in pre-college physical science. *Physics Today*, 44(9), 56-62.

Miščević, N.(2001). *Intuitions: a naturalistic approach, nationalism and beyond.* Budapest, New York: Central European University Press.

Mollon, J. D.(2000). Cherries among the leaves: the evolutionary origins of color vision. In S. Davis(ed.), *Color perception: philosophical, psychological, artistic, and computational perspectives*, New York: Oxford University Press.

Moore, G. F., & Shipley, T. H.(1988). Mechanisms of sediment accretion in the Middle-American Trench off Mexico. *Journal of Geophysical Research*, 93(10), 8911-8927.

National Research Council(1995). *The national science education standards.* Washington D.C: National Academy Press.

National Research Council(2000). *Inquiry and the National Science Education Standards.* National Academy Press: Washington D.C.

Nicholson, G.(1984). *Seeing and reading.* Atlantic Highland, NJ: Humanities.

Nolar, R., & Irzik, G.(2005). *Science, Philosophy, Education and Culture.* Springer

Norman, O.(1997). Investigating the nature of formal reasoning in chemistry: Testing Lawson's multiple hypothesis theory. *Journal of Research in Science Teaching*, 34(10), 1067-1081.

Nort, J.(1991). Thought experiments in Einstein's work. In T. Horowitz & G. J Massey(ed.), *Thought experiments in science and philosophy*, Maryland: Rowman & Littlefield.

OECD(1999). *Measuring student knowledge and skill: a new framework for assessment.* Paise: OECD.

Oliver, R. G.(1985). Through the doors of reason: dissolving four paradoxes of education. *Educational Theory*, 35(1), 15-32.

Palmer, R. E.(1969). *Hermeneutics: interpretation theory in Schleiermacher, Dilthey, Heidegger, and Gadamer*. Evanston: Northwestern University Press.

Palmer, S. E.(1999). *Vision science: photons to phenomenology*. Cambridge, MA: MIT Press.

Peirce, C. S.(1931-1958) *Collected Papers of Charles Sanders Peirce*, 8 vols. Edited by Charles Hartshorne, Paul Weiss, and Arthur W. Burks (Harvard University Press, Cambridge, Massachusetts, 1931-1958; vols. 1-6 edited by Charles Harteshorne and Paul Weiss, 1931-1935; vols. 7-8 edited by Arthur W. Burks, 1958).

Peirce, C. S.(1992). *Reasoning and the Logic of Things. The Cambridge Conferences Lectures of 1898, Cambridge*: Harvard University Press.

Piaget, J.(1970). *Science of education and the psychology of the child.* trans. Derek Coltman, New York: Orion Press.

Pickering, A.(1984). *Constructing quarks: a sociological history of particle physics*. Chicago: University of Chicago Press.

Pickering, A.(1995). *The mangle of practice: time, agency, and science*. Chicago: University of Chicago Press.

Polanyi, M.(1958). *Personal knowledge*. Chicago, IL: University of Chicago Press.

Polanyi, M.(1969). *Knowing and being: essay by Michael Polanyi*, edited by Marjorie Grene, Chicago, IL: University of Chicago Press.

Portides, D. P.(2007). The relation between idealisation and approximation in scientific model construction. *Science & Education*, 16(7), 699-724.

Putnam, H.(1967) The innateness hypothesis and explanatory models in linguistics. *Synthese*, 17(1), 12-22.

Putnman, H.(1975). *Mind, language and reality*. Philosophical papers 2. Cambridge: Cambrige University Press.

Putnman, H.(1982), *Reason, Truth, and History*. Cambridge: Cambridge University.

Reiner, M., & Gilbert, J.(2000). Epistemological resources for thought experimentation in science learning. *International Journal of Science Education*, 12(5), 489-506.

Rescher, N.(1991). Thought experiments in pre-socratic philosophy. In T. Horowitz & G. J Massey(ed.), *Thought experiments in science and philosophy*, Maryland: Rowman & Littlefield.

Ricoeur, P.(1970). *Freud and philosophy: an essay on interperation*. trans. Denis Savage, New Haven: Yale University Press.

Roty, R.(1982). *Darwinism defended. Reading*, MA: Addision-Wesley.

Roty, R.(1987). Pragmatism and philosophy. In K. Baynes, J. Bohman, & T. McCarthy(ed.), *After philosophy: end or transformation?*, Cambridge, Mass, and London: The MIT Press.

Rudolph, J. L.(2005). Inquiry, instrumentalism, and the public understanding of science. *Science Education*, 89, 803-821.

Salmon, W. C.(1989). Four decades of scientific explanation. In P. Kitcher & W. C. Salmon(ed.), *Scientific explanation (Minnesota Studies in the Philosophy of Science*, vol. XIII). Minneapolis: University of Minnesota Press.

Sandoval, W. A.(2005). Understanding students' practical epistemologies and their influence on learning through inquiry. *Science Education*, 89(4), 634-656.

Scheffler, I.(1967). *Science and subjectivity*. Indianapolis, IN: Bonns-Merrill.

Scott, Phill.(2007). Challenging gifted learners through classroom dialogue. In Keith S. Taber(ed), *Science education for gifted learners*. New York: Routledge.

Shadish, W. & Neimeyer, R.(1989). Contributions of psychology to an integrated science studies: the shape of things to come. In S. Fuller, M. De Mey, T. Shinn & S. Woolgar (ed.), *The cognitive turn*. Kluwer Academy Publishers.

Shelley, C. P.(1996). Visual abductive reasoning in archaeology. *Philosophy of Science*, 63, 278-301.

Shaphere, D.(1984). *Reason and the search for knowledge: investigation in the philosophy of science*. Dordrecht: Reidel Press.

Shapin, S.(1975). Phrenological knowledge and the social structure of early nineteenth-century Edinburgh. *Annals of Science*, 32(3), 219-243.

Shapin, S.(1979). The politics of observation: cerebral anatomy and social interests in the Edinburgh phrenology disputes. *Sociological Review*, 27(S1), 139-78.

Shapin, S.(1982). History of science and its sociological reconstructions. *History of Science*, 20, 157-211.

Siegel, H.(1989). The rationality of science, critical thinking and science education. *Synthese*, 80(1), 9-42.

Sorensen, R. A.(1992). *Thought experiments*. Oxford University Press: Oxford, New York.

Stadelhofen, Meyer De, & Juillard, T.(1987). Truth is and instance of error temporarily appealing. *Geophysics: The Leading Edge of Exploration*, 6(2), 38.

Stroud, B. (2000). *The quest for reality: subjectivism and the metaphysics of colour*, New York: Oxford University Press.

Thagard, P.(1992). *Conceptual revolutions*. Princeton University Press: New Jersey.

Thagard, P.(1988). *Computational philosophy of science*. Cambridge, MA: MIT Press.

Thagard, P.(2007). Abductive inference: From philosophical analysis to neural mechanisms. In A. Feeney & E. Heit (ed.), *Inductive reasoning: Experimental, developmental, and computational approaches.* Cambridge: Cambridge University Press.

Thagard, P. & Shelley, C. P.(1997). Abductive reasoning: Logic, visual thinking, and coherence. In M. L. Dalla Chiara, K. Doets, D. Mundici, & J. van Benthem (Eds.), *Logic and Scientific Methods*. Dordrecht: Kluwer.

Tomasello, M.(2003). *Constructing a Language: A Usage-Based Theory of Language Acquisition*. Cambridge, MA: Harvard University Press.

Thomason, S.(1991). Thought experiments in linguistics. In T. Horowitz & G. J Massey (ed.), *Thought experiments in science and philosophy*, Maryland: Rowman & Littlefield.

Thompson, E.(1995). *Color vision: a study in cognitive science and the philosophy of perception*. London: Routledge.

Toulmin, S.(1972). *Human Knowledge*. Princeton, New Jersey: Princeton University Press.

Toulmin, S.(1982). *The return of cosmology*. Berkeley, CA: University of California Press.

Verheij, J.(2005). Toulmin's model and the solving of ill-structured problems. *Argumentation*, 19(3), 321-329.

von Fraassen, B. C.(1980). *The scientific image*. Oxford, England: Clarendon Press.

von Uexkull, J.(1934). A stroll through the worlds of animals and men: a picture book of invisible worlds. In *Instinctive behavior: the development of a modern concept*, ed. and trans. Claire H. Schiller, New York: International Universities Press.

Vygotsky, L. S.(1962). *Thought and language*. Cambridge, MA: MIT Press.

Vygotsky, L. S.(1978). *Mind society: the development of higher psychological processes.* Cambridge, MA: Harvard University Press.

Weinberg, S.(1977). The First Three Minutes. New York: Basic Books, Inc.

Weinberg, S.(2001). Physics and history. In J. A. Labinger & H. M. Collins(ed.), *In one culture: a conversation about science*, Chicago: The University of Chicago Press.

Wellington, J.(1998). Practical work in science: time for a reappraisal. In J. J. Wellington (ed.), *Practical work in school science: Which Way Now?*. NY: Routledge.

Wilkes, K.(1988). *Real people: personal identity without thought experiments*. Oxford: Oxford University Press.

찾아보기

ㄱ

과학교육자들의 수다
과학의 인식론과 해석학

2017년 6월 15일 1판 1쇄 인쇄
2017년 6월 20일 1판 1쇄 발행

저 자 ◎ **신명경 · 송호장 · 이규호 · 이선경 · 최취임**
발행자 ◎ **조승식**
발행처 ◎ (주) 도서출판 **북스힐**
서울시 강북구 한천로153길 17
등 록 ◎ 제 22-457 호

TEL (02) 994-0071(代)
FAX (02) 994-0073
E-MAIL bookshill@bookshill.com
www.bookshill.com

값 16,000원

잘못된 책은 교환해 드립니다.

ISBN 979-11-5971-078-0